U0260935

碳排放的驱动因素与减排路径

田成诗 盖 美/著

科学出版社

北京

内 容 简 介

　　本书系统地讨论了中国碳排放的驱动因素及其影响机制，尤其侧重考察人文因素在碳排放中不可替代的作用，研究对象主要包括经济发展、人口、行业因素及制度创新。本书通过对驱动因素的作用机制和途径的探讨，挖掘人文角度的节能减排路径。

　　本书适用于高等学校的统计学、环境经济学等专业的本科生、研究生及相关领域的教师和科研人员阅读，也可为从事环境研究方面的实际工作者提供参考。

图书在版编目（CIP）数据

碳排放的驱动因素与减排路径 / 田成诗，盖美著. —北京：科学出版社，2020.12

　ISBN 978-7-03-066733-5

　Ⅰ.①碳… Ⅱ.①田… ②盖… Ⅲ.①二氧化碳-排气-研究-中国 ②节能减排-研究-中国 Ⅳ.①X511 ②F424.1

　中国版本图书馆 CIP 数据核字（2020）第 216213 号

责任编辑：马　跃　邓　娴 / 责任校对：贾娜娜

责任印制：张　伟 / 封面设计：无极书装

科 学 出 版 社 出版

北京东黄城根北街 16 号
邮政编码：100717
http://www.sciencep.com

北京凌奇印刷有限责任公司 印刷

科学出版社发行　各地新华书店经销

*

2020 年 12 月第　一　版　开本：720×1000　B5
2020 年 12 月第一次印刷　印张：13
字数：260 000
POD 定价：116.00 元
（如有印装质量问题，我社负责调换）

前　　言

随着世界各国经济快速发展，能源消耗不断增多，温室气体排放量不断增多，全球变暖已是不争的事实。全球变暖对人类生存、经济、社会和环境的可持续发展构成了严重的威胁。与此相对应，监测和分析碳排放的驱动因素及减排路径已成为世界范围内的重要研究课题。从这一角度看，《碳排放的驱动因素与减排路径》一书显然具有重要的理论意义和现实价值。

《碳排放的驱动因素与减排路径》共有 4 章。

第 1 章，经济增长与碳排放。首先，该章在分析收入和碳排放关系的基础上，利用马尔可夫链分析收入-碳排放的联合状态转移机制。研究表明，收入是影响碳排放的重要因素，高收入对应着高排放。低收入水平地区倾向通过增加碳排放量来带动经济发展。目前，高收入-高排放状态处于稳定形态，从长期看，处于该状态的地区不多，我国没有进入低收入-高排放的收入环境陷阱。其次，该章运用广义加性混合模型（generalized additive mixed models，GAMMs）探究碳排放与经济发展的关系。为弥补现有二者关系模型研究中的不足，我们将不可观测的时间相关效应和残差自相关结构作为独立变量加入模型，并考虑收入效应和时间相关效应对碳排放可能存在的异质性影响。结果显示，在东部和中部地区的最适模型中，收入效应均具有异质性，西部地区的最适模型中时间相关效应包含异质性。我国碳排放与经济发展之间不存在倒"U"形关系，节能减排依旧任重道远。最后，该章在充分考虑时变因素的前提下，基于时变自回归模型探究经济、能源强度和碳排放量在不同滞后期、不同时点的互动关系，将其与常系数自回归模型进行对比分析。分析表明，经济、能源、环境三者关系具有时变性；增加能耗量会增加碳排放量，而经济增长对碳排放的促进效果更强、作用时间更长；降低能源强度、提高能源使用效率可有效抑制碳排放量增加，有利于经济可持续发展。

第 2 章，行业发展与碳排放。首先，该章建立基于投入-产出（input-output，IO）分析的生命周期评价模型，利用完全消耗系数矩阵的二项展开将行业供应链的碳足迹来源分解为六个层次，对各层各行业的碳排放占比和各行业的碳排放总量等做详细分析，找出碳排放量最大的层级。研究显示，绝大多数的碳足迹产生于电力、热力的生产、供应与石油加工业；行业间供应链的生产和消费产生的间接碳排放量明显高于直接碳排放量，第六层级间接碳排放量最大；生活消费的碳排放量位居行业第十，在第六层级最大，这与城乡居民生活消费水平的提高密切相关。同时提出优化能源结构，对工业生产中产生的能量进行多次利用，研发节能建筑及汽车，大力发展低碳行业等政策建议。其次，该章以工业增加值占国内生产总值（gross domestic product，GDP）的比重作为反映经济活动的代表性指标，通过隐马尔可夫链预测我国碳排放量，并与常用模型或指标的预测效果做对比分析。分析显示，隐马尔可夫链拟合效果好，工业增加值比重可有效反映我国碳排放趋势，从而为碳排放预测提供了新的解决思路。再次，该章从农业"能源–水–碳"角度出发，基于库兹涅茨曲线理论，构建动态空间计量模型，对我国农业发展中的能源消费碳排放量及水消费量进行研究。结果表明，我国农业增加值与能源消费碳排放量和水消费量之间均存在倒"U"形关系，水消费将先于碳排放通过拐点进入下降阶段；能源消费碳排放量和水消费量均具有显著的时空效应，在不同地区通过拐点的时间有所不同，到 21 世纪 20 年代中期，各地区将陆续通过拐点；能源消费碳排放量和水消费量之间存在着双向正效应，水消费量对碳排放量的影响更大。最后，该章基于对数平均迪氏指数法（logarithmic mean Divisia index，LMDI），实证分析我国工业发展过程中的四个生产驱动因素（经济活动、能源强度、能源结构、碳排放因素）及两个消费驱动因素（消费强度、贸易因素）对工业行业碳排放的影响。结果显示，不同行业碳排放水平差异显著，采掘业、化学品制造业、非金属制造业碳排放量占排放总量的 3/4。某些行业的增加值与碳排放量处于不同水平，如电子设备制造业增加值高，但碳排放量小。在工业化不同阶段，驱动因素对工业行业碳排放影响不同。该章认为，应重点控制中高碳排放量行业在工业部门中的比例，实现重工业行业的碳减排；应关注经济增长质量，提高能源使用效率，继续坚持绿色发展，提高我国制造业的绿色发展水平，这对推进我国的节能减排有重要意义。

第 3 章，制度因素与碳排放。首先，该章以碳排放大户——国有自主汽车整车制造业为样本，利用赫克曼二阶段模型探索企业碳信息披露与其市值之间的关系。结论证明，积极进行碳信息披露有助于企业有效、持久地达成营利性目标。对于我国自主汽车整车制造企业而言，碳排放核算信息、对于碳排放带来的风险和机遇的把控及碳排放战略与其市值呈显著正相关关系；企业的碳排放管理披露对其市值没有提升效用。其次，该章基于 40 个工业行业的面板数据，从污染强度和不动性两个行业特征视角，探究环境政策强度对工业行业技术创新的影响。研究表明，严格的环境政策抑制了污染密集型企业的技术创新；面对严格的环境政策，不动性较低的行业有选择减少技术创新，搬迁到环境标准相对宽松地区的倾向。最后，该章运用局部均衡分析法阐述环境外部性对社会福利效应的影响，理论探讨环境外部性影响因素；基于 STIRPAT（stochastic impacts by regression on population, affluence, and technology）模型并结合环境库兹涅茨理论构建三部门的环境响应和成本测度模型，考察环境外部性在管制强度、技术水平、消费行为、经济增长、城乡差异及个体效应等因素影响下的变化情况。研究发现，环境外部性在上述因素的冲击下产生显著变化，证实了行为主体和区域差异对外部性的影响。该章还分析区域成本转嫁和福利分配不公问题。结果显示，区域环境成本转移现阶段呈自东向西式跨越，西北地区承担了较高的环境成本转入；从长期来看，各区域均存在环境成本转入，这验证了发展中国家"污染避难所"假说。为避免环境成本进一步向西转移，应明确经济主体责任，引入成本转移权重，建立合理的环境有偿使用机制，实现区域协调可持续发展。

第 4 章，人口因素与碳排放。碳排放的驱动因素有很多，如经济水平、产业结构、能源消耗量、技术水平、人口总量及人口结构等，其中任何一个因素都不容忽视。近年来，监测和分析人口等人文因素对碳排放的影响已成为重要课题。但相关研究多侧重对人口总量的考察，忽略了人口转变过程中的年龄结构变化等结构因素。首先，该章细化人口年龄结构，将人口年龄划分为 0~14 岁、15~29 岁、30~44 岁、45~59 岁和 60 岁及以上组别，基于 STIRPAT 模型考察人口年龄结构对碳排放的影响，以达到更好地解释人口年龄结构对我国碳排放影响的目的。随机 STIRPAT 模型研究表明，人口年龄结构对碳排放影响显著。不同年龄人口所占比重不同，对碳排放影响不同。30~44 岁人口对碳排放的影响最大，15~29 岁人口的影响不显著，60 岁及以上人口对碳排放的影响为负。分析还表明，随着我国老龄化进程的加快，无论从生产还是消费渠道看，未来我国人口年龄结构都有减缓碳排放增长速度的可能。其次，该章基于 1990 年、1995 年、2000 年、2005 年和 2010 年面板数据，利用 STIRPAT 模型实证分析 30~49 岁人口对我国碳排放的影响。结果显示，30~49 岁人口比重、人口规模、人均 GDP 和城市化率对碳排放有显著正影响。在此基础上，考虑到人口年龄结构具有内生性，又引入滞后出生率作为工具变量做两阶段最小二乘估计。结果显示，30~49 岁人口比重对碳排放的影响效应有所降低，但仍高于人口规模、城市化率对碳排放的影响。因此，要降低碳排放，不仅要考虑技术层面，也要关注人口年龄结构尤其是主要工作人员，即 30~49 岁人口的影响。

本书得到了国家社会科学基金重大项目（14ZDB130）、辽宁省教育厅科学研究项目（LN2019Z12）的资助。本书的执笔人为田成诗教授和盖美教授。另外，东北财经大学统计学院硕士研究生崔元悦、郝艳、杨宁、张诗雅、韩振乙、韩沅桦、田璐璐、李文静、亓伟等参与了本书部分章节的撰写工作。

值得一提的是，虽然本书在研究思路、研究方法等方面做了较多的创新性努力，取得了一定的进展，但由于本书所研究的问题是一个内容十分广泛、复杂的课题，加之定量分析方面的系统性文献资料较少，以及笔者能力、精力与时间有限，难免存在不足之处，敬请同行专家和读者批评指正，并提出宝贵意见。

最后，在本书出版之际，我们衷心感谢对本书的研究及顺利出版给予了大力支持和帮助的科学出版社！

作　者

2020 年 7 月

目　　录

第1章 经济增长与碳排放

1.1 收入–碳排放的联合动态性研究

1.1.1 引言

近年来，空气污染是全球变暖、海平面上升及臭氧层受到破坏等环境问题的主要原因，已在世界范围内形成共识，空气污染是损害人类健康和社会福利的不争事实。例如，在我国北京等一批城市出现的严重雾霾天气就对居民健康产生了严重的影响。空气质量变差的最主要原因是二氧化碳（CO_2）排放量的显著增加。从全球看，大气中二氧化碳的浓度，已从18世纪工业革命前的280百万分比浓度增加到1983年的344百万分比浓度、2010年的391百万分比浓度。实现二氧化碳减排，提高空气质量已经成为全球范围内迫切需要解决的难题。

目前，国际上对碳减排的呼声越来越强烈，许多国家正围绕《京都议定书》探索"低碳经济"政策，试图寻找切实可行的低碳经济发展路径。但要真正实现二氧化碳减排，就必须了解影响碳排放的因素，从而找到有效的减排措施。我们知道，影响碳排放的因素是多种多样的，包括能源结构、能源效率、人口规模、收入水平等。在这些因素中，收入与能源消耗存在着密切的、相辅相成的变动关系。国家或地区的收入水平代表着其经济发展水平、收入水平不同，意味着经济发展阶段不同，其能源消耗特征也不同。2009年，金融危机导致全球经济低迷，世界生产总值的增长率从2008年的2.5%下降到2009年的1.0%，与此同时，全球碳排放量也相应下降了1%。2010年，随着世界经济的复苏，碳排放量也呈现正增长，2011年，全球碳排放量增加到316亿吨，与2010年相比，增加了3.2%。2002~2007年，中国年均经济增长率从4%上升到11%，碳排放量增加了150%。2008~2009年，受全球经济衰退的影响，中国经济增长速度有所下滑，碳排放量也同时降低。2010年，中国经济逐渐恢复，开始快速增长，2011年，中国碳排放量猛增9%，达到97亿吨[①]。可以说，不论是在中国还是在全球，碳排放量都随着经济发展而变化，两者紧密关联。

近年来，收入-碳排放的关系得到了政策制定者、理论和实证研究者的广泛关注。但在中国，相关实证分析仍未得到令人信服的结果。收入-碳排放存在怎样的关系？两者的关系是否与地区经济发展水平有关？在中国节能减排过程中，高收入地区是否应承担更大的责任？收入-碳排放的联合动态性如何？处于不同收入-碳排放状态的地区在经济发展过程中将会发生怎样的状态变化？中国地区经济发展会陷入收入越低排放量越高的"贫困与环境陷阱"吗？低收入地区摆脱贫困最有可能的发展路径必须是先增加碳排放吗？本节试图通过对收入与二氧化碳关系的联合分析，回答上述问题，以填补现有文献的不足。同时，这些问题的答案也将为地方政府探索低碳经济的发展路径提供理论和实践支持。

1.1.2　文献综述

在国外文献中，收入-碳排放的关系，特别是"贫困与环境陷阱"问题是研究的热点和重点领域。其中，代表性的成果有：Ehrlich 和 Holdren（1971）提出的 IPAT（impact，population，affluence technology）模型，将碳排放与人口规模、人均财富及对环境破坏的技术水平联系起来；Coondoo 和 Dinda（2002）利用格兰杰因果关系研究了不同国家的碳排放与收入的关系，研究表明，在不同收入水平下的国家，碳排放与收入之间存在不同的因果关系；Cole（2003）发现，虽然碳排放与人均收入满足库兹涅茨假设，但目前世界高收入国家的人均 GDP 还没有达到拐点的水平；Azomahou 等（2006）利用非参数方法，得出收入和碳排放之间具有正线性关系的结论；Naimzada 和 Sodini（2010）的实证分析表明，在世界范围内，收入和空气污染存在多重稳态性，从长期看，在世界范围内，国家将形成两种状态，即低收入-低污染状态及高收入-高污染状态；Varvarigos 和 Gil-Moltó（2014）通过数学模型证明，生产污染对环境恶化的影响及公众环境支出的降低导致低收入-低污染状态出现是完全有可能的。

国内学者更多将研究重点放在对收入-碳排放关系的研究上。其中，代表性的成果有：冯相昭和蔡博峰（2012）利用改进的卡亚恒等式对 1971~2005 年中国碳排放进行无残差分解，得出经济快速发展和人口增长是导致碳排放增加的主要驱动因素，能源效率的提高有利于减少碳排放，能源结构的低碳化是降低碳排放的途径的结论；宋德勇和卢忠宝（2009）利用"两阶段"LMDI 得出，2000~

---

① 世界生产总值数据来自 2009 年、2010 年的《世界发展报告》；中国经济增长数据来自历年的《中国统计年鉴》；碳排放量数据来自《BP 世界能源统计年鉴（2013）》。

2004 年，高投入、高排放、低效率的经济增长方式直接导致了中国碳排放量显著增加；林伯强和蒋竺均（2009）利用对数 LMDI 和 STIRPAT 模型对中国二氧化碳环境库兹涅茨曲线（environment Kuznets curve，EKC）进行对比研究，得出影响中国人均碳排放的主要因素除人均收入外，还有能源强度、产业结构和能源消费结构的结论；李国志和李宗植（2010）利用 STIRPAT 模型分析了 1995~2007 年中国 30 个省份的碳排放数据，他们把影响碳排放的因素分解为人口规模、人均收入和技术水平三方面，得出了人均收入是影响碳排放的主要因素，碳排放与经济增长呈"U"形曲线关系的结论；张友国（2010）基于 IO 结构分解法分析了 1987~2007 年中国经济发展方式的变化对 GDP 碳排放强度的影响，得出了在此期间，经济发展方式的变化使中国 GDP 碳排放强度下降了 66.02%的结论，其中，生产部门能源强度、需求直接能源消费率的持续下降和能源结构的变化分别使碳排放强度下降了 90.65%、13.04%和 1.16%；虞义华等（2011）利用库兹涅茨曲线进行研究，证明中国碳排放量与经济发展呈倒"U"形关系。在经济发展到一定水平之前，碳排放量会不断增加，在经济达到最高点后，碳排放量会随着经济发展而降低，但目前中国经济还没有到拐点；肖周燕（2012）通过对 1995~2008 年各省碳排放和人口发展状况的比较分析发现，人口与碳排放之间呈现的并不是简单的正相关关系，虽然人口和经济增长是导致碳排放变化的原因，但当滞后期延长时，人口和经济系统将互为因果，这使得人口和碳排放关系更为复杂。

1.1.3　不同经济发展水平下的收入对碳排放的影响

中国学者对收入-碳排放的关系做了较为深入的研究，但大多基于收入对碳排放有一个统一弹性的假设。地区差异大、经济发展不平衡是中国经济社会发展面临的长期基本国情，因此，在确认收入与碳排放存在相关关系的基础上，我们有必要探讨不同经济发展水平下的收入-碳排放关系是否存在明显差异，高收入地区是否应承担更大的责任。

1. 理论模型

影响碳排放的因素有很多，如经济增长、人口增长和技术进步等。由 York 等（2003）提出的 STIRPAT 模型包含这些主要因素，是碳排放影响因素研究领域中的重要模型之一，本章的分析也采用该模型。

STIRPAT 模型的基本形式：

$$I = P \cdot A \cdot T \tag{1-1}$$

其中，I 为碳排放量；P 为人口规模；A 为人均财富；T 为技术水平，通常用能源

强度表示。为了表示不同地区、不同时间下的碳排放，STIRPAT 模型可变形为

$$I_{it} = aP_{it}^b A_{it}^c T_{it}^d \varepsilon_{it} \tag{1-2}$$

其中，i 表示第 i 个国家或地区；t 表示不同时间；a、b、c、d 为待估参数；ε 为随机误差。

对式（1-2）两端取对数，就得到 STIRPAT 模型的常用形式：

$$\ln I_{it} = \ln a + b \ln P_{it} + c \ln A_{it} + d \ln T_{it} + \varepsilon_{it} \tag{1-3}$$

2. 模型拟合结果及分析

1）变量选择及数据来源

（1）碳排放量（I）。目前，可以直接获取的数据是能源消耗量。标准煤是由不同品种、不同含量的能源按不同的热值换算的，因此，消耗的标准煤中包含消耗的各类燃料，故我们利用标准煤燃烧产生的二氧化碳近似代替碳排放量，单位为万吨[①]。

（2）人口规模（P）。该变量以地区总人口数为代理变量，单位为万人。人口结构对碳排放可能也有一定影响，但由于数据获取困难，在 IPAT 中没有考虑。

（3）人均财富（A）。该变量以地区人均 GDP 作为代理变量，单位为元，用来衡量地区经济发展水平和生活水准对碳排放的影响。

（4）技术水平（T）。该变量以能源强度为代理变量，单位为千焦/元。能源强度即单位 GDP 产生的能源消耗，能源强度低，表示经济活动的能源效率高，碳排放少。

样本区间为 1993~2012 年。其中，1993~1994 年的能源消费总量数据来自《新中国 55 年统计资料汇编》，1995~2012 年的数据来自《中国能源统计年鉴》。部分数据来自中国自然资源数据库、《天津统计年鉴》和《河北经济年鉴》。由于缺少西藏的相关指标，故样本为除西藏、香港、澳门和台湾外的 30 个省（自治区、直辖市）。人口规模、人均 GDP 数据来源于历年的《中国统计年鉴》。

2）描述分析

自改革开放以来，中国经济经历了 40 多年的稳定快速增长，人民生活水平得到了很大提高，但由于历史、资源禀赋和政策倾斜等方面的原因，不同地区间的经济发展水平存在明显差异。为了探索在不同经济发展水平下，收入对碳排放的影响，我们按照 1993~2012 年的人均 GDP 均值进行地区类型划分。将收入高于全国平均水平 125%的省（自治区、直辖市）定义为高收入地区，高于全国平均水平 75%且低于 125%的省（自治区、直辖市）定义为中等收入地区，其他省（自

---

① 按国家发展和改革委员会的推荐值，1 吨标准煤燃烧产生 2.456 7 吨二氧化碳计算。

治区、直辖市）为低收入地区。这三个经济类型地区的碳排放量、人均收入、人口规模及技术水平如表 1-1 所示。

表1-1　1993~2012年不同地区的描述性分析

项目	低收入地区				中等收入地区				高收入地区			
	均值	最大值	最小值	标准差	均值	最大值	最小值	标准差	均值	最大值	最小值	标准差
碳排放量/万吨	1 165 400	4 395 400	137 500	780 500	1 343 300	4 129 200	59 400	962 500	2 189 700	6 763 500	305 200	1 310 600
人均收入/元	10 595	44 376	1 234	9 040	12 792	78 989	1 624	13 335	19 366	13 070	1 785	17 344
人口规模/万人	4 500	11 430	467	2 220	2 822	5 938	495	1 824	3 602	7 869	928	2 000
技术水平/（万吨/万元）	63 800	197 200	19 600	36 300	63 500	236 300	19 200	39 800	57 700	236 300	14 400	35 400

由表 1-1 可知，1993~2012 年，不同地区的碳排放量差距很大。在以上样本地区中，碳排放量的最大值为 6 763 500 万吨，最小值为 59 400 万吨，前者是后者的 113.86 倍。高收入地区碳排放量明显高于中低收入地区。高收入地区平均碳排放量约为低收入地区的 1.88 倍，约为中等收入地区的 1.63 倍，由此可知，高收入对应着高排放。

另外，通过比较不同经济发展水平地区的人均 GDP、人口规模及技术水平的偏度和峰度可知，高收入地区的人均 GDP、人口规模及技术水平的偏度和峰度低于低收入及中等收入地区。也就是说，经济发展水平越高的地区，人均 GDP、人口规模及技术水平对碳排放的影响越大。

3. 1993~2012 年不同地区的描述性分析

上述数据说明了收入水平与碳排放的关系紧密。下面，我们通过 STIRPAT 模型做进一步的实证分析。

为避免由变量不平稳导致的参数估计偏差，我们首先检验取对数后的变量平稳性。增广的 ADF 方法和 PP 方法的检验结果表明，面板数据不存在单位根，是平稳的。我们分别按高中低收入地区进行 STIRPAT 模型分析，得到人均 GDP、人口规模及技术水平对碳排放影响的弹性系数。参数估计结果如表 1-2 所示。由表 1-2 可知，以碳排放为因变量，人口规模、技术水平和人均收入为自变量的 STIRPAT 模型的拟合效果好，判决系数高，且参数估计均通过了 t 检验。人口规模、技术水平、人均 GDP 可以很好地解释碳排放的变化。

表1-2 不同收入水平下的STIRPAT模型估计结果

地区类别	变量	参数估计	P 值	判决系数
高收入地区	$\ln A$	0.378 9	0.000 0	0.938 7
	$\ln P$	0.735 1	0.000 0	
	$\ln T$	0.198 2	0.000 0	
中等收入地区	$\ln A$	0.347 5	0.000 0	0.916 0
	$\ln P$	0.736 5	0.000 0	
	$\ln T$	0.108 7	0.033 5	
低收入地区	$\ln A$	0.335 1	0.000 0	0.921 1
	$\ln P$	0.658 47	0.000 0	
	$\ln T$	−0.005 3	0.150 1	

注：$\ln A$ 表示人均 GDP 的对数；$\ln P$ 表示人口规模的对数；$\ln T$ 表示技术水平的对数

由表 1-2 可知，收入是影响碳排放的重要因素，且人均 GDP、人口规模和技术水平的碳排放弹性系数在经济发展水平不同的地区中是不同的。在高、中及低收入地区，人口规模对碳排放影响系数均最大，但人均收入是碳排放的主要影响因素。1993~2012 年，全国碳排放从 109 263 万吨标准煤增加到 389 509 万吨标准煤，增长了约 2.6 倍。人均收入从 98 950 元增加到 1 036 242 元，增长了近 10 倍。而人口规模由 118 614 万增加到 121 681 万，后者仅为前者的 1.03 倍[①]，因此，快速增长的人均收入成为碳排放迅速增加的最主要原因。碳排放增加与人均收入增长有关，是影响碳排放的关键因素。

从表 1-2 中还可以看出，高收入对应着高排放。在经济发展水平不同的地区，收入对碳排放的影响系数不同。在高、中及低收入地区，人均收入对碳排放的弹性系数分别为 0.378 9、0.347 5 和 0.335 1，即人均收入每增长 1%，碳排放将分别增加 37.89%、34.75% 和 33.51%。高收入地区的弹性系数比低收入地区高 13.07%。这与中国经济发展方式是相吻合的。目前为止，工业仍然是中国经济发展的主要驱动力，工业生产排放的二氧化碳不断增多。同时，经济发展又需要砍伐森林、破坏绿地，将其用于工厂建设，这些都使得环境不断遭受破坏，碳排放不断增加。越是经济发达地区，为经济增长所付出的环境代价越大，而低收入地区付出的代价相对较小。总体来说，随着地区收入增加，碳排放呈现出增加的趋势。因此，高收入地区对全国二氧化碳减排负有更大的责任。

---

① 人口、人均收入数据来源于历年的《中国统计年鉴》，碳排放量由各年度全国能源消耗量换算而来。

1.1.4　收入与碳排放的联合动态关系

收入与碳排放之间具有正向关系。收入水平越高，其对碳排放的影响程度越大。那么，地区经济是怎样从低收入发展为高收入的？在其发展过程中，碳排放又发生了怎样的变化？各地区是先利用环境来带动经济发展，还是在经济发展到一定程度后才对环境造成破坏？地区经济不会永远保持高速增长，碳排放也不会无限增加，那么碳排放与收入的最终动态关系是怎样的？以下我们将利用马尔可夫链来回答上述问题和描述收入与碳排放关系的联合动态转移机制。

1. 马尔可夫链

对于随机过程 x_t，如果在任何时刻，该过程从所处状态 i 转移到状态 j 的概率都是固定概率 p_{ij} 的话，那么对于状态空间中所有的状态 $i_0, i_1, \cdots, i_n$，有

$$P\left\{x_{n+1} = j \middle| x_n = i_n, x_{n-1}, \cdots, x_1 = i_1, x_0 = i_0\right\} = p_{ij} \qquad (1\text{-}4)$$

这样的随机过程称为马尔可夫链。对于马尔可夫链来说，若已知 t 时刻的系统状态为 E_n，则在时刻 $l(l>t)$ 时，系统所处状态与 t 时刻以前状态无关，只与 t 时刻状态有关。p_{ij} 表示由初始状态 i 转移到状态 j 的概率，称为状态转移概率。把状态空间中所有状态之间的转移概率求出，就得到相应的一步转移矩阵。我们还可以定义 n 步转移概率，记作 p_{ij}^n，p_{ij}^n 表示状态 i 经过 n 步转移到状态 j 的概率。

$$p_{ij}^n = P\left\{x_{n+m} = j \middle| x_m = i\right\} \qquad (1\text{-}5)$$

由式（1-5）可以得到 n 步转移概率：

$$p_{ij}^{n+m} = \sum_{k=0}^{\infty} p_{ik}^n p_{kj}^m , \quad n, m > 0 \qquad (1\text{-}6)$$

马尔可夫链的转移概率可以用来预测某一经济现象将来最有可能出现的状态。

2. 状态空间的定义

我们对收入与碳排放水平进行状态划分，各省（自治区、直辖市）所处状态由收入水平和碳排放水平共同定义。收入和碳排放可划分为三个等级。其中，收入高于全国平均水平 125% 的省（自治区、直辖市）定义为高收入地区，高于全国平均水平 75% 且低于 125% 的省（自治区、直辖市）定义为中等收入地区，其他省（自治区、直辖市）为低收入地区。碳排放量高于全国平均水平 125% 的省（自治区、直辖市）为高排放地区，高于全国平均水平 75% 且低于 125% 的省（自治区、直辖市）为中等排放地区，其他的为低排放地区。这种间隔的选择可

以提供大致相当的状态分类。由此得到 9 种不同状态，分别为低收入-低排放（S1）、低收入-中等排放（S2）、低收入-高排放（S3）；中等收入-低排放（S4）、中等收入-中等排放（S5）、中等收入-高排放（S6）；高收入-低排放（S7）、高收入-中等排放（S8）、高收入-高排放（S9）。状态空间的基准如表1-3 所示。应当注意的是，由于缺乏收入和碳排放水平的绝对标准，我们对收入与碳排放的等级划分只是一个相对的概念。

表1-3   状态空间的基准

收入水平	碳排放水平		
	低排放	中等排放	高排放
低收入	S1	S2	S3
中等收入	S4	S5	S6
高收入	S7	S8	S9

3. 转移矩阵的估计

在马尔可夫链分析中，状态转移矩阵要具有遍历性，即要求经济变量具有较为稳定的趋势。事实上，1993~2012 年，中国宏观经济发展比较持续稳定，没有出现明显大起大落。因此，可以认为其基本满足马尔可夫链的遍历性条件。我们以离散随机过程模拟收入-碳排放的动态性，在该模型中，状态演变是一个满足二变量状态空间的马尔可夫链。

马尔可夫链分析的关键是求各状态的转移概率。我们用最大似然法估计从一个状态到另一个状态的转移概率。具体地说，在对中国（不含西藏、香港、澳门和台湾）30 个省（自治区、直辖市）的碳排放与人均收入进行状态分类后，可用式（1-7）得到状态 i 转移到状态 j 的概率。

$$p_{ij} = N_{ij} / N_i \qquad (1\text{-}7)$$

其中，N_i 为转移开始时期状态 i 的省（自治区、直辖市）数目；N_{ij} 为地区经济在转移时期从状态 i 转移到状态 j 的省（自治区、直辖市）数目。

根据状态的划分标准，1993 年的各省（自治区、直辖市）状态如下：低收入-低排放地区有 6 个，包括重庆、陕西、广西、江西、甘肃和贵州；低收入-中等排放地区有5个，包括四川、安徽、宁夏、云南和湖南；低收入-高排放地区有 1 个，为河南；中等收入-低排放地区有 4 个，包括吉林、黑龙江、新疆和青海；中等收入-中等排放地区有 3 个，包括湖北、内蒙古和福建；中等收入-高排放地区有 3 个，包括山西、河北和山东；高收入-低排放地区有 1 个，为海南；高收入-中等排放地区有 4 个，包括浙江、北京、天津和上海；高收入-高排放地区有3 个，包括江苏、辽宁和广东。

1994 年各省（自治区、直辖市）的状态如下：低收入-低排放地区有 7 个，包括重庆、陕西、广西、江西、甘肃、贵州和青海；低收入-中等排放地区有 6 个，包括四川、安徽、宁夏、云南、湖北和湖南；低收入-高排放地区有 2 个，包括河南和山西；中等收入-低排放地区有 3 个，包括吉林、黑龙江和新疆；中等收入-中等排放地区有 2 个，包括内蒙古和海南；中等收入-高排放地区有 2 个，包括河北和山东；高收入-低排放地区有 1 个，为福建；高收入-中等排放地区有 4 个，包括浙江、北京、天津和上海；高收入-高排放地区有 3 个，包括江苏、辽宁和广东。由式（1-6）和式（1-7）得到 1993~1994 年的一步状态转移矩阵，如表 1-4 所示。

表1-4　一步状态转移矩阵

状态	S1	S2	S3	S4	S5	S6	S7	S8	S9
S1	1	0	0	0	0	0	0	0	0
S2	0	1	0	0	0	0	0	0	0
S3	0	0	1	0	0	0	0	0	0
S4	1/4	0	0	3/4	0	0	0	0	0
S5	0	1/3	0	0	2/3	0	0	0	0
S6	0	0	1/3	0	0	2/3	0	0	0
S7	0	0	0	0	1	0	0	0	0
S8	0	0	0	0	0	0	0	1	0
S9	0	0	0	0	0	0	0	0	1

4. 结果分析

依据同样的方法，分别对 1995~2012 年的人均收入及碳排放进行状态分组，依据分组情况及各省（自治区、直辖市）状态的变化，分别得到各省（自治区、直辖市）每年的一步状态转移矩阵。再根据其性质，把所有转移矩阵相乘，就得到 1993~2012 年的转移矩阵，如表 1-5 所示。

表1-5　状态转移矩阵

状态	S1	S2	S3	S4	S5	S6	S7	S8	S9
S1	0.512 3	0.176 5	0.103 3	0.089 4	0.118 5	0	0	0	0
S2	0.465 4	0.215 7	0.032 5	0.102 4	0.184 0	0	0	0	0
S3	0.223 1	0	0.364 7	0.015 4	0.054 6	0.342 2	0	0	0
S4	0.438 9	0.039 6	0.102 4	0.059 7	0.310 8	0	0.014 6	0.019 8	0.014 2
S5	0.109 8	0.009 7	0.312 4	0.076 5	0.102 8	0	0.030 7	0.035 8	0.322 3
S6	0	0	0	0.090 4	0.651 1	0.257 5	0	0	0
S7	0	0	0	0	0.125 0	0	0.875 0	0	0
S8	0	0	0	0	0	0.812 5	0	0.187 5	0
S9	0	0	0	0	0	0	0.400 0	0	0.600 0

为了分析方便，我们把表 1-5 的状态转移矩阵划分为三个模块，它们分别代表不同收入水平下的状态转移情况。其中，表 1-5 的横行为初始状态，表 1-5 的列栏为最终状态。我们把表 1-5 的 1~3 行设为模块一，4~6 行设为模块二，7~9 行设为模块三。

由表 1-5 得到如下结论。

第一，高收入-高排放状态最稳定。状态转移矩阵的对角线上元素表示 1993~2012 年某省（自治区、直辖市）的收入-排放状态保持不变的概率。由这些数值可见，保持高收入-高排放状态的概率最大。也就是说，我国处于高收入-高排放状态中的省（自治区、直辖市）最不易发生状态转移，这些省（自治区、直辖市）将在很长一段时间里保持着这一状态。

第二，低收入地区的经济发展多以增加排放为代价。模块一为低收入省（自治区、直辖市）的状态转移概率。由模块一可知，低收入-低排放地区以 0.792 1（0.512 3+0.176 5+ 0.103 3）的概率保持在低收入状态。低收入-中等排放地区的这一概率为 0.713 6（0.465 4+0.215 7+0.032 5）。低收入-高排放地区的这一概率下降为 0.587 8（0.223 1+0.364 7）。低收入-高排放地区仍旧保持低收入水平的概率相对最小，这就是说，对于低收入地区，碳排放越多，越容易摆脱贫困，从而进入中等收入水平。

低收入地区可以转移进入中等收入地区，但无法直接进入高收入地区。在排除状态不变的情况下，处于低收入-高排放（S3）的地区转移到中等收入-高排放（S6）的概率最大，为 0.342 2。处于低收入-中等排放（S2）与低收入-低排放（S1）的地区进入中等收入水平的概率更小。这进一步表明，低收入地区，只有在达到高排放水平时，经济快速发展的可能性才较大。也就是说，低收入地区的经济发展更多以增加碳排放为代价。

第三，中等收入-中等排放地区增加碳排放可以换取经济较快发展。模块二的地区初始状态为中等收入水平。由状态转移矩阵可见，这些地区的收入状态出现了双向转移，既有向低收入状态转移，也有向高收入状态转移。中等收入-中等排放更容易进入高收入地区，其代价是增加碳排放。其中，中等收入-中等排放（S5）转移到高收入-高排放（S9）的概率为 0.322 3，转移到高收入-低排放（S7）的概率为 0.030 7。这表明，中等收入-中等排放更容易通过增加碳排放进入高收入状态，而其通过降低碳排放进入高收入水平的可能性相对较小。中等收入-高排放（S6）以 0.651 1 的概率转移到中等收入-低排放（S5），以 0.257 5 的概率进入中等收入-高排放状态（S6）。这表明，中等收入-高排放地区的收入状态不容易发生转移，可能由于这些地区主要依靠高排放增加收入，但经济运行效率又偏低，从长期看，高排放很难带来高效率的经济增长，故对于它们来说，进一步增加收入的可能性相对较小。而中等收入-低排放的地区更倾向进入低收入状态，对于这些地区来说，如果不大力发展工业经济，增加碳排放，就很难加快经济增长。

第四，高收入-高排放状态相对稳定。在模块三中，所有地区的初始状态均为高收入。在这一模块中，状态发生转移的概率较小，大部分地区在所处状态中保持不变。其中，保持为高收入-高排放状态的概率为 0.600 0，即高收入地区以较大概率维持在高收入-高排放状态。高收入-高排放状态比较稳定，它们的经济增长也意味着对环境的严重破坏。这与中国的经济发展现状相吻合。目前，中国仍为发展中国家，整体经济还不算发达。各地区致力于经济发展，因此，在一定程度上忽略了环境保护或者保护力度不够，并且一些消费习惯也提升了碳排放水平。也许，只有当地区经济继续发展，达到更高的收入水平时，目前处于高收入状态地区的排放状态向中、低排放转移的可能性才会增大。

5. 低收入-低排放地区的典型发展路径

通过比较状态间的转移概率，我们可以大致辨别出一个低收入-低排放地区最有可能的发展路径。这里，发展路径指收入由低到高的最可能变化规律，而不考虑收入不变或降低的情况。由状态转移矩阵中概率的大小可以看出一个低收入-低排放地区的发展路径：首先，低收入-低排放（S1）以 0.176 5 的概率进入低收入-中等排放（S2）。其次，低收入-中等排放（S2）又以 0.184 0 的概率进入中等收入-中等排放（S5）。再次，中等收入-中等排放（S5）以 0.322 3 的概率进入高收入-高排放（S9）。最后，以 0.600 0 的概率稳定在高收入-高排放（S9）。

上述状态转移规律又可表述如下：处于低收入-低排放地区，首先通过增加碳排放，进入低收入-中等排放地区；在碳排放增加、环境受到破坏的同时，经济有了较快发展，逐渐摆脱了贫困，进入了中等收入-中等排放状态。在此基础上，经济要进一步发展，就必须进一步增加碳排放，从而进入高收入-高排放状态。而处于高收入-高排放状态之后，多数地区由于缺乏对保护环境重要性的充分认识，减排措施实施不利，长期稳定在高收入-高排放状态。总的说来，最初的低收入地区可能会先经历排放量增加，随后才到达中等或高收入状态。

6. 收入-碳排放状态预测

马尔可夫链还可以用来预测地区收入-排放长期稳定的平衡状态。在保持当前生产和消费习惯不变的前提下，我们将稳定的平衡状态下各收入-排放状态的地区百分比记为 p_i。这里，i 分别对应于前文设定的基准状态，$i = 1, 2, 3, \cdots, 9$。

根据表 1-5 的状态转移矩阵，我们得到下面方程组，以此方程组预测 p_i。

$$0.512\,3p_1 + 0.176\,5p_2 + 0.103\,3p_3 + 0.089\,4p_4 + 0.118\,5p_5 = p_1$$

$$0.465\,4p_1 + 0.215\,7p_2 + 0.032\,5p_3 + 0.102\,4p_4 + 0.184\,0p_5 = p_2$$

$$0.223\,1p_1 + 0.364\,7p_3 + 0.015\,4p_4 + 0.054\,6p_5 + 0.342\,2p_6 = p_3$$

$$0.438\,9p_1 + 0.039\,6p_2 + 0.102\,4p_3 + 0.059\,7p_4 + 0.310\,8p_5 + 0.014\,6p_7 + 0.019\,8p_8 + 0.014\,2p_9 = p_4$$

$$0.109\,8p_1 + 0.009\,7p_2 + 0.312\,4p_3 + 0.076\,5p_4 + 0.102\,8p_5 + 0.030\,7p_7 + 0.035\,8p_8 + 0.322\,3p_9 = p_5$$

$$0.090\,4p_4 + 0.651\,1p_5 + 0.257\,5p_6 = p_6$$

$$0.125\,0p_5 + 0.875\,0p_7 = p_7$$

$$0.812\,5p_6 + 0.187\,5p_8 = p_8$$

$$0.4p_7 + 0.6p_9 = p_9$$

$$\sum_{i=1}^{9} p_i = 1$$

求解上述方程，得到近似解：

$$p_1 = 0.170\,2 \text{、} \quad p_2 = 0.165\,8 \text{、} \quad p_3 = 0.039\,5 \text{、} \quad p_4 = 0.166\,9 \text{、} \quad p_5 = 0.039\,6 \text{、} \quad p_6 = 0.172\,7 \text{、}$$

$$p_7 = 0.035\,8 \text{、} \quad p_8 = 0.172\,7 \text{、} \quad p_9 = 0.035\,8$$

由方程的解得到在目前发展趋势最终平衡状态下的各收入-排放状态的地区比重。其中，高收入-低排放和高收入-高排放地区所占的比例最低，为 0.035 8。这表明，尽管前文分析得知，高收入-高排放是稳定状态，但从长期看，处于高收入-高排放状态的地区非常少，长期依靠高排放换取经济快速发展并不是各地区发展过程中的选择。中等收入-高排放、高收入-中等排放地区的比率最大，为 0.172 7。这说明，在长期经济发展过程中，高收入但排放不高将是更加稳定的状态，这也是各级政府及公民对环境保护意识逐步加强的结果。从长期看，多数地方政府和公民不会容许片面追求经济高速发展而毫无节制地破坏环境。但不可忽视的是，中等收入-高排放地区的比率最大。这提示我们，目前，依然有不少地区忽视环境保护，而专注于经济发展。低收入-低排放地区所占比例也较大，这说明，在目前的生产技术水平和经济结构下，低排放经济还是很难获取快速发展。

1.1.5　结论与建议

本节利用 STIRPAT 模型验证了收入与碳排放之间的关系，利用马尔可夫链分析了收入与碳排放的联合状态转移机制，预测了未来的收入-碳排放稳定状态。分析得出以下结论。

首先，确认了收入是影响碳排放的重要因素。进一步，将地区划分为不同经济发展水平后，对其进行分析发现，在不同经济发展水平下，收入对碳排放的影响不同。经济发展水平越高的地区，碳排放越多，高收入对应着高排放。因此，对于二氧化碳减排来说，高收入地区应承担更大的责任。其次，低收入水平地区多倾向通过增加排放来带动经济发展，在达到中等排放水平后，提高经济发展水平，最终达到高收入-高排放状态的发展路径。马尔可夫链的预测表明，虽然高收入-高排放处于稳定状态，但从长期看，处于该状态的地区比重很小。最后，我国地区发展没有进入低收入-高排放陷阱。无论是在短期还是在长期，地区的收入-排放没有稳定在低收入-高排放状态。也就是说，中国并没有陷入越穷越增加碳排放，而增加碳排放又进一步导致贫穷的恶性循环中。

在促进经济快速发展、增加人民收入水平的基础上，降低碳排放从而保持经济环境的可持续发展是全社会的共识，也需要各级政府和全社会为此付出努力，以下为几点建议。

第一，对高收入-高排放地区适当征收碳税。经济发达地区的碳排放远高于经济欠发达地区，因此，抑制高收入地区的碳排放是实现二氧化碳减排的有效途径。政府应根据地区经济发展特点，研究和开展碳排放税的征收，尤其要加大对高收入-高排放地区的碳税征收力度，促进二氧化碳减排，同时这一措施也有利于缩小地区间贫富差距。对于碳排放税的征收，可以根据企业碳排放量的不同，制定相应的碳税标准，对于超过规定排放量的企业施以相应处罚。

第二，探索建立相应的碳排放支持基金。对于低收入地区来说，要想实现经济发展，增加碳排放是其必须付出的代价。为此，政府应对经济欠发达地区提供一定的财政补贴，适时地探索建立碳排放支持基金，帮助低收入地区中碳排放量大的企业，让其采用节能减排技术和措施，以减少当地碳排放。

第三，支持和鼓励新能源的开发与应用。石油、煤炭等燃料的大量燃烧是碳排放增加的主要原因，减少能源消耗是减少碳排放的主要措施。但从中国目前的经济发展现实看，不可避免要消耗大量能源。为实现二氧化碳减排，我们必须加大新能源开发力度，鼓励企业使用低污染的能源，支持风能、太阳能等能源的开发和使用。同时，政府应加快研发低碳产品的速度，制定相应的低碳计划和低碳产业规划。

第四，经济发展相对落后的省（自治区、直辖市）应转变经济发展观念，吸取经济发达地区经济发展过程中在环境方面的经验和教训。在经济发展中注意环境问题，主动淘汰落后产能，促进产业结构调整，大力发展、引进绿色生产技术，尽量在减少环境破坏的情况下发展经济。

第五，大力宣传、倡导绿色出行。收入水平的变化是影响碳排放的主要因素，收入水平与人们的生活质量息息相关。近年来，人们收入的提高使私家车的数量显著增加，而汽车排放尾气又是碳排放增加的原因之一。故我们应从自己做起，尽量乘坐公共交通工具，争取做到绿色出行。

1.2 经济增长与碳排放存在倒 "U" 形曲线吗?

1.2.1 引言

快速持续发展的经济对中国环境产生了显著的负外部性,这种负外部性的突出表现就是中国在 2009 年超过美国,成为世界第一大碳排放国。面对日益严重的环境问题,学者试图从多角度研究经济发展与环境污染之间的关系,其中最受关注的是描述碳排放与经济发展关系的碳排放库兹涅茨曲线。与此相对应,如何科学构建碳排放库兹涅茨曲线成为一个具有挑战性的问题。

国内外学者多层面地研究了环境污染特别是碳排放和经济发展的关系问题。Grossman 和 Krueger(1995)针对收入水平和环境质量之间的关系,提出了 EKC。此后,学者纷纷就 EKC 的真实存在性进行了检验。Arouri 等(2012)发现,不同国家、不同种类污染物与经济发展关系是不同的。Apergis 和 Ozturk(2015)运用广义矩估计(generalised method of moments,GMM)对 1990~2011年 14 个亚洲国家的面板数据进行 EKC 检验,得出了环境库兹涅茨假设存在的结论。Alam 等(2016)基于 1970~2012 年中国的面板数据研究了收入对碳排放的影响。该研究表明,碳排放在收入增加时会减少。近年来,中国学者也对中国库兹涅茨曲线(China Kuznets curve,CKC)存在性进行研究。许广月和宋德勇(2010)基于 1990~2007 年省级面板数据,运用面板单位根和协整检验,发现东中部地区存在 CKC,西部不存在。胡宗义等(2013)利用非参数模型分析发现,中国不存在倒 "U" 形 CKC。赵超等(2015)基于 2003~2010 年面板数据,对中国经济增长和环境污染进行全域和局域空间自相关分析。结果显示,CKC 呈 "N" 形;从长远看,经济增长加剧了环境污染。王艺明和胡久凯(2016)利用一般相关效应(common correlated effects,CCE)估计得到中国省人均生产总值和人均碳排放之间存在单调递增线性关系的结论。臧传琴和吕杰(2016)分区域检验了 CKC。结果发现,东中西部环境污染和经济发展水平间不存在严格的倒 "U" 形关系。施锦芳和吴学艳(2017)基于 1984~2014 年中国面板数据的研究表明,中国存在倒 "N" 形的 CKC。

相关文献显示,国内外学者在碳排放库兹涅茨曲线问题上并没有取得一致结论。除样本数据、样本期不同外,模型设定和估计方法等技术上的原因同样不容忽视。Auci 和 Becchetti(2006)认为,如果 CKC 假设中存在变量遗漏,参数估计将存在偏差。Brink 等(2016)在将时间效应与收入效应分离后,考察了收入效应对碳排放的影响。结果显示，收入效应和时间效应在不同国家间产生了异质性影响。Tsurumi 和 Managi（2010）采用广义加性模型（generalized additive models，GAMs）探究了技术因素对碳排放的影响。研究表明，高收入国家的技术效应在碳减排上起了关键作用。Criado 等（2011）采用半参数和非参数回归分析了 25 个欧洲国家环境污染与经济发展之间的关系，研究中假设时间效应在各国间同质。Musolesi 等（2014）采用非参数模型探究发达国家长期收入和碳排放之间的关系，模型设定了不可观测的时间相关变量，得出时间相关效应对碳排放影响在各国间异质的结论。Baayen 等（2017）指出，如果不将面板数据存在的序列自相关性纳入模型，残差就具有自相关性，导致参数估计不精确。冯烽和叶阿忠（2015）认为，EKC 估计严重依赖模型设定。周睿（2015）认为，环境污染与经济增长在不同模型和估计方法下可能呈现不一致的结论。

纵观已有研究，国外文献已开始关注是否需要在碳排放和收入关系模型中加入独立的、不可观测的时间相关效应，因为收入对碳排放的影响可能是异质性的。在这里，不可观测的时间相关效应是政府监管政策和技术革新等未在模型中考虑的驱动因素。但国内研究对上述问题的理解并不充分。首先，除收入效应外，虽有部分文献明确了时间效应的潜在重要性，但在形式上对不可观测的时间相关效应予以忽略或设置其固定效应，没有将其从收入效应中分离出来并作为独立变量，这种侧重收入等可观测变量的设定，导致参数估计误差较大。其次，为提高预测精度，应对面板数据的自相关性予以处理，但多数文献未曾考虑。最后，已有研究多运用参数模型来体现碳排放和人均收入的关系，但参数模型的设定约束较强，模型存在设定误差的可能性较大。

为弥补上述研究不足，本节采用 GAMMs，分区域探究我国省级碳排放与人均收入是否存在倒“U”形关系，以期为碳减排政策的制定提供决策依据。本节的贡献在于，利用 GAMMs 解决了以往研究中的三类问题：首先，GAMMs 是非参数形式，使经济发展与碳排放的关系不再限定为多项式结构，同时还避免了一般非参数模型中存在的维度灾难问题；其次，该模型除收入效应外，还加入了不可观测的时间相关效应，且假定该效应存在区域间的异质性可能；最后，作为广义线性混合模型的扩展，该模型还能处理数据中的自相关问题。本节构建的GAMMs，有利于提高参数估计精度，科学诠释收入与碳排放的关系。

1.2.2　方法与模型

为使模型具有包含独立变量在内的更复杂更灵活的函数形式，GAMs 被提出：

$$G(\mu_i) = \beta_0 + f(x_{i1}) + \cdots + f_p(x_{ip}) = \beta_0 + \sum_{i=1}^{p} f_j(x_{ij}) \qquad (1\text{-}8)$$

其中，$f_j(x_j)$ 为光滑函数，通常使用惩罚似然法来估计，函数中的平滑参数可由交叉验证（cross validation，CV）或广义交叉验证（generalized cross validation，GCV）来估计。

由于时序数据通常具有相关性，而广义线性模型（generalized linear models，GLMs）和 GAMs 都是针对独立样本的，故式（1-8）并不适合时序数据具有相关性的情况。为此，广义线性混合模型（generalized linear mixed models，GLMMs）被提出：

$$G(\mu_i^b) = X_i^{\mathrm{T}}\beta + Z_i^{\mathrm{T}}b \qquad (1\text{-}9)$$

其中，β 为固定效应；X_i 为固定效应 β 的协变量向量；b 为随机效应；Z_i 为随机效应 b 的协变量向量。

为更好地拟合变量之间的关系，避免模型设定误差并解决数据存在的自相关问题，由 GAMs 和 GLMs 综合而成的 GAMMs 被提出：

$$G(\mu_i^b) = \beta_0 + f(x_{i1}) + \cdots + f_p(x_{ip}) + Z_i^{\mathrm{T}}b = \beta_0 + \sum_{i=1}^{p} f_j(x_{ij}) + Z_i^{\mathrm{T}}b \qquad (1\text{-}10)$$

其中，非参数协变量 x_{ip} 与因变量 μ_i^b 不需设定具体的参数形式，而可以利用更灵活的光滑函数 f_i 进行拟合，允许两者有非线性或非单调关系。此外，GAMMs 允许随机效应对 $Z_i^{\mathrm{T}}b$ 的影响，这为处理变量中的随机效应如序列自相关性提供了方便。

由于 GAMMs 具有如此优势，故我们基于该模型来设定碳排放库兹涅茨曲线。首先遵循 EKC 理论，建立模型 M1。M1 只考虑收入效应且设定收入对各省（自治区、直辖市）碳排放的影响同质，该模型为其后增加时间相关效应的模型 M2 提供了对比。其次考虑不可观测的时间相关效应对碳排放的可能影响，将 M1 中收入效应和时间相关效应分离，设时间相关效应平滑项为 $g(t)$，构建模型 M2，并假设 M2 中收入效应和时间相关效应对碳排放的影响同质。将时间相关效应与收入效应分离，可明确收入和碳排放之间的发展趋势，由此判断当经济发展到一定阶段时，各地区是否会出现碳排放减少。中国地域辽阔，各地区的地理位置、能源结构、经济发展水平和环境管制政策有所不同，可能导致收入效应和时间相关效应对碳排放的影响具有异质性。若收入效应存在异质性，那么针对不同省（自治区、直辖市）就需考虑碳排放降低趋势拐点的差异；若时间相关效应存在异质性，意味着需对不同省（自治区、直辖市）制定不同的环境和经济政策。故我们设定具有同质性收入效应和异质性时间相关效应的模型 M3、异质性收入效应和同质性时间相关效应的模型 M4，以及收入效应和时间相关效应均为异质性的模型 M5。

设面板数据为（y_{it}, x_{it}），构建了五个备选模型。其中，y_{it} 为 i 省（自治区、直辖市）t 时人均碳排放的对数；x_{it} 为 i 省（自治区、直辖市）t 时人均收入的对数；c_i 为 i 省（自治区、直辖市）的个体效应；$g_i(t)$ 为 i 省（自治区、直辖市）的不可观测的时间相关效应，ε_{it} 为自回归移动平均模型（auto-regressive and moving average model，ARMA）过程产生的序列自相关误差项。

M1：考虑个体效应和同质性收入效应、不考虑时间相关效应：

$$y_{it} = c_i + f(x_{it}) + \varepsilon_{it} \qquad (1\text{-}11)$$

M2：考虑个体效应、同质性收入效应和同质性时间相关效应：

$$y_{it} = c_i + f(x_{it}) + g(t) + \varepsilon_{it} \qquad (1\text{-}12)$$

M3：考虑个体效应、同质性收入效应和异质性时间相关效应：

$$y_{it} = c_i + f(x_{it}) + g_i(t) + \varepsilon_{it} \qquad (1\text{-}13)$$

M4：考虑个体效应、异质性收入效应和同质性时间相关效应：

$$y_{it} = c_i + f_i(x_{it}) + g(t) + \varepsilon_{it} \qquad (1\text{-}14)$$

M5：考虑个体效应、异质性收入效应和异质性时间相关效应：

$$y_{it} = c_i + f_i(x_{it}) + g_i(t) + \varepsilon_{it} \qquad (1\text{-}15)$$

在式（1-11）~式（1-15）中，ε_{it} 均为 ARMA（p,q）形式：

$$\varepsilon_{it} = \sum_{j=1}^{q} \phi_j \varepsilon_{it-j} + \sum_{l=1}^{q} \vartheta_l v_{it-l} + v_{it} \qquad (1\text{-}16)$$

其中，ϕ_j 和 ϑ_l 为自回归移动平均模型的参数；v_{it} 为随机的高斯白噪声序列。

1.2.3 变量与数据

1. 碳排放核算

我国现有的统计资料不直接提供省级碳排放量数据，该数据需根据能源消费数据间接核算。按照联合国政府间气候变化专门委员会（Intergovernmental Panel on Climate Change，IPCC）提供的方法，碳排放量可根据能源消费产生的碳排放估计量得到。

$$C = \sum_{i=1}^{8} \text{ec}_i \times k_i \qquad (1\text{-}17)$$

其中，C 为碳排放量；ec_i 为第 i 种能源消费量；k_i 为第 i 种能源的碳排放系数。能源的碳排放系数如表 1-6 所示，分地区的能源包括煤炭、焦炭、原油、汽油、煤油、柴油、燃料油、天然气，消费数据来源于历年的《中国能源统计年鉴》。

表1-6　能源的碳排放系数

能源名称	平均低位发热量/（千焦/千克）	碳排放系数/（千克/千亿焦）
煤炭	20 908	96 100
焦炭	28 435	107 000
原油	41 816	73 300
汽油	43 070	74 100
煤油	43 070	71 900
柴油	42 652	74 100
燃料油	50 179	77 400
天然气	38 931	56 100

注：平均低位发热量来自《综合能耗计算通则》（GB/T 2589—2008）；碳排放系数来自IPCC《2006年IPCC国家温室气体清单指南》

2. 中国CKC的基本分析

1997~2016年东中西部人均碳排放量与人均GDP如表1-7所示。其中人均碳排放量为各省（自治区、直辖市）碳排放总量除以该省（自治区、直辖市）当年年末人数，用人均碳排放量表示，单位为吨/人；人均收入为各省（自治区、直辖市）[①]按1997年不变价的实际GDP除以各省（自治区、直辖市）当年年末人数，用人均GDP表示，单位为元/人。人口和GDP数据均来自历年的《中国统计年鉴》。

表1-7　1997~2016年东中西部人均碳排放量与人均GDP

地区	变量	均值	标准差	最小值	最大值
东部	人均碳排放量/（吨/人）	8.386	3.198 1	1.67	17.692
	人均GDP/（元/人）	30 912	55 497	6 059	87 085
中部	人均碳排放量/（吨/人）	6.689	3.144 5	1.563	23.422
	人均GDP/（元/人）	14 749	49 827	3 831	40 713
西部	人均碳排放量/（吨/人）	6.928	5.056 7	1.162	33.237
	人均GDP/（元/人）	13 172	65 231	2 235	51 850

① 由于数据缺失，文中不包括西藏、海南、宁夏和港澳台。东部地区包括北京、天津、河北、辽宁、上海、江苏、浙江、福建、山东、广东10个省（直辖市）；中部地区包括山西、吉林、黑龙江、安徽、江西、河南、湖北、湖南8个省；西部地区包括四川、贵州、云南、陕西、甘肃、广西、青海、重庆、新疆和内蒙古10个省（自治区、直辖市）。

由表 1-7 可知，东中西部人均 GDP 和碳排放水平差异较大，两者均处于不同水平。为观察各省（自治区、直辖市）人均碳排放量和人均 GDP 之间的发展趋势，利用局部加权回归散点平滑（locally weighted scatter plot smoothing，LOWESS）法进行分析得到东中西部各省（自治区、直辖市）人均碳排放量和人均 GDP 关系的拟合曲线，如图 1-1~图 1-3 所示。由图 1-1~图 1-3 可见，北京和上海的 CKC 形状与其他省（自治区、直辖市）差异明显。北京的 CKC 已接近倒"U"形曲线的后半段，处于人均碳排放量与人均 GDP 的负相关阶段，意味着未来北京的环境将向好的方向发展，随着经济发展，人均碳排放量逐渐减少。上海有比较明显的倒"U"形结构，意味着随人均 GDP 的增加，上海人均碳排放量先增后减，在人均 GDP 对数为 10.8，即 5 万元左右时出现转折。其余各省（自治区、直辖市）人均碳排放量和人均 GDP 基本呈现比较均匀的单调非线性关系，不存在倒"U"形 CKC。

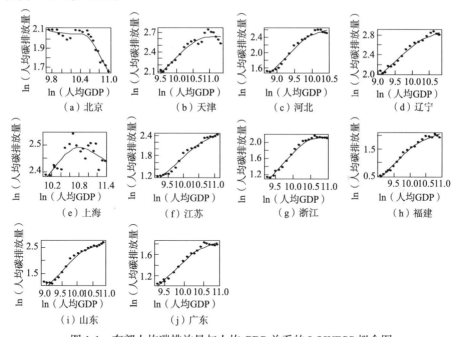

图 1-1　东部人均碳排放量与人均 GDP 关系的 LOWESS 拟合图

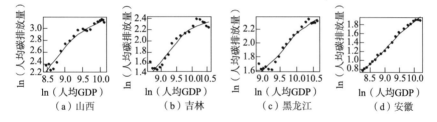

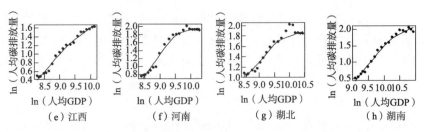

图 1-2　中部人均碳排放量与人均 GDP 关系的 LOWESS 拟合图

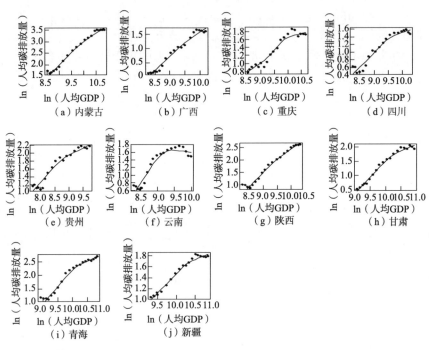

图 1-3　西部人均碳排放量与人均 GDP 关系的 LOWESS 拟合图

应该注意的是，上述人均碳排放量与人均 GDP 关系的拟合方式较为粗略，尤其北京和上海的碳排放与经济发展水平的关系似乎与我们的认知相异，从目前看，两市的碳排放依然呈现加剧的趋势。其原因可能是上述拟合方式没有考虑不可观测的时间相关效应和模型残差中存在的自相关结构，需做进一步的研究。

1.2.4　实证结果分析

1. 模型选择

首先提取 GAMMs 的残差自相关结构。利用 R 软件给出东部各省（直辖市）

的模型 M1~M5 的 5%双边临界水平标准化残差的自相关函数（auto-correlation function，ACF），如图 1-4 所示。

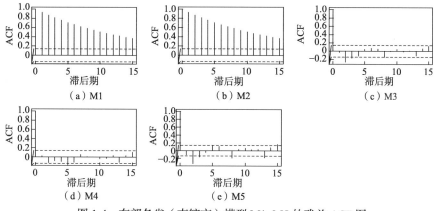

图 1-4　东部各省（直辖市）模型 M1~M5 的残差 ACF 图

由图 1-4 可知，M1 和 M2 的残差 ACF 具有随滞后期增加而呈指数下降的特点。当增加时间异质性时，M3~M5 的标准化残差值显著降低，此时残差具有更复杂的动态性。进一步通过 ACF 得到 M1~M5 误差项结构的赤池信息准则（Akaike information criterion，AIC）值，如表 1-8 所示。其中的无相关项表示模型不具备残差自相关结构时的 AIC 值，有相关项表示 M1~M5 中包含最优残差项结构时所对应的 AIC 值。同上处理，得到中西部地区各模型的最适误差项结构及 AIC 值，如表 1-9 所示。

表1-8　东部地区各模型的最适误差项结构及AIC值

地区	统计量	M1	M2	M3	M4	M5
东部	无相关项	−210.95	−214.41	−628.01	−658.13	−609.39
	有相关项	−583.54	−631.47	−687.44	−698.74	−657.83
	残差结构	AR（3）	ARMA（2,2）	ARMA（2,1）	ARMA（2,2）	ARMA（2,2）
	P	0.072 5	0.004 7	0.000 8	0.000 0	0.000 0

表1-9　中西部地区各模型的最适误差项结构及AIC值

地区	统计量	M1	M2	M3	M4	M5
中部	无相关项	−274.52	−331.72	−440.21	−449.59	−364.13
	有相关项	−443.96	−450.30	−472.23	−486.19	−459.19
	残差结构	ARMA（2,1）	ARMA（2,1）	ARMA（2,2）	ARMA（2,1）	ARMA（2,2）
	P	0.137 1	0.000 1	0.004 6	0.0119 4	0.001
西部	无相关项	−137.34	−201.56	−474.56	−478.11	−454.47
	有相关项	−464.97	−465.21	−550.827	−508.5	−486.59

续表

地区	统计量	M1	M2	M3	M4	M5
西部	残差结构	ARMA (2,1)	AR (2)	ARMA (2,1)	ARMA (2,2)	ARMA (2,2)
	P	0.001	0.004 1	0.000 0	0.000 2	0.000 0

由表 1-8 和表 1-9 可知，与 M1 相比，M2 增加了同质性时间相关效应，结果东部地区的 AIC 值由-210.95 下降到-214.41，中部地区由-274.52 大幅降至-331.72，西部地区由-137.34 降至-201.56。这表明，时间相关效应作为独立变量加入模型后，增强了 CKC 的拟合程度。在模型加入自相关结构后，东中西部的 M1~M5 的 AIC 值显著降低，其收入效应和时间相关效应同质的 M1 和 M2 的 AIC 值降幅更大。这说明，引入自相关残差结构可增强模型拟合优度，减小因变量遗漏而导致的偏差。此外，在收入效应和时间相关效应中同时考虑区域异质性的 M5 的 AIC 值，相对于只增加单一变量的区域异质性的 AIC 值小，故本章将着重对比 M3 与 M4。相对于 M2 的收入效应和时间相关效应对各省（自治区、直辖市）影响同质的假设，M3、M4 和 M5 的区域异质性假设显著降低了其 AIC 值，意味着收入效应和不可观测的时间相关效应对碳排放的影响在省际差异明显。

综上，中部地区选择具有 ARMA（2,1）误差结构的 M4，且包含同质时间相关效应和异质性收入效应；东部地区选择具有 ARMA（2,2）误差结构的 M4，且包含同质时间相关效应和异质性收入效应；西部地区选择具有 ARMA（2,1）误差结构的 M3。此外，东部地区 M3 和 M4 的 AIC 值接近，故也对东部地区的 M3 进行研究。

2. 模型拟合结果

根据所选最优模型，我们利用 R 软件给出 GAMMs 的非参数部分，即收入效应和时间相关效应的平滑结果。

1）东部地区

图 1-5 为东部地区 ARMA（2,2）误差项结构 M4 整体均值的置信区间，其中横坐标为人均 GDP 的对数，纵坐标为自变量人均 GDP 对人均碳排放的影响程度。由图 1-5 可知，在东部地区所有省（直辖市）的非参数部分中，收入效应对碳排放的影响为正相关，即随着经济发展，人均 GDP 增加，碳排放也增加，不存在倒"U"形的 CKC。这与没有将时间相关效应和误差自相关结构设为独立变量的估计结果（图 1-1）有所不同。在图 1-1 中，北京和上海的人均碳排放与人均 GDP 呈倒"U"形关系。而图 1-5 的结论与现实中国国情是相吻合的，当前中国经济和技术最为发达的上海和北京也并未表现出碳排放随人均 GDP 增加而下降的良好趋势。

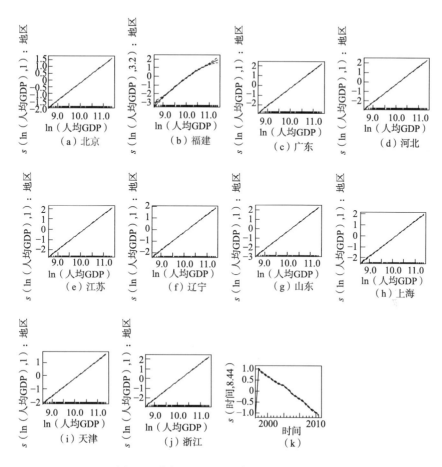

图 1-5　东部地区 M4 非参数部分拟合曲线

图 1-5（k）呈现了时间效应对碳排放的影响效果。由图 1-5 可知，东部的时间相关效应对碳排放的影响为负，表明近年来环保政策实施取得了成效，节能减排技术发挥了作用，提高了东部地区能源使用效率，进而有效降低了碳排放。

时间相关效应对东部各省（直辖市）碳排放的具体影响如图 1-6 所示。由图 1-6 可知，各省（直辖市）的时间相关效应明显降低了碳排放，抵消掉了部分经济发展对碳排放造成的正相关效应，显示了政策规制和技术进步在碳减排中的作用。从发展趋势看，北京、广东、江苏、辽宁、上海等的时间相关效应和碳排放呈单调线性关系，政策规则和技术进步促使碳排放逐渐降低。从时间相关效应对碳排放产生的负影响效果看，北京处于领先地位，福建、广东和上海紧随其后，负向影响的最大值接近 0.6。

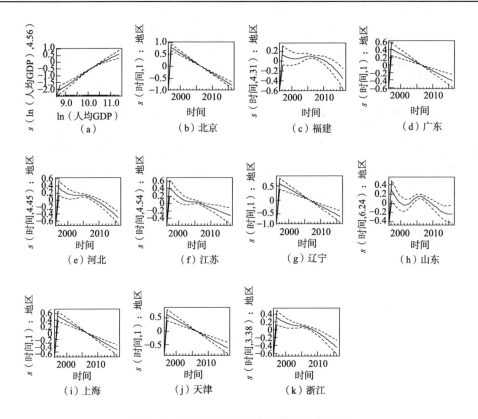

图 1-6　东部地区 M3 非参数部分拟合曲线

　　结合图 1-5 的异质性收入效应和图 1-6 的异质性时间相关效应对北京和上海的碳排放变化产生的影响发现，在收入对数值大于 10.4 以后，北京的时间相关效应对碳排放的负影响大于人均 GDP 对碳排放的正影响，时间相关效应抵消了收入效应对碳排放的影响，所以图 1-6 中北京的 CKC 呈现向下倾斜的趋势。上海的时间相关效应初期对碳排放的负影响不是很明显，后期则抵消了由人均 GDP 带来的碳排放量增加效应，故图 1-6 中上海的 CKC 先升后降。北京和上海的时间相关效应对碳排放的影响之所以能抵消掉大部分收入效应造成的影响，与两市技术发展水平和环保政策有关。

　　2）中部地区

　　中部地区的 ARMA（2,1）误差项结构 M4 整体均值的置信区间如图 1-7 所示。

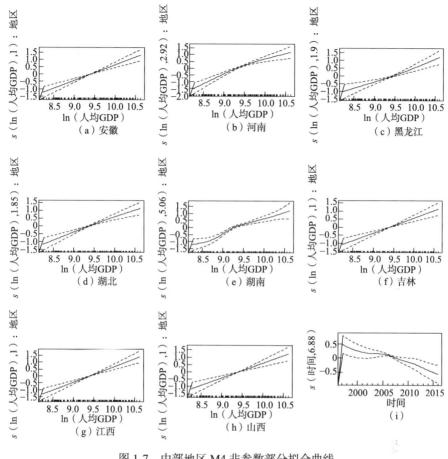

图 1-7　中部地区 M4 非参数部分拟合曲线

由图 1-7 可知，与东部地区相比，中部地区的收入效应置信带明显扩大，收入效应对碳排放的影响波动较大。中部地区也不存在倒 "U" 形的 CKC。湖南人均 GDP 和人均碳排放关系与其他省存在明显差别，前期与后期的波动有明显的差异；其他省人均 GDP 和人均碳排放呈明显的单调非线性正相关关系，即随着人均 GDP 增加，碳排放明显增加。中部地区的时间相关效应对碳排放影响为负，但与东部相比，影响程度较小。与没有将时间相关效应和误差自相关结构设为独立变量的图 1-3 相比，中部地区人均 GDP 和人均碳排放关系的变化不如东部地区明显。

图 1-7 的最后一张图显示的是时间相关效应对碳排放的影响。由图 1-7 可知，近年来，时间相关效应对碳排放的负影响逐渐从 0 降至-0.5，说明中部地区不可观测的时间相关效应虽然前些年没有明显降低人均碳排放，但随着经济发展，减缓了碳排放量的增长速度，只是其降低碳排放的力度不够大，无法抵消大部分省

因人均收入增加而增加的碳排放。

　　3）西部地区

　　西部地区的 ARMA（2,1）误差项结构 M3 整体均值的置信区间如图 1-8 所示。

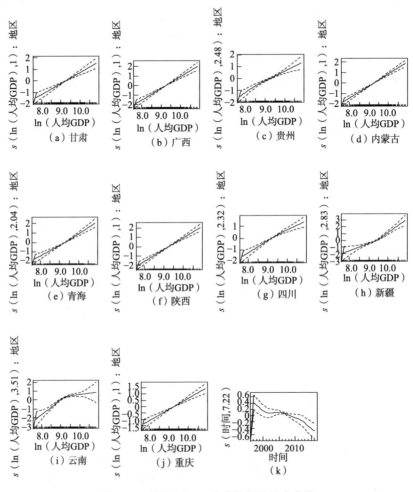

图 1-8　西部地区 M3 非参数部分拟合曲线

　　由图 1-8 可知，人均 GDP 与人均碳排放之间呈单调非线性的正相关关系，西部地区不存在倒"U"形的 CKC。从影响程度看，新疆的收入效应对碳排放的正向影响最强，四川和云南最弱。

　　图 1-8 中最后一张图为时间相关效应对碳排放的影响。与东中部地区相比，西部地区的时间相关效应波动程度相对更大。与收入效应相比，时间相关效应的负向影响程度明显要小，还无法抵消由收入增长导致的碳排放的增加，故西部人

均碳排放仍会不断增加，CKC 仍呈上升趋势。

1.2.5　结论与启示

基于 1997~2016 年省际面板数据，本节探究了东中西部人均 GDP 与人均碳排放的关系，验证了各省（自治区、直辖市）是否存在倒"U"形的碳排放 EKC。不同于以往文献的参数模型设定，本节采用非参数 GAMMs。该模型解决了如下问题：取消了传统的碳排放与 GDP 的多项式设定，将其改为更好地拟合两者关系的平滑函数；分离不可观测的时间相关效应与收入效应，并将其作为独立变量加入模型，避免了模型设定误差；将自相关结构作为独立变量加入模型，提高了模型拟合精度。

针对收入效应和时间相关效应对各省（自治区、直辖市）碳排放影响的可能存在的异质性，本节构建了五个模型并结合 AIC 值选择了东中西部的最适模型，东部为 ARMA（2,2）误差项结构 M4，中部为 ARMA（2,1）误差项结构 M4，西部为 ARMA（2,1）误差项结构 M3。对比东中西部人均 GDP 和人均碳排放关系，可以发现，各省（自治区、直辖市）并不存在倒"U"形 CKC。故我们不能乐观认为，中国碳排放已进入了 EKC 的下行阶段。此外，本节的分析表明，引入异质性收入效应和时间相关效应后，模型的 AIC 值显著降低，由此，可以说本节的模型设定为碳排放研究提供了新的视角。

以上分析表明，中国正处于经济发展的转型期，作为新兴的发展中国家，我们应突破传统的发展方式，在未来的工作中，应更充分考虑经济发展阶段性、区域差异性及碳排放的驱动因素的异质性。

首先，对于东部地区，尤其是北京、上海等经济发达地区，应把环境保护摆在优先的位置，强化立法，通过制定更严格的环境规制促使企业重视节能减排，进一步促进经济结构向低污染转变，促进经济向低资源密集的技术方向发展。同时，要充分发挥市场机制在碳减排中的作用。例如，有效利用国际国内碳交易市场的调节功能，提高自然资源的使用效率；多利用银行对环保不力的企业拒绝贷款等市场化手段，尽量减少行政手段对企业发展的干预。

其次，对于经济相对不够发达的中西部地区，要充分考虑区域发展实际，实施专项财政转移支付，以缓解其经济发展和环境治理的双重压力。例如，在全国范围内建立合理的环境有偿使用机制，采用税收和补贴方式，避免环境压力向中西部转移。建议政府在财政收入分成中，加入环境压力转移比例作为权重，使环境压力转入地区尤其是中西部地区得到生态补偿，体现税收分配的公平性。

最后，时间相关效应主要由环境政策、技术发展和经济结构等因素驱动，而这些因素作用的发挥具有明显的区域差异性。因此，各级政府应充分关注上述驱动因素的区域异质性，避免政策制定在不同区域的一刀切现象。在政策制定过程中，政府要事先通过压力测试等途径充分考虑和测算环保政策等对当地经济和环境所起的作用。

1.3　经济增长、能源消耗与碳排放的时变关系

1.3.1　引言

发展是中国经济的永恒主题，在工业化与城镇化快速发展的同时，中国环境问题也十分突出，还面临着巨大的碳减排压力，节能减排工作任重道远。经济、能源和环境之间关系复杂，三者既相互依赖又相互制约，经济增长伴随着能源消耗，能源消耗过度会造成环境污染，而环境恶化将限制经济增长。对中国来说，有效缓解经济增长、能源消耗与碳排放之间的矛盾的需求尤为迫切。可以说，深入研究中国经济增长、能源消耗与碳排放的关系，制定合理有效的环保政策，这不仅关系到每位公民的生活质量，也关系到经济社会的绿色发展。

分析经济、能源与环境的关系进而为节能减排促发展的政策提供科学依据的前提是构建科学的数学模型，但用以描述经济、能源、环境的相关序列往往时间跨度较长，由此导致模型参数会受自然因素、相关政策、经济周期等的影响而随时变化，即出现了时变效应，时变效应在社会经济转型时期会表现得更加显著，不容忽视。实际上，多年来，中国的经济增长、能源消耗与环境保护就表现出了明显的转型特征，如经济发展速度由高速转向中高速，政府在能源等方面鼓励创新的力度和广度空前，2015 年起实施的新《中华人民共和国环境保护法》堪称史上最严。中国宏观经济发展和环保政策制定的转型变化使得我们有必要思考经济、能源、环境之间的联动关系是否随时间变化；如果时变效应存在，应如何构建相关模型；若忽略时变效应，会对经济发展和环保政策造成什么影响。合理解答上述问题，对准确把握经济变量之间的关系，制定相关政策显然有重要的理论与现实意义。

纵观已有文献，在经济转型升级的背景下，对上述问题还未进行深入系统的研究，尤其缺乏关于时变效应对经济、能源与环境关系影响的考虑。大多文献选择常系数自回归模型来分析三者的关系，但我们认为，常系数自回归模型忽略了不同时期的政策、技术或经济周期等对经济、能源和环境中某一个或某几个变量的影响，这会直接或间接导致所得结论和现实情况有差异，致使分析结果缺

乏科学性。

为此，本节在研究中引入了时变因素，基于时变自回归模型，研究在不同滞后期和不同时点下经济增长、能源消耗与碳排放的动态变化关系，比较常系数自回归模型与时变自回归模型所得结论的异同，阐述时变自回归模型所得结论的经济意义与政策启示，力求准确反映经济变量间的非线性关系，最终为政策制定提供较为可靠的依据。本节充分地讨论了已有研究忽略的时变因素，故不仅有助于相关理论框架的完善，而且对于准确制定环境政策有重要意义。

1.3.2　文献综述

近年来，环境问题备受关注，相关学者对此进行了广泛而细致的研究。文献显示，经济与能耗的关系、经济与环境的关系，以及经济、能源、环境三者之间的关系，是这一问题的研究热点。

关于经济与能耗的关系，Lean 和 Smyth（2010）认为，马来西亚的电力消耗和总产出之间存在双向的因果关系，政府应在减少不必要的耗电的同时，增加电力基础设施投资，以避免给经济造成负面影响。Vidyarthi（2015）基于面板数据，建立误差修正模型，进行实证分析后认为，从长期看，南亚国家的能源消耗和经济增长间相互影响；从短期看，存在由能源消耗到经济增长的单向关系。Mutascu（2016）对包括美国、英国等在内的 G7 国家的经济和能耗进行格兰杰因果关系检验。该检验表明，德国和法国的能耗增加促进了经济增长，美国、加拿大、日本的经济和能耗互相影响，意大利和英国则不存在因果关系。王亚菲（2011）结合1990~2008 年中国 30 个省（自治区、直辖市）的直接物质投入、化石燃料、矿物质、生物质与经济增长的面板数据，运用误差修正模型和协整理论分析后指出，经济增长与资源消耗存在着双向的因果关系。李强等（2013）研究了中国东部和西部的经济增长与电力消费情况，他们认为，从长期看，东部地区的电力消费是经济增长的格兰杰原因，西部地区的电力消费与经济增长之间存在双向因果关系。窦睿音和刘学敏（2016）以中国典型的资源型地区东三省和山西省为样本的研究显示，吉林省能源消耗与经济增长存在双向因果关系，黑龙江省和辽宁省的能源消耗是经济增长的格兰杰原因，山西省的经济增长是能源消耗的格兰杰原因。

关于经济和环境的关系，Tzeremes 和 Halkos（2011）对中国 1960~2006 年的经济与环境变量进行回归分析。该研究显示，中国人均 GDP 与碳排放存在倒“U”形关系。Ahmed 和 Qazi（2014）在基于协整理论证实 EKC 理论在蒙古国的有效性研究中指出，当前蒙古国的经济发展会使碳排放量增加。Alshehry 和 Belloumi（2017）认为，沙特阿拉伯的经济发展会增加运输业的碳排放，经济与污染排放之间不存在倒"U"形关系。杨子晖（2010）运用神经网络和非线性的格兰杰因果关系检验发现，在中国、印度等发展中国家，碳排放与经济增长的单向非线性格兰杰因果关系会随经济发展水平的提高而增强。赵爱文和李东（2011）依据误差修正模型的实证研究给出了碳排放与经济增长存在双向因果关系的结论。

对于经济、能源与环境的关系。Hussain 等（2012）基于 1971~2006 年数据建立的向量误差修正模型（vector error correction model，VECM）显示，巴基斯坦经济和环境之间不符合 EKC 理论，碳排放与能耗存在双向因果关系。Ahmed 等（2017）结合脉冲响应图分析了南亚的能耗、收入、贸易、人口与碳排放的关系，他们的结论支持了 EKC 理论，并认为增加能耗会加剧环境污染。Mirza 和 Kanwal（2017）认为，巴基斯坦的收入、能源和碳排放彼此影响，通过增加可再生能源可以保证总能源的供应。牟敦果和林伯强（2012）基于时变参数向量自回归的分析认为，工业增加值会拉动电力消费和煤炭价格，煤价上涨不会抑制经济发展和电力消费。杨旭等（2012）基于协整分析的实证分析结果显示，经济、能源和环境之间存在长期的稳定关系，且环境污染和经济增长之间有双向的因果关系，能源消耗是环境污染的格兰杰原因。刘心和杨晨（2013）的向量自回归（vector auto-regression，VAR）模型分析给出了辽宁省经济发展增加能耗量和碳排放量，环境因素不是带动经济发展的主要动力的结论。姚君（2015）结合脉冲响应函数和方差分解法的分析认为，碳排放是中国经济增长的原因，能源消耗既是碳排放的原因，也是经济增长的原因，减排目标会对经济发展产生负面影响。

总的来说，目前，国内外已有一系列较为成熟的方法用于分析经济、能源、环境之间的关系，如基于脱钩理论分析碳排放，根据时间序列或面板数据建立回归模型，分析影响污染排放的因素，基于卡亚恒等式和 LMDI 研究经济效应、能源效应和人口效应等对环境的影响程度，依据灰色关联分析比较不同变量与碳排放的关联度，基于协整理论检验变量之间的因果关系等。但现有研究大多忽视了时变因素的作用，即使选取同类型的研究方法也可能得到相反的分析结果，时变因素可能是造成相关文献对三者关系的讨论始终没有达成一致的原因之一。鉴于此，下面将在常系数自回归模型的基础上考虑时变因素，依据时变自回归模型和时变脉冲响应曲线，并结合定性分析结果，重新审视经济增长、能源消耗和碳排放之间的关系。

1.3.3 经济增长、能源消耗与碳排放的关系

1. 经济发展速度加快，人均碳排放量增加

传统的 EKC 理论指出，在经济发展的最初阶段，污染排放总量会因经济发展

而增加，当经济水平上升到某个临界值后，环境污染程度随经济的进一步发展而降低，即环境污染与经济产出存在倒"U"形关系。EKC理论表明，将经济发展目标与环境保护政策有效结合，能平衡经济与环境的关系，减轻环境的污染程度。1978~2015年，中国人均GDP、人均碳排放量趋势图如图1-9所示。

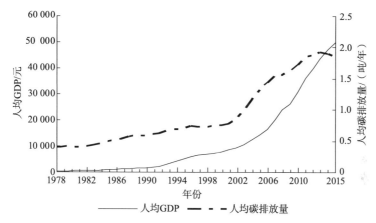

图1-9　1978~2015年中国人均GDP、人均碳排放量趋势图

由图1-9可见，自1978年以来，我国人均GDP与人均碳排放量整体上保持同步增长，反映了自改革开放以来，我国经济的快速发展，在一定程度上造成了环境污染，增加了碳排放量。1978~2000年，我国人均GDP由382元稳步增长至7 912元，人均碳排放量由0.4吨逐渐增加到0.75吨。2001~2013年，我国经济高速发展，人均GDP增长迅速，由8 686元上升至43 744元，人均碳排放量也大幅增长到1.92吨。2014年和2015年，我国人均GDP持续增长，人均碳排放量则有所下降，这说明，近几年的环境保护政策已初见成效，尽早实现"达到二氧化碳排放峰值"的目标初见曙光。

2. 优化一次能源结构有利于减缓碳排放增速

科学合理的能源结构能够使碳排放增速放缓。但目前我国能源结构单一，主要依赖煤炭、石油、天然气这三种一次性能源，而三种能源中煤炭的使用总量最大，煤炭消耗比重始终都占总能耗的70%以上。煤炭燃烧易造成烟煤型污染，会增加碳排放总量，故优化能源结构是我国实现碳减排的路径之一。

我国一次能源比重与碳排放增长率的关系如图1-10所示。由图1-10可见，1980~1990年，煤炭使用占比从72%增加到79%，碳排放的增长速率也随之平稳增长；1990~2000年，煤炭消耗量比例下降为71%，碳排放增速也有所下降；2000~2005年，煤炭使用占比反弹至76%，碳排放增速随之提升；2005~2015年，煤炭比重和碳排放增速同步下降。碳排放增长率与煤炭在总能耗中所占比重的变动趋势基本一致，因此，优化一次能源结构，减少煤炭的消耗总量，有助于减缓碳排放的增长速度，降低污染排放总量，减轻环境压力。

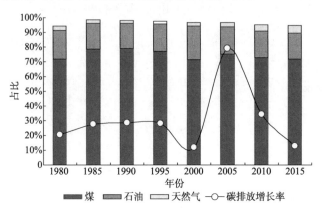

图 1-10　我国一次能源比重与碳排放增长率的关系

3. 提升能源使用效率可降低碳排放总量

2010 年以来，我国碳排放的增长速率逐年下降。特别地，2014 年和 2015 年增长率的增量为负，分别为-0.94%和-1.50%，碳排放总量的下降与能源使用效率的提高密不可分。以单位 GDP 的能源消耗总量表示能源强度，单位 GDP 的碳排放总量表示碳排放强度，近年来，我国的能源强度和碳排放强度都表现出逐年降低的趋势，两者在 2015 年均达到最低水平，分别为 0.624 1 和 0.372 4。由于能源强度和碳排放强度的倒数是反映经济增长效率的正向指标，故能源强度和碳排放强度的降低表明，近年来我国能源使用效率和经济增长质量都在不断提升，能源使用效率和经济增长质量的提升降低了我国碳排放总量。

4. 经济增长与能源消耗之间作用关系复杂

准确测度经济增长与能源消耗的关系，对于制定相关政策有重要意义。但两者之间关系复杂，根据作用方向的不同，相关假说可分为中立假说、反馈假说、增长假说和保守假说。中立假说认为，经济增长和能源消耗之间不存在因果关系，意味着采取改变能源消耗总量的环境政策不会对经济产生显著影响。反馈假说认为，经济增长与能源消耗之间存在双向的因果关系，两者相互影响，需要政府寻求政策平衡。增长假说认为，经济增长依赖于能源消耗，实施减排政策可能会使经济增速放缓。保守假说认为，经济发展会增加能源消耗总量，采取节能措施不会对经济增长造成负面影响。上述四种不同的假说反映了经济增长与能源消耗的不同关系，我国适用于哪种假说还需要结合具体的实证分析来判断。

1.3.4　时变自回归模型

与传统的常系数自回归模型相比，时变自回归模型放松了常系数自回归模型中对参数的限制，并在其基础上发展演化，是对传统常系数自回归模型的拓展。常系数自回归和时变自回归都属于向量自回归模型的范畴，向量自回归模型避免了人为定义变量的内生性及外生性，不严格依照现有的经济理论，能够充分反映数据本身的特点，且不存在模型无法识别情况，常用于研究宏观经济变量之间的因果关系。为更好地反映经济变量之间的真实关系，本节在常系数自回归模型基础上考虑时变因素，应用时变自回归模型探究变量之间的互动关系。

常系数自回归模型的基本形式为

$$Y_t = \sum_{k=1}^{p} A_k Y_{t-k} + \boldsymbol{\mu}_t + \varepsilon_t \qquad (1\text{-}18)$$

其中，系数矩阵、截距项及扰动项方差假定不变。

然而，在实际情况中，受经济变革、技术进步、政策导向等因素的影响，模型参数不会一成不变，式（1-18）中的常系数假定无法满足转型时期下变量的时变要求，难以准确刻画各变量之间随时间变化的真实关系。

进一步，我们将式（1-18）的系数矩阵 A_k 和截距项 $\boldsymbol{\mu}_t$ 设定为随时间可变，用 $A_k(n)$ 和 $\boldsymbol{\mu}_t(n)$ 表示：

$$Y_t = \sum_{k=1}^{p} A_k(n) Y_{t-k} + \boldsymbol{\mu}_t(n) + \varepsilon_t \qquad (1\text{-}19)$$

$$A_k(n) = \sum_{l=0}^{m} a_{kl} f_l(n) \qquad (1\text{-}20)$$

$$\boldsymbol{\mu}_t(n) = \sum_{l=0}^{m} v_l f_l(n) \qquad (1\text{-}21)$$

其中，$Y_t = (Y_{1t}, Y_{2t}, \cdots, Y_{st})'$，$s$ 表示维度，即变量个数；p 为滞后阶数；$A_k(n)$ 和 $\boldsymbol{\mu}_t(n)$ 为时变函数；$A_k(n)$ 为 $s \times s$ 阶方阵，表示系数矩阵；$\boldsymbol{\mu}_t(n)$ 为 $s \times l$ 阶矩阵，表示截距项；$A_k(n)$ 和 $\boldsymbol{\mu}_t(n)$ 为 m 个基函数 $f(n)$ 的线性组合，基函数 $f(n)$ 可由多项式、三角函数、样条函数、指数函数等近似表示；a_{kl} 和 v_l 为 $f_l(n)$ 的加权系数。

最后，得到时变自回归模型：

$$Y_t = \sum_{k=1}^{p} \sum_{l=0}^{m} a_{kl} f_l(n) Y_{t-k} + \sum_{l=0}^{m} v_l f_l(n) + \varepsilon_t \qquad (1\text{-}22)$$

式（1-22）的系数随时间平稳变化，放宽了对模型稳定性的假定，更符合实际。

1.3.5　考虑时变性的经济增长、能源消耗与碳排放关系实证分析

1. 指标选取与数据来源

在实证分析中，经济增长、能源消耗和碳排放分别用 LGDP、IE 和 SC 表示。其中，LGDP 为 GDP 的对数，作为衡量经济发展水平的代表性指标；能源强度IE，为能源消耗总量与当年 GDP 总量的比值，反映了单位 GDP 的能耗。

由式（1-23）计算得到碳排放量 C_t：

$$C_t = \sum_{j=1}^{3} C_j = \sum_{j=1}^{3} E_j \times H_j \times K_j \qquad （1-23）$$

其中，C_t 为 t 年的碳排放总量；j 为能源种类，$j=1,2,3$ 分别表示煤炭、石油和天然气三种能源；E 为能源消耗量；H 为平均低位发热量；K 为碳排放系数。

SC 为标准化后的碳排放量，$SC = (C_t - C_{\min}) / (C_{\max} - C_{\min})$，其中，$C_{\max}$ 和 $C_{\min}$ 分别为 1978~2015 年碳排放量的最高值和最低值。GDP 数据来源于历年的《中国统计年鉴》，能源消耗量数据来源于历年的《中国能源统计年鉴》，碳排放系数参考《2006 年 IPCC 国家温室气体清单指南》，样本期为 1978~2015 年。

2. 常系数自回归模型的分析结果

1）平稳性检验与协整检验

为避免虚假回归，建模前应对序列 LGDP、IE 和 SC 进行单位根检验，单位根检验结果如表 1-10 所示。ADF 方法和 PP 方法表明，序列 LGDP、IE 和 SC 非平稳，一阶差分平稳，故 LGDP、IE 和 SC 均为一阶单整序列。

表1-10　单位根检验结果

变量	ADF 方法		PP 方法	
	原序列	一阶差分序列	原序列	一阶差分序列
LGDP	−0.946 9	−3.894 3**	−1.549 9	−3.306 9*
IE	−3.007 5	−3.580 0**	−2.754 2	−3.398 6*
SC	−3.037 9	−3.414 5*	−1.512 1	−2.738 9*

**、*分别表示参数在 5%、10% 水平下显著

各变量的均衡协整检验结果如表 1-11 所示，在 5% 的显著水平下，迹检验和最大特征值检验都拒绝了 "$r=0$" 的原假设，故可认为，1978~2015 年，序列 LGDP、IE 和 SC 之间存在长期均衡的关系。

表1-11　各变量的均衡协整检验结果

原假设	特征值	迹检验			最大特征值检验		
		统计量	临界值	概率值	统计量	临界值	概率值
$r=0$	0.631 9	46.626 7	24.276 0	0.000 0	34.983 1	17.797 3	0.000 1
$r \leqslant 1$	0.239 0	11.643 6	12.320 9	0.064 7	9.557 1	11.224 8	0.096 9
$r \leqslant 2$	0.057 9	2.086 6	4.129 9	0.175 2	2.086 6	4.129 9	0.175 2

注：临界值是指 $\alpha=0.05$ 时的取值

2）模型估计与格兰杰因果关系检验

综合考虑 AIC、SC、似然比（likelihood ratio，LR）检验、最终预报误差准则（final prediction error，FPE）、汉南-奎因（Hannan-Quinn，HQ）准则，最终确定式（1-22）的最优滞后阶数为 2，建立二阶向量误差修正（vector error correction，VEC）模型（2），VEC 模型（2）的估计结果如式（1-24）所示。

$$\text{VECM}_{t-1} = \text{SC}_{t-1} - 0.409\,7\text{LGDP}_{t-1} - 0.041\,8\text{IE}_{t-1} + 3.981\,0 \qquad (1\text{-}24)$$
$$(0.046\,0) \qquad\qquad (0.023\,8)$$

式（1-24）表明，序列 SC、LGDP 和 IE 之间存在长期均衡关系。LGDP 每增加 1 个单位，SC 会增加 0.409 7 个单位，即碳排放量随经济总量增加而增加；IE 每增加 1 个单位，SC 增加 0.041 8 个单位，与经济总量相比，能源强度对碳排放量的影响程度较小。

$$\Delta\text{SC} = 0.704\,7\Delta\text{SC}_{t-1} + 0.029\,2\Delta\text{SC}_{t-2} - 0.000\,4\Delta\text{LGDP}_{t-1} + 0.060\,8\Delta\text{LGDP}_{t-2}$$
$$+ 0.007\,5\Delta\text{IE}_{t-1} - 0.003\,6\Delta\text{IE}_{t-2} - 0.002\,7\text{VECM}_{t-1} + 0.017\,1$$
$$\overline{R}^2_{\text{SC}} = 0.474\,4, \ F_{\text{SC}} = 5.383\,7, \ \text{AIC}_{\text{SC}} = -4.610\,4, \ \text{SC}_{\text{SC}} = -4.255\,2 \quad (1\text{-}25)$$

$$\Delta\text{LGDP} = 0.227\,8\Delta\text{SC}_{t-1} - 0.588\,2\Delta\text{SC}_{t-2} + 1.001\,0\Delta\text{LGDP}_{t-1} - 0.048\,5\Delta\text{LGDP}_{t-2}$$
$$+ 0.007\,4\Delta\text{IE}_{t-1} + 0.075\,6\Delta\text{IE}_{t-2} + 0.105\,2\text{VECM}_{t-1} + 0.077\,0$$
$$R^2_{\text{LGDP}} = 0.583\,4, \ \overline{R}^2_{\text{LGDP}} = 0.475\,3, \ F_{\text{LGDP}} = 5.340\,1,$$
$$\text{AIC}_{\text{LGDP}} = -3.188\,0, \ \text{SC}_{\text{LGDP}} = -2.832\,5 \qquad\qquad (1\text{-}26)$$

$$\Delta\text{IE} = 1.927\,6\Delta\text{SC}_{t-1} + 2.158\,9\Delta\text{SC}_{t-2} - 2.122\,0\Delta\text{LGDP}_{t-1} - 0.996\,0\Delta\text{LGDP}_{t-2}$$
$$- 0.007\,8\Delta\text{IE}_{t-1} - 0.728\,9\Delta\text{IE}_{t-2} - 1.048\,1\text{VECM}_{t-1} - 0.334\,1$$
$$R^2_{\text{IE}} = 0.892\,7, \ \overline{R}^2_{\text{IE}} = 0.864\,9, \ F_{\text{IE}} = 32.101\,7,$$
$$\text{AIC}_{\text{IE}} = -0.879\,1, \ \text{SC}_{\text{IE}} = -0.523\,6 \qquad\qquad (1\text{-}27)$$

式（1-25）~式（1-27）给出的是各变量经误差修正项调整后的短期方程。由式（1-25）可知，滞后 1、2 期的 SC 的系数均大于零，修正项的系数为 −0.002 7，当碳排放量增加时，修正项可起到降低未来碳排放量的作用。滞后 1、2 期时，LGDP 的系数分别为−0.000 4 和 0.060 8，IE 的系数分别为 0.007 5 和−0.003 6，LGDP 和 IE 的正向系数的绝对值都要大于负向系数的绝对值，表明

LGDP 和 IE 对 SC 正向的影响程度要高于负向的影响程度，即短期内，经济发展和能源强度都会增加碳排放。

式（1-26）显示，短期内增加碳排放量会阻碍经济发展。式（1-27）表明，短期内减少碳排放或增加经济总量，有助于降低能源强度。但三个方程的 R^2、$\bar{R}^2$ 和 F 统计量都较小，说明式（1-25）~式（1-27）的拟合效果不是很理想。

变量间的格兰杰因果关系检验结果如表 1-12 所示，在 5% 的显著水平下，拒绝了"LGDP 不是 SC 的格兰杰原因"和"IE 不是 SC 的格兰杰原因"的原假设，说明经济规模和能源强度对碳排放的影响显著；不能拒绝"SC 不是 LGDP 的格兰杰原因"和"SC 不是 IE 的格兰杰原因"的原假设，说明碳排放不会对经济规模和能源强度产生反作用。对于原假设"IE 不是 LGDP 的格兰杰原因"和"LGDP 不是 IE 的格兰杰原因"，其概率值分别为 0.139 3 和 0.129 3，$\alpha=0.05$ 时可判断经济规模与能源强度之间没有显著的因果关系。但实际上，两者可能存在某种因果关系以外的关系。

表1-12　变量间的格兰杰因果关系检验结果

原假设 H_0	统计量	概率值	结论
IE 不是 LGDP 的格兰杰原因	3.942 7	0.139 3	不拒绝 H_0
SC 不是 LGDP 的格兰杰原因	1.799 3	0.406 7	不拒绝 H_0
LGDP 不是 IE 的格兰杰原因	4.091 4	0.129 3	不拒绝 H_0
SC 不是 IE 的格兰杰原因	0.798 7	0.670 7	不拒绝 H_0
LGDP 不是 SC 的格兰杰原因	6.968 2	0.030 7	拒绝 H_0
IE 不是 SC 的格兰杰原因	7.718 4	0.021 1	拒绝 H_0

注：结论为 $\alpha=0.05$ 时的判断结果

3. 考虑时变性的分析结果

1）马尔可夫蒙特卡洛模拟结果

由于时变自回归模型的参数复杂，故需采用马尔可夫蒙特卡洛（Markov chain Monte Carlo，MCMC）方法模拟后验分布，以实现对各参数的准确估计。

在参数估计之前，首先确定时变自回归模型的滞后阶数。依据 Nakajima（2011）的选择标准，我们建立了 1 阶滞后的时变自回归模型，并选用 MCMC 方法抽样 10 000 次，得到 MCMC 估计结果，如表 1-13 所示。

表1-13　MCMC估计结果

参数	均值	标准差	95%置信区间	格威克值	无效因子
sb1	0.002 3	0.000 3	[0.001 8, 0.002 9]	0.846 0	4.06
sb2	0.002 5	0.000 3	[0.002 0, 0.003 2]	0.954 0	3.81
sa1	0.005 7	0.001 7	[0.003 4, 0.009 9]	0.452 0	12.04
sa2	0.005 6	0.001 6	[0.003 4, 0.009 6]	0.246 0	12.50

续表

参数	均值	标准差	95%置信区间	格威克值	无效因子
sh1	0.005 5	0.001 6	[0.003 4, 0.009 4]	0.363 0	15.93
sh2	0.005 6	0.001 6	[0.003 4, 0.009 6]	0.621 0	8.51

　　由表 1-13 可见，格威克值均小于 5%显著水平的临界值 1.96，不能拒绝模拟后验分布收敛于原后验分布的原假设，可认为抽取的样本是收敛的，MCMC 估计过程是有效的。无效因子的最大值为 15.93，可计算出不相关样本个数为 627，样本量较大，故有理由进行后验推断，可以进一步分析时变脉冲响应曲线的变动情况。

　　2）时变脉冲响应结果分析

　　时变脉冲响应结果是由每个样本期内的 MCMC 估计结果迭代得出的，不但有助于分析各变量的动态关系，而且更注重时间变化对变量关系的影响，时变脉冲响应的结果有时点脉冲响应结果和等间隔脉冲响应结果两种。时点脉冲响应给予自变量一定的正向冲击，分析某一时点下的因变量随时间的变化情况，这与传统的脉冲响应类似。等间隔脉冲响应是分析给定自变量正向冲击后，在相等间隔下，各时点的因变量的变化。我们以 1985 年、2000 年、2010 年为代表，比较各变量在不同时点上的作用关系，选取滞后 1、3、5 期来代表各变量之间的短、中、长期冲击情况。在不同时点下和不同滞后期的时变脉冲响应图像具有以下特征。

　　经济增长和能源消耗对碳排放的影响具有明显的时变特征。如图 1-11 所示，对经济变量 LGDP 施加一定的正向冲击，碳排放的时变脉冲响应值为正，说明经济增长确实会增加能源消耗，这与已有研究结论一致。从图 1-11 还可以看出，经济增长对碳排放的时变脉冲响应曲线具有明显的时变特征。

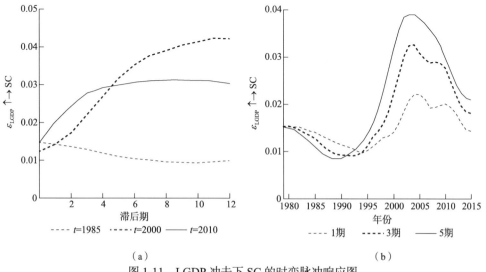

（a）　　　　　　　　　　　　　（b）

图 1-11　LGDP 冲击下 SC 的时变脉冲响应图

如图 1-11（a）所示，在不同时点上，碳排放的时变响应函数值都为正，但变化趋势各不相同。1985 年的响应曲线整体平稳，略有下降；2000 年的响应曲线上升趋势明显；2010 年的响应曲线缓慢上升。出现这一变化趋势的原因是，1985 年左右，我国的经济刚开始平稳发展，经济变量对碳排放的影响表现得不明显；2000 年前后，经济是以破坏环境为代价快速发展的，此时的经济增长对环境造成了显著的负面影响；2010 年以后，随着我国治污力度的不断加大，经济发展增加污染排放的状况也逐渐得到了有效控制。

如图 1-11（b）所示，在不同滞后期下，碳排放的变动趋势基本一致，整体都呈倒"N"形。1995 年前，经济变量滞后 1 期时对碳排放的影响最大，滞后 5 期时对碳排放的影响最小；1995 年后，滞后 5 期的经济变量对碳排放的影响程度最高，滞后 1 期时影响最小。这种时滞的差异性说明，时变因素在研究经济对环境的影响程度中起到了显著作用。1995 年前，碳排放的增加主要受短期经济发展情况的影响；1995 年后，经济对碳排放的影响在滞后 5 期时表现得最明显，碳排放的增加还与历史时期的经济发展水平密切相关。

如图 1-12 所示，给予能耗变量 IE 一定的正向冲击，碳排放的时变脉冲响应函数值为正，表明增加能源消耗会使碳排放量增加，这与已有相关研究的结论是一致的。对比图 1-11 可知，能源消耗对碳排放的影响程度比经济发展对碳排放的影响程度小。此外，图 1-12 还表明能源强度对碳排放的作用方向和影响程度有明显的时变特征。

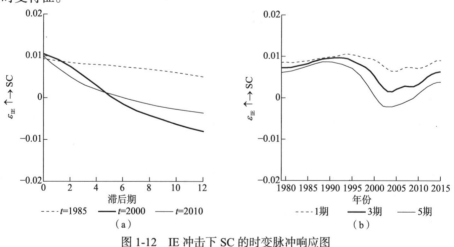

图 1-12　IE 冲击下 SC 的时变脉冲响应图

如图 1-12（a）所示，在不同时点下，能源强度对碳排放的影响方向表现出了时变特征。1985 年，其响应曲线在零轴之上，作用效果始终都为正，2000 年和 2010 年，其响应曲线都在第 6 期之后降至零轴以下，作用效果先正后负。这种作用方向的变动可以由能源强度的降低来解释。图 1-13 给出了能源强度的变动趋势，可见 1978~2015 年我国的能源强度呈降低趋势，1985 年，能源强度为 8.42，显著高于 2000 年和 2010 年。能源强度的不断降低，即单位 GDP 能耗量的下降，说明我国能源的使用效率在不断提升，而提高能源使用效率有利于减少碳排放，所以在给定能源强度正向冲击后，能源强度对碳排放的促进作用会随时间的推移逐渐减弱，甚至消除。

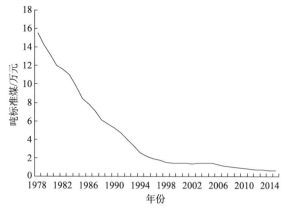

图 1-13　1978~2015 年能源强度变动趋势图

由图 1-12（b）可见，滞后 1 期时的能源强度最大，滞后 5 期时的能源强度最小，而且短期内能源强度对碳排放的影响程度更强。

能源强度对经济增长有负向冲击效应。如图 1-14 所示，若对能耗变量 IE 施加一定的正向冲击，LGDP 的时变脉冲响应值为负，这可以从能源使用效率的角度解释。能源强度的倒数表示消耗 1 个单位能源产生的 GDP，即能源使用效率。给予能源强度正向冲击，作用效果等价于降低了能源的使用效率，而能源使用效率的降低不利于经济的发展，所以能源强度冲击下的经济总量响应值为负。

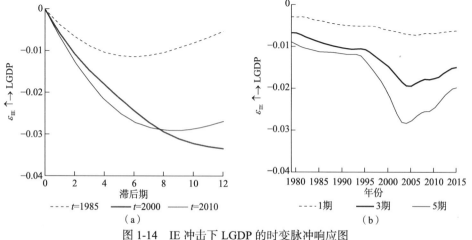

图 1-14　IE 冲击下 LGDP 的时变脉冲响应图

　　如图 1-14（a）所示，取不同时点后，三条曲线都从零点出发，但后期差异明显。1985 年，响应函数值稳定在零值附近，2000 年和 2010 年，响应函数值的绝对值都呈上升趋势。能源结构对经济增长影响程度的差异性可以从能源使用效率的视角分析，在经济发展的初期，国际环境和国内政策等诸多因素都会影响经济的增长，提高能源使用效率也可以促进经济发展，但是这种促进效果不显著，随着时间的推移和能源使用总量的增加，能源使用效率在经济中发挥的作用越来越大，提高能源使用效率对经济增长的促进效果也越来越明显。

　　如图 1-14（b）所示，滞后 1 期时的冲击值接近零，滞后 3 期和 5 期时的冲击效果较为明显，说明能源强度不会在短期内对经济发展产生显著作用。从能源使用效率角度分析，可认为提高能源使用效率会促进经济增长，但由于从能源使用到产品生产再到经济增长是一个周期性的过程，故能源使用效率对经济的促进作用不会在短期内显现。

　　经济增长对能源强度有负向冲击效应，如图 1-15 所示，能源强度对经济变量的响应值为负。该响应函数值为负是由于能源消耗的速度低于经济增长的速度，在给予经济总量一定的正向冲击后，能耗总量的增加幅度要小于经济总量的增加幅度，这最终体现为单位 GDP 能耗量的降低，即能源强度的降低。

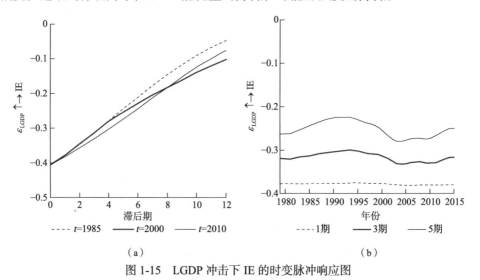

（a）　　　　　　　　　　　　　　（b）

图 1-15　LGDP 冲击下 IE 的时变脉冲响应图

　　如图 1-15（a）所示，在 1985 年、2000 年、2010 年三个时点下，LGDP 对 IE 的响应曲线基本重合，表现为最初阶段对能源强度的负向作用最强，第 10 期以后的作用效果逐渐趋近于零。认为给定经济总量正向冲击后，不同时点下的能源强度都表现出降低的趋势，经济增长对能源消耗的影响不存在显著差异。如图 1-15（b）所示，在滞后 1、3、5 期的冲击下，能源强度都表现出平稳的趋势，其中，滞后 1 期的经济变量对能源强度的负向影响程度最高，滞后 5 期的负向影响程度最低，说明能源强度主要受近期的经济情况影响。

我国的经济发展以牺牲环境为代价。如图 1-16 所示，在不同时期和不同滞后期，碳排放对经济增长的冲击方向和冲击力度都保持稳定，三条响应曲线有一致的变动趋势，没有发生结构性的变化，因此，可认为碳排放对经济增长的影响不存在明显的时变特征。但值得注意的是，图 1-16 中经济增长对碳排放的响应值为正，这表明以环境污染为代价可以在一定程度上扩大经济规模，但长期来看，牺牲环境不能实现经济的可持续发展。

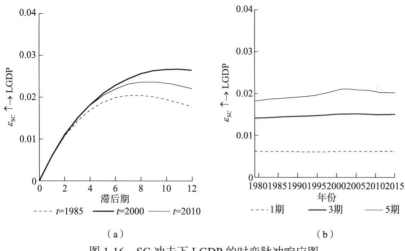

图 1-16　SC 冲击下 LGDP 的时变脉冲响应图

3）经济意义与政策启示

综上，时变自回归模型的分析结果显示：在滞后 1、3、5 期，变量间的相互影响程度有差异；在 1985 年、2000 年、2010 年三个时点下，各变量的关系都体现出了明显的时变特征，时变效应在分析经济、能源与环境关系中的作用不容小觑。时变自回归模型认为，近些年经济和能源对环境的消极影响都有减弱的趋势，长期来看，提高能源使用效率是经济绿色发展的有效途径。为更好地阐述时变自回归模型的经济含义，我们将图 1-11~图 1-16 的分析结果分成三组进行说明。

图 1-11~图 1-13 显示，增加经济规模和增大能源强度都会促进碳排放的增长，与能源强度相比，经济规模对碳排放增长的促进程度更强。如图 1-11、图 1-12 所示，碳排放量在经济规模与能源强度的冲击下表现出了明显的时变特征，1978~2015 年的经济和能源对碳排放的影响程度在减弱。我国最初的经济发展以"粗放式"为主，注重生产总量，但不注重生产质量，在经济迅速发展的同时，环境质量也开始恶化。近年来，随着环保标准的提高、治理排污力度的加

大、环保投入的增加，各地区和部门更加关注经济增长的质量和能源使用的效率，经济和能源对环境的负面影响得到缓解，因此提高能源使用效率和继续坚持绿色发展可以有效降低碳排放量。

图 1-14 和图 1-15 给出了经济和能源之间的时变关系，显示能源强度主要受近期经济规模的影响，并且能源使用效率对经济发展的促进作用在最初阶段逐渐增强，之后又会随时间减弱。可见高能源使用效率是支撑经济高质量发展的重要一环，而提高能源使用效率的关键则是要不断实现技术创新，建议政府给予企业适当的研发补贴，鼓励企业不断创新，保持经济增长的动力与活力。

图 1-16 反映了增加碳排放量对经济和能源的影响。由图 1-16 可见，目前我国的经济发展仍以环境污染为代价，且环境对经济的促进作用会随时间减弱，这提示我们要坚持可持续发展，不应单纯追求经济总量的增加，应将绿色 GDP 作为政府绩效的考量指标之一。

4. 考虑时变效应的必要性

比较时变自回归模型与常系数自回归模型的分析结果，可知两者都得出增加经济规模或能源强度能够增加碳排放量的结论，这与本节第三部分定性分析的结论一致。但时变自回归模型得出的结论更为深入。时变自回归模型显示，改革开放初期，经济的迅速发展依靠能源的大量消耗，使当时碳排放量快速增加，目前我国经济发展对环境的破坏程度有所减弱，说明当前的环保措施已初见成效。

实际中存在时变效应，故时变自回归模型还得出若干与常系数自回归模型不同的结论。对于经济与能耗的关系，常系数自回归模型给出了经济发展与能源消耗不存在因果关系的结论，支持了中立假说，认为节能降耗的经济政策不会阻碍经济发展。而时变脉冲响应图则显示，经济规模和能源强度之间的关系随时间变化，且在不同滞后期下差异明显，能源强度受同期经济规模影响较大，提高能源使用效率将对远期经济发展产生积极作用。现实中，经济发展的根本在于能源使用效率提高和技术创新。

此外，常系数自回归模型认为增加碳排放量不会使经济规模扩大，而时变自回归模型得出增加碳排放量可使经济总量增加的结论。时变自回归模型认为，现阶段我国经济增长仍以环境污染为代价，这与姚君（2015）、赵爱文和李东（2011）、张同斌等（2016）的研究结论一致。要使碳排放增速低于经济增速，实现经济的低碳发展，必须减轻经济发展对能源与环境的依赖，提高经济自身增长效率和质量。由此可见，时变效应不容忽视，否则我们可能得到与实际截然相反的结论，给出误导性的建议。

1.3.6　结论与启示

本节基于时变自回归模型，以 1978~2015 年的相关数据为基础，根据 MCMC 模拟结果和时变脉冲响应曲线，结合经济、能源、环境三者关系的定性分析结果，重新审视了经济增长、能源消耗与碳排放量的动态关系。另外，与常系数自回归模型的结果进行对比，结果表明，建立模型和制定政策时应充分考虑时变因素，这样才能全面准确地把握经济、能源、环境的关系。时变自回归模型不仅得出了与以往研究相似的结论，还得出了一些新的结论。

第一，经济发展是推动碳排放量增加的首要因素。定性分析表明，碳排放量与 GDP 的增长曲线有相似的波动趋势，格兰杰因果关系检验也认为，经济增长是碳排放增加的格兰杰原因。时变自回归模型发现，对经济变量施加正向冲击时，碳排放量增长幅度最大，经济变量对碳排放的拉动效果更大，且持续的时间更长。尽管目前我国碳排放增长速度整体放慢，2013~2015 年排放总量略微下降，但仍处在 EKC 的上升部分，故应继续坚持可持续发展和低碳发展的道路，注重经济增长的质量，提高绿色 GDP，尽早达到二氧化碳排放峰值。

第二，降低能源消耗可抑制碳排放。降低单位 GDP 的能耗量，提高能源使用效率，能够减少碳排放，这与常系数自回归模型中"存在从能源消耗到碳排放量的单向因果关系"的结论一致。此外，时变自回归模型结果表明，提高能源使用效率不会对节能减排产生立竿见影的效果，但从长期看，则是一种行之有效的减排方式。因此，低碳发展要求在能源使用上做到减耗提效，而能源减耗提效的根本则是不断进行技术创新，实现对有限能源的高效利用。

第三，经济增长和能源消耗对碳排放量的影响程度在不同时期存在差异，减排政策或环保规章的制定要适应各阶段的实际需要。在改革开放的初期，经济增长和能源消耗增加不会显著增加碳排放量。从 2000 年开始，碳排放量的增长速度不断加快，2003 年的碳排放增长率达到最大值，约为 17%，继续扩大经济规模、增加能源消耗总量开始对环境产生明显的负面作用。2010 年以后，增加能源强度和经济总量对环境造成的负面效应逐渐减弱，这与近些年能源使用效率提高及环境方面的政策干预有关。

第四，时变因素影响着经济增长与能源消耗之间的动态关系。格兰杰因果关系检验结果认为，经济与能源不存在因果关系，而从时变脉冲图可以看出，对能源变量进行正向冲击时，经济变量在不同时点下的响应趋势有明显差异，短期的经济规模对能源强度有较大影响。由此可见，要实现经济的长期稳定发展，还需要提高能源使用效率，可以推广风能、水能、太阳能等清洁能源，以达到优化能源使用结构、降低煤炭消耗比重的目的。

　　第五，经济、能源、环境之间的互动关系会随时间发生变化。实践中，要采取灵活的经济政策平衡三者的关系。现阶段的经济发展和能源消费明显拉动了碳排放量增长，在未来，当技术变革、能源使用效率得到大幅提高、经济发展达到某一规模后，经济和能源对碳排放的拉动作用很可能减弱甚至消除。

　　基于以上结论，本节认为，考虑时变因素对探究经济、能源与环境的关系和政策制定有重要意义。常系数自回归模型认为，经济与能源没有明显的因果关系，能源政策不会对经济发展造成显著影响。时变自回归模型则认为，经济、能源与环境的联动关系不断变化，提高能源使用效率可以有效减少碳排放，有利于经济的绿色可持续发展。因此，研究者在研究环境问题或探究其他经济变量之间的关系时，应该在传统线性模型或常系数自回归模型的基础上考虑时变因素，尤其是在经济转型升级的背景下，更需要注重时变效应对经济变量的影响。

　　此外，可以某个省（自治区、直辖市）或地区为研究对象，依据时变自回归模型，制定更加符合该地区实际的经济政策，或者在时变自回归模型中引入新的经济变量，以更全面地探究不同变量对环境的作用效果及影响程度。

第 2 章　行业发展与碳排放

2.1　行业供应链碳排放的来源分析

2.1.1　引言

在我国成为世界第二大经济体的同时，经济增长与环境保护之间的矛盾也日益加剧，减排的任务艰巨，与煤炭密切相关的生产和消费行业显然是节能减排的重点。除此之外，部分行业如生活消费行业的直接碳排放量虽然较少，但其间接碳排放量，即隐性碳排放量较多，在减排中也不容忽视。在国民经济体系中，一个行业会把其他行业的产品作为中间投入，或利用其他行业的服务销售产品，同时自己的产品也被其他行业作为生产要素等进行加工使用，这种行业间形成的交织性的供需网络就是行业供应链。行业间错综复杂的供需关系，使得分析行业间的碳排放关系的难度加大。

对于当前碳排放的核算，大多利用 IO 模型追踪产品或服务的生产与消费，进而来追踪整个经济系统的直接和间接碳排放，主要集中于国家和区域层面或某些行业层面。在国家碳排放核算层面，Lenzen（1998）使用 IO 法分别分析了澳大利亚、日本、西班牙、意大利、美国和中国的碳排放情况；李新运等（2014）用 RAS 法[①]更新了 2010 年《中国投入产出表》，采用两级分解平均法对我国 2007~2010 年行业碳排放量的四个组成部分进行因素分解，发现间接碳排放占我国碳排放总量的 80%左右。在区域碳排放核算层面，唐建荣和李烨啸（2013）基于中国 2007 年地区经济投入产出表及经济投入产出生命周期评价（economic input-output life cycle assessment，EIO-LCA）模型，从直接排放和间接排放视角分析了江浙沪三地的部门碳排放分布结构，发现上海为碳排放净输出地区，江苏为碳排放净输入地区；吴常艳等（2015）采用 EIO-LCA 模型方法对江苏省产业的

---

① RAS 法，又名适时修正法、双比例尺度法（biproportional scaling method）。

直接和间接碳排放进行测算，并构建碳减排潜力模型模拟产业结构调整引起的减排潜力；Zhang 等（2017）通过 IO 分析和结构路径分析，将我国经济从能源开采到最终消费的整个供应链联系起来，发现原煤是中国主要的能源类型；Duan 等（2018）将多区域 IO 分析和生态网络分析相结合，评估中国的碳流量，并确定空间异质性背景下的关键区域和部门，结果表明东部地区是中国大部分地区碳排放的最大的控制者，中国其他地区的大部分碳排放是由东部的最终需求和大量消费引起的；Wang 等（2019）使用 IO 模型计算了 2002~2012 年京津冀三地的城乡居民消费的直接和间接碳排放，利用结构分解技术分析，发现碳排放强度和居民消费水平是影响居民消费间接碳排放的主要因素，其中碳排放强度对北京和天津产生消极影响、对河北产生积极影响，住宅消费水平在三个区域均起到了积极作用。

在行业碳排放核算层面，Matthews 等（2008）界定了行业直接碳排放与完全碳排放概念，并使用IO法对碳排放足迹进行测度，得出行业平均直接碳排放量只占供应链碳排放总量的14%；曹淑艳和谢高地（2010）基于 2007 年 IO 数据，对 52 个行业的直接碳排放和间接碳排放进行测算，对各行业的碳流入和碳流出特征进行评估，发现产业部门再分配过程产生的碳排放占完全碳排放的 83.3%；秦昌才和刘树林（2013）通过定义直接排放系数和完全排放系数，基于 2007 年中国 IO 数据建立了产业完全碳排放分析框架，得出建筑业碳排放量最大，通信设备、计算机及其他电子设备业的碳排放强度最大；关军（2014）改进了基于混合投入产出生命周期评价（input-output based hybrid life cycle assessment，IO-HLCA）模型，提出基于敏感性分析的重要能量路径分离方法，利用该方法测算建筑能源消耗与碳排放；杨顺顺（2015）基于修正的 IO 模型和 RAS 法，对中国工业部门的碳排放转移路径进行预测，发现其碳排放主要沿能源转化部门、采掘业、流程制造业和离散制造业路径移动；万宇等（2017）采用EIO-LCA模型对比了中国2007年和2012年八大行业的直接碳排放量和间接碳排放量，发现制造业间接碳排放量有所下降，而服务业间接碳排放量有所上升；Wang 等（2018）采用生命周期评价（life cycle assessment，LCA）模型分析中国燃煤发电对环境的影响，利用相关成本理论将影响值量化为具体金额，研究发现环境成本高的排放来自煤、二氧化硫、化学需氧量和锅炉灰，且发电阶段的环境成本最高，达到50.24美元。

从已有文献看，当前研究大多利用投入产出生命周期评价（input-output life cycle assessment，IO-LCA）模型从碳排放强度等方面对行业直接碳排放和间接碳排放进行比较分析，也有部分研究从行业能量结构路径角度分析行业的碳排放流动路径，但对各层级各行业间接碳排放比重的详细分析较少。从行业供应链的角度出发，具体分析行业间的间接碳排放情况，能够简化行业供应中的碳排放关系、明确行业的碳排放产生环节，为研究碳排放转移提供一种新思路——间接碳排放量高的行业为需求行业，反之为供给行业，行业间的碳排放转移主要由供给行业向需求行业移动。

　　基于上述因素，本节以详细分析行业间接碳排放为切入点，利用完全消耗系数矩阵的二项展开式的经济含义——行业间产品或服务的直接消耗量和间接消耗量，将行业供应链的碳排放分为直接碳排放和五层间接碳排放，并通过所构建的六个 IO-HLCA 模型考察中国行业供应链中碳排放的足迹。通过分层梳理行业供应链各层供求产生的碳排放，突出重要的碳排放环节，以确定不同层次供应链中的高碳排放行业及其在供应链中所占份额，细化各层次行业供应链间的碳足迹分布情况，为决策者有针对性地制定减排政策、监控减排效果提供参考。

2.1.2　方法框架

1. 基于投入产出的生命周期评价模型

　　LCA 模型常用于评估产品的整个生命周期对环境的影响，包括原材料提取、设计生产、分配、使用和生命周期结束五个阶段，故 LCA 模型具有周期性和整体性，能从整体和部分层面对区域产品或服务的碳足迹影响进行系统评估。LCA 模型有过程生命周期评价（process-based life cycle assessment，PLCA）、IO-LCA 和混合生命周期评价（hybrid life cycle assessment，H-LCA）。其中 IO-LCA 结合了 IO 模型与 LCA 模型的优点，具有完整的系统边界，使用公开数据，消耗时间与成本少。IO-LCA 还考虑了供应链在地区、国家或全球范围内的流程和影响，揭示了行业间生产和消费的联系，量化行业间的完全消耗关系，消除了截断误差，其计算结果体现了行业对环境影响的平均水平，适用于宏观研究。

　　1970 年，Leontief 提出了 IO 模型，由此将 IO 分析应用到环境问题上，其基本假设是，n 个行业组成一个经济体系，每个行业生产一种产品或服务，某一行业以其他行业的产品或服务为原材料生产产品或服务，同时其产品或服务又作为其他行业的生产原料投入生产，部门之间通过生产与消费紧密联系并相互影响。一个行业的 IO 模型构建如下：

$$x = \left[(I - A)^{-1} \right] f \qquad (2\text{-}1)$$

其中，x 为行业总产出向量；I 为单位矩阵；f 为最终需求向量；A 为行业间的直接消耗系数矩阵，表示第 k 个行业增加 1 个单位的最终需求时所需要的 i 行业的产出。直接消耗系数为

$$a_{ik} = \frac{b_{ik}}{X_k} (i, k = 1, 2, \cdots, n) \qquad (2\text{-}2)$$

其中，b_{ik} 为行业 k 生产过程中直接消耗行业 i 所生产产品的数量；X_k 为第 k 个行

业的产出总量。$(I-A)^{-1}$ 为列昂惕夫逆矩阵，反映经济的中间 IO 结构及生产技术水平。一旦诸行业的模型已建立且 x 向量被列入表格，那么可通过各行业的总经济产出 x_i 乘以环境乘数矩阵 D 得到总的环境影响（直接和间接的碳排放量），则 IO-LCA 模型的环境总产出向量 E 可表示为

$$E = Dx = D\left[(I-A)^{-1}\right]f \qquad (2\text{-}3)$$

其中，E 为最终需求对整体可持续性影响的环境总产出向量，即行业碳排放总量矩阵；根据秦昌才和刘树林（2013）的研究，D 为行业的碳排放强度，表示一个主对角线矩阵，其对角线元素 d_k 为

$$d_k = \frac{C_k}{X_k} = \frac{\displaystyle\sum_{i=1}^{m}\delta_i\gamma_i q_{ik}}{X_k},\ k=1,2,\cdots,n \qquad (2\text{-}4)$$

其中，m 为部门使用的能源种类数；q_{ik} 为 k 部门所消耗的第 i 种能源的数量；γ_i 为第 i 种能源折算成标准煤的系数；δ_i 为第 i 种能源的碳排放系数；C_k 为 k 部门的碳排放总量；X_k 为 k 部门的产出总量。

2. 层分析

IO-LCA 模型通过考虑每个部门作为另一个部门的潜在供应商，提供关于相互依赖的经济部门中多层次供应链的定量测度。在国民经济各部门之间，各种产品在生产过程中除有直接的生产联系外还有间接联系，这使得各产品间的相互消耗除了直接消耗外还有间接消耗。例如，工业部门生产钢，需要直接消耗电力、生铁等，而生产生铁又需要消耗电力，这就是生产钢对电力的第一轮间接消耗，以此类推。层分析将行业的供应链划分为若干层次，以研究不同层次的经济效益与环境影响份额。

对列昂惕夫逆矩阵 $(I-A)^{-1}$ 进行级数展开，得式（2-5）：

$$(I-A)^{-1} = I + A + A^2 + A^3 + \cdots + A^k + \cdots \qquad (2\text{-}5)$$

列昂惕夫逆矩阵也可表示为 $(I+B)$，矩阵 B 为完全消耗系数矩阵，其代表某一部门每提供 1 个单位的最终产品，直接和间接消耗的各部门的产品或服务的数量。由此得到 B 的级数展开式为

$$B = (I-A)^{-1} - I = A + A^2 + A^3 + \cdots + A^k + \cdots \qquad (2\text{-}6)$$

其中，矩阵 A 的元素 a_{ik} 表示第 k 产品部门对第 i 产品部门的直接消耗量；A^2 的元素表示第 k 产品部门对第 i 产品部门的第一轮间接消耗量；A^3 表示第二轮间接消耗量；A^4 为第三轮间接消耗量；以此类推，A^k 为第 $k-1$ 轮间接消耗量。由此对行业供应链进行分层，第一层是行业对其生产要素的直接消耗，第二层是行业对其

生产要素的第一轮间接消耗，第三层是行业对其生产要素的第二轮间接消耗，以此类推，而第六层是行业对其生产要素的其余所有间接消耗。在一个由 N 个行业组成的经济体系中，一个行业在其供应链中理论上有 N 层，行业间供求关系和二氧化碳的产生可由图 2-1 表示，其中 S 表示供应链上的物质和服务流量，E 表示供应链上的能源流量。

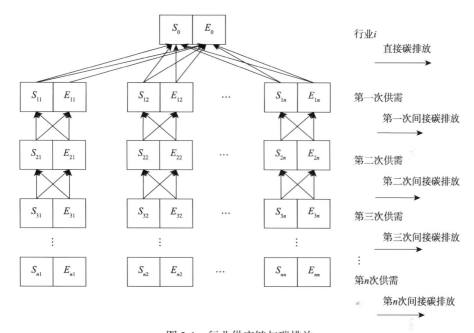

图 2-1　行业供应链与碳排放

类似地，产品或服务的直接消耗和间接消耗这两个过程对应的碳排放分别称为直接碳排放和间接碳排放。由于实际生活中各行业的供应链长度不一，为了统一研究且保证供应链的长度具有研究的实际意义，IO-LCA 研究中使用六层是一种常见的做法，如 Onat 等（2014）和 Kucukvar 等（2015）的研究，故我们设定研究的所有行业的供应链长度均为 5，即六层 IO-LCA 模型。基于完全消耗系数矩阵的级数展开得到式（2-7）~式（2-12），获得特定层的碳排放量 E_i，E_1 是行业的直接碳排放量，E_2~E_6 是行业的各层间接碳排放量：

$$E_1 = \mathrm{d}\left(\boldsymbol{A}\right)^1 \boldsymbol{f} \tag{2-7}$$

$$E_2 = \mathrm{d}\left(\boldsymbol{A}\right)^2 \boldsymbol{f} \tag{2-8}$$

$$E_3 = \mathrm{d}\left(\boldsymbol{A}\right)^3 \boldsymbol{f} \tag{2-9}$$

$$E_4 = \mathrm{d}\left(\boldsymbol{A}\right)^4 \boldsymbol{f} \tag{2-10}$$

$$E_5 = \mathrm{d}\left(\boldsymbol{A}\right)^5 \boldsymbol{f} \tag{2-11}$$

$$E_6 = E - \left(E_1 + E_2 + E_3 + E_4 + E_5\right) \quad\quad (2\text{-}12)$$

$$E = E_1 + E_2 + E_3 + E_4 + E_5 + E_6 \quad\quad (2\text{-}13)$$

2.1.3 数据来源和处理

由于中国的电力生产大多来源于火力发电,为避免电力和煤炭消费产生的碳排放量被重复计算,我们在选择能源品种时去除了电力(赵巧芝和闫庆友,2017)。据《中国能源统计年鉴》中的分行业能源消费数据,选取中国各行业消耗的 8 种主要能源:煤炭、焦炭、原油、汽油、煤油、柴油、燃料油和天然气。在实际消费中,各种能源以实物量计算,不同品种间的计量单位不同,故在测算中先将它们统一计量标准,把各种能源消费量折算成标准煤消费量,标准煤转换系数参照《中国能源统计年鉴 2016》附录 4。各能源的碳排放系数根据中国温室气体排放清单研究中的相关排放因子数据和 IPCC 的排放因子数据确定。能源的标准煤转换系数和碳排放系数如表 2-1 所示。

表2-1　能源的标准煤转换系数和碳排放系数

系数	煤炭	焦炭	原油	汽油	煤油	柴油	燃料油	天然气
折标准煤系数 γ_i	0.714 3	0.971 4	1.428 6	1.471 4	1.471 4	1.457 1	1.428 6	1.330 0
碳排放系数 δ_i	0.682	0.765	0.676	0.620	0.616	0.657	0.771	0.523

注:标准煤转换系数中天然气的转换单位为千克标准煤/立方米,其他能源品种的转换单位均为千克标准煤/千克;碳排放系数的计量单位是吨碳/吨标准煤

模型所需要的其他数据来自 2007 年 135 部门的《中国投入产出表》、2012 年 139 部门的《中国投入产出表》、《中国能源统计年鉴 2009》和《中国能源统计年鉴 2016》。《中国投入产出表》和《中国能源统计年鉴》对行业部门的划分有一定区别,我们基于《中国能源统计年鉴 2016》中的分行业能源消费表,将《中国投入产出表》中的部门进行合并,得到两份 43 个行业的《中国投入产出表》。从该表中可直接获取各行业消费数量 b_{ij}、行业产出总量 X_k 和行业最终需求向量 f。各行业 2012 年的能源消费数据 q_{ik} 来源于《中国能源统计年鉴 2016》,但由于能源消费数据不易统计,年鉴中个别行业的某项能源消费数据缺失,对于 2000~2015 年数据均无的行业能源消费,统一作 0 处理,对于 2012 年数据缺失的,则取前后两年的平均值作近似替代,详情可见表 2-2。各行业 2007 年的能源消费数据 q_{ik} 来源于《中国能源统计年鉴 2009》,处理类似 2012 年数据。此外,由式(2-2)可得到直接消耗系数矩阵 A,由式(2-3)可得到行业碳排放总量 E,由式(2-4)可得到行业碳排放强度 d_k,由式(2-7)~式(2-12)可得到行业各层次碳排放量 E_i。

表2-2　2012年行业能源消费数据缺失的处理

行业	焦炭/万吨	原油/万吨	煤油/万吨	燃料油/万吨	天然气/亿立方米
农、林、牧、渔产品和服务业		0			
煤炭采选业		0.04	0.02		
石油和天然气开采业	0				
有色金属矿采选业		0			0.05
非金属矿及其他矿采选业	0	0	0		
食品制造业		0.01	0.01		
烟草制品业	0	0			
纺织业		0.01			
木材加工和木、竹、藤、棕、草制品业	1				
家具制造业		0.01			
印刷和记录媒介复制业	1				
化学纤维制造业		5	0.02		
计算机、通信和其他电子设备制造业		0.02			
仪器仪表制造业		0.01			
其他制造业		0.01			
废弃资源综合利用业		0			
金属制品、机械和设备修理业		0.01			
电力、热力生产和供应业	7.5				
燃气生产和供应业		0.2	0.01		
水的生产和供应业	0	0	0.01	0.02	
建筑业		2			
交通运输、仓储和邮政业	2				
批发、零售业和住宿、餐饮业		0.1			
其他行业		0			
生活消费		0		0	

2.1.4　结果和分析

我们利用MATLAB软件分别从分层和总体层面测算行业碳足迹的分布，即从43个行业的直接碳排放、五层供应链间接碳排放、供应链整体碳排放量三个方面进行测算。2007年和2012年的各行业生产现场产生的直接碳排放 E_1、五层供应链间接碳排放 $E_2 \sim E_6$ 及供应链整体碳排放量 E 如表2-3所示。

表2-3 2007年和2012年43个行业在每个层次的碳排放比重

行业名称	2007年							2012年						
	直接碳排放	供应链碳排放					总排放	直接碳排放	供应链碳排放					总排放
	$E1$	$E2$	$E3$	$E4$	$E5$	$E6$	E	$E1$	$E2$	$E3$	$E4$	$E5$	$E6$	E
农、林、牧、渔产品和服务业	0.93%	0.72%	0.55%	0.45%	0.39%	0.96%	0.75%	0.86%	0.70%	0.54%	0.45%	0.39%	1.00%	0.74%
煤炭采选业	1.79%	4.62%	5.24%	5.65%	5.93%	4.37%	4.29%	2.14%	7.15%	8.94%	9.99%	10.65%	7.67%	7.12%
石油和天然气开采业	0.41%	1.33%	1.93%	2.07%	2.11%	1.36%	1.39%	0.43%	0.88%	1.38%	1.52%	1.57%	1.07%	1.04%
黑色金属矿采选业	0.06%	0.24%	0.22%	0.20%	0.19%	0.13%	0.16%	0.04%	0.39%	0.38%	0.32%	0.28%	0.17%	0.24%
有色金属矿采选业	0.02%	0.09%	0.11%	0.11%	0.10%	0.07%	0.08%	0.01%	0.11%	0.14%	0.14%	0.14%	0.09%	0.10%
非金属矿及其他矿采选业	0.21%	0.30%	0.22%	0.18%	0.17%	0.12%	0.20%	0.17%	0.44%	0.39%	0.47%	0.51%	0.34%	0.36%
农副食品加工业	0.36%	0.24%	0.18%	0.15%	0.14%	0.47%	0.30%	0.57%	0.35%	0.28%	0.24%	0.21%	0.77%	0.47%
食品制造业	0.13%	0.05%	0.03%	0.03%	0.02%	0.53%	0.19%	0.18%	0.07%	0.05%	0.04%	0.03%	0.69%	0.25%
酒、饮料和精制茶制造业	0.20%	0.12%	0.09%	0.08%	0.08%	0.27%	0.17%	0.23%	0.13%	0.10%	0.09%	0.08%	0.39%	0.20%
烟草制品业	0.02%	0.01%	0.01%	0.01%	0.01%	0.05%	0.02%	0.01%	0.01%	0.01%	0.01%	0.01%	0.02%	0.01%
纺织业	0.85%	0.51%	0.35%	0.27%	0.23%	0.77%	0.58%	0.66%	0.45%	0.33%	0.27%	0.23%	0.37%	0.42%
纺织服装、鞋、帽制造业	0.04%	0.02%	0.02%	0.02%	0.01%	0.16%	0.06%	0.04%	0.02%	0.01%	0.01%	0.01%	0.16%	0.06%
皮革、毛皮、羽毛（绒）及其制品业	0.04%	0.02%	0.01%	0.01%	0.01%	0.06%	0.03%	0.04%	0.01%	0.01%	0	0	0.07%	0.03%
木材加工和木、竹、藤、棕、草制品业	0.19%	0.11%	0.07%	0.06%	0.05%	0.07%	0.10%	0.19%	0.10%	0.07%	0.06%	0.05%	0.06%	0.10%
家具制造业	0.01%	0	0	0	0	0.03%	0.01%	0.01%	0	0	0	0	0.04%	0.01%
造纸和纸制品业	0.99%	1.24%	1.03%	0.87%	0.79%	0.59%	0.91%	0.87%	1.07%	0.94%	0.82%	0.75%	0.59%	0.83%
印刷和记录媒介复制业	0.03%	0.02%	0.01%	0.01%	0.01%	0.01%	0.02%	0.03%	0.01%	0.01%	0.01%	0.01%	0.01%	0.01%
文教体育用品制造业	0.01%	0	0	0	0	0.03%	0.01%	0.02%	0.01%	0.01%	0.01%	0	0.05%	0.02%
石油加工业	18.98%	24.08%	24.27%	23.89%	23.36%	17.86%	21.32%	17.11%	23.11%	23.64%	23.37%	23.06%	20.30%	21.25%

续表

行业名称	2007 年								2012 年						
	直接碳排放	供应链碳排放						总排放	直接碳排放	供应链碳排放					总排放
	E1	E2	E3	E4	E5	E6	E	E1	E2	E3	E4	E5	E6	E
化学原料和化学制品制造业	5.78%	8.14%	7.67%	6.93%	6.40%	5.55%	6.62%	5.79%	7.25%	7.73%	7.75%	7.66%	6.41%	6.89%
医药制造业	0.34%	0.10%	0.04%	0.03%	0.03%	0.13%	0.13%	0.45%	0.13%	0.05%	0.03%	0.03%	0.23%	0.19%
化学纤维制造业	0.30%	0.36%	0.35%	0.29%	0.25%	0.19%	0.28%	0.13%	0.19%	0.19%	0.17%	0.15%	0.12%	0.15%
橡胶和塑料制造业	0.26%	0.27%	0.18%	0.15%	0.14%	0.20%	0.22%	0.28%	0.22%	0.18%	0.17%	0.16%	0.17%	0.20%
非金属矿物制品业	11.96%	3.71%	2.02%	1.60%	1.49%	1.98%	4.24%	12.66%	4.45%	2.35%	1.74%	1.55%	2.02%	4.64%
黑色金属冶炼和压延加工业	21.00%	14.53%	11.57%	10.44%	10.12%	10.18%	13.40%	24.93%	15.50%	11.24%	9.44%	8.74%	7.35%	13.44%
有色金属冶炼和压延加工业	1.24%	1.25%	1.11%	1.03%	1.00%	0.83%	1.07%	1.88%	2.06%	1.92%	1.78%	1.70%	1.20%	1.72%
金属制品业	0.21%	0.13%	0.10%	0.09%	0.09%	0.17%	0.15%	0.23%	0.13%	0.10%	0.08%	0.08%	0.16%	0.14%
通用设备制造业	0.39%	0.28%	0.24%	0.23%	0.22%	0.51%	0.35%	0.32%	0.22%	0.17%	0.15%	0.14%	0.52%	0.30%
专用设备制造业	0.13%	0.08%	0.08%	0.08%	0.08%	0.45%	0.19%	0.07%	0.03%	0.03%	0.03%	0.03%	0.25%	0.10%
交通运输设备制造业	0.27%	0.17%	0.14%	0.12%	0.11%	0.46%	0.25%	0.22%	0.11%	0.08%	0.06%	0.06%	0.47%	0.21%
电气机械和器材制造业	0.10%	0.05%	0.04%	0.04%	0.04%	0.14%	0.08%	0.17%	0.08%	0.06%	0.06%	0.06%	0.22%	0.13%
计算机、通信和其他电子设备制造业	0.13%	0.09%	0.07%	0.06%	0.05%	0.17%	0.11%	0.09%	0.06%	0.05%	0.04%	0.04%	0.12%	0.08%
仪器仪表制造业	0.03%	0.02%	0.02%	0.02%	0.02%	0.05%	0.03%	0.02%	0.01%	0.01%	0.01%	0.01%	0.03%	0.02%
其他制造业	0.09%	0.05%	0.04%	0.04%	0.04%	0.24%	0.11%	0.16%	0.09%	0.07%	0.06%	0.06%	0.18%	0.12%
废品废料	0	0.01%	0.01%	0.01%	0.01%	0	0	0.01%	0.04%	0.04%	0.04%	0.04%	0.02%	0.03%
电力、热力生产和供应业	22.22%	31.02%	36.91%	40.09%	41.78%	33.51%	32.66%	19.36%	27.98%	33.23%	35.81%	37.00%	29.21%	28.91%
燃气生产和供应业	0.24%	0.28%	0.31%	0.31%	0.30%	0.47%	0.33%	0.11%	0.10%	0.09%	0.09%	0.08%	0.29%	0.15%
水的生产和供应业	0.01%	0.01%	0.01%	0.01%	0.01%	0.01%	0.01%	0.01%	0.01%	0.01%	0.01%	0.01%	0.02%	0.01%
建筑业	0.04%	0.01%	0.01%	0	0	1.10%	0.31%	0.06%	0.02%	0.01%	0.01%	0.01%	1.04%	0.29%

续表

行业名称	2007 年							2012 年						
	直接碳排放	供应链碳排放						总排放	直接碳排放	供应链碳排放					总排放
	$E1$	$E2$	$E3$	$E4$	$E5$	$E6$	E	$E1$	$E2$	$E3$	$E4$	$E5$	$E6$	E
交通运输、仓储和邮政业	7.62%	4.35%	3.62%	3.34%	3.21%	5.93%	5.13%	6.81%	4.74%	3.91%	3.51%	3.31%	6.31%	5.20%
批发、零售业和住宿、餐饮业	0.54%	0.31%	0.25%	0.23%	0.22%	0.84%	0.48%	0.74%	0.44%	0.35%	0.31%	0.29%	1.13%	0.64%
其他行业	1.27%	0.81%	0.67%	0.62%	0.60%	1.98%	1.16%	1.58%	0.97%	0.80%	0.73%	0.70%	2.22%	1.35%
生活消费	0.57%	0.23%	0.19%	0.18%	0.17%	7.01%	2.12%	0.36%	0.14%	0.11%	0.10%	0.10%	6.46%	1.83%

　　由表 2-3 可见，2007 年电力、热力生产和供应业是碳排放总量最高的行业，占总排放量的 32.66%，同时它也是直接碳排放量最多的行业，占直接碳排放量的 22.22%。根据各层碳排放量可知，电力、热力生产和供应业所产生的直接碳排放量明显小于其间接碳排放量，即此行业在生产产品或服务时，对其他行业产品或服务的需求产生的碳排放量大于其直接生产产生的碳排放量。例如，我国以火力发电为主，燃烧煤炭产生的二氧化碳为直接碳排放，运输煤炭的过程中产生的二氧化碳为一次间接碳排放，这些煤炭开采过程中生成的二氧化碳为二次间接碳排放，以此类推。根据计算，电力、热力生产和供应业的五次间接碳排放的总量是大于该行业的直接碳排放量的。同时电力、热力也被广泛应用于其他行业的生产中，这与我国制造业的快速发展息息相关。此外，碳排放总量次多的行业是石油加工业，其次是黑色金属冶炼和压延加工业、化学原料和化学制品制造业，以及交通运输、仓储和邮政业与煤炭采选业。这六个行业的碳排放量占我国碳排放总量的绝大比重，达 83.42%，占直接排放量的 77.39%，占间接排放量的 84.94%，它们是行业供应链中的高碳排放需求行业，其碳排放由供给行业向它们转移，在减排中应该给予重视。

　　2012 年，电力、热力生产和供应业仍是碳排放总量最高的行业，但排放占比相较 2007 年有所下降，占总排放量的 28.91%，且直接碳排放量最多的行业为黑色金属冶炼和压延加工业，占直接碳排放量的 24.93%，排放占比相较 2007 年最高值有所上升，这与该段时期我国金属制造业的快速发展密切相关。此外，碳排放总量前六的行业不变且有所下降，占比达 82.81%，占直接排放量的 76.14%，这表明该阶段我国的减排政策有着较好的执行效果，但煤炭采选业的排放量大幅上升，碳排放总量占比由 4.29% 上升至 7.12%，应当重点关注。

1. 行业生产现场和供应链排放结果分析

由于 2007 年和 2012 年碳排放量前十的行业不一样，为统一研究，下文中的碳排放量前十大行业均以 2012 年碳排放量前十的行业为基准，以 2007 年的数据配合分析。

1）现场碳排放

行业生产现场的碳排放（直接碳排放）是行业在生产产品或服务中直接产生的碳排放量，主要来自使用石油燃料和天然气等能源从事生产的行业，以及使用化石燃料（如煤和石油）燃烧来支持工业流程操作的行业。从生产现场的角度分析行业碳排放，可以明确以化石燃料为主要生产要素生产产品或服务的行业，从而有针对性地对行业进行能源结构和生产技术等方面的创新改进。层分析法将行业生产现场直接产生的碳排放作为第一层，并将行业供应链的间接碳排放作为其余五层。第一层碳排放量前十行业如图 2-2 所示。

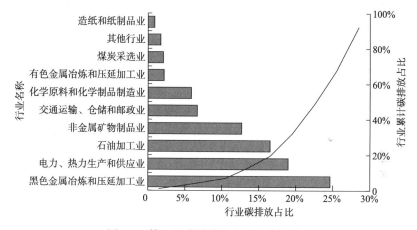

图 2-2　第一层碳排放前十行业份额对比

如图 2-2 所示，2012 年黑色金属冶炼和压延加工业的碳排放量超过 2007 年电力、热力生产和供应业的碳排放量，被认为是直接碳排放的最大贡献者，占有 24.93% 的份额，其次是电力、热力生产和供应业，石油加工业和非金属矿物制品业，占比分别为 19.36%、17.11% 和 12.66%，且电力、热力生产和供应业与石油加工业的碳排放量占比同 2007 年相比均有所下降，这意味着我国针对这些行业现场生产的减排工作取得了一个较好的效果。造纸和纸制品业的直接碳排放占比 0.87%，位居第十，一方面说明我国对纸制品的需求量较大，另一方面能看出造纸现场中产生的碳排放量较大，应引起重视。2007 年与 2012 年碳排放量前十的行业的排放总量均占第一层排放总量的 92.8% 以上。可以看出，这些直接碳排放量高的行业在生产中使用了大量的化石燃料，同时它们大多是我国工业发展的基础行业,为工业的发展提供原材料和动力,不可缺少。此外,2007年与2012年的行业累计碳排放占比曲线基本吻合,说明五年间这十个高碳排放行业的现场生产产生的二氧化碳占比并未发生明显变化,即虽然部分行业的碳排放占比发生变化,但是碳排放占比的总累计效应未变。

2)行业供应链间产生的间接碳排放量

各行业之间供应链的需求是第二层到第六层间接碳排放量的构成基础。根据完全消耗系数矩阵的二项展开分析将整个供应链排放分为五层排放,用以追踪行业之间供应链排放源的更多细节。对比发现,电力、热力生产和供应业和石油加工业是每层间接碳排放量的前两名,这表明两者出于对生产要素的间接需求而产生的碳排放居行业前二,同时它们为各行业各层次产品或服务的生产提供了能源基础。

第二层碳排放。该层表示行业对供应链需求的第一轮间接消耗产生的碳排放情况。如图2-3所示,2007年与2012年第二层排名前十行业的碳排放量占碳排放总量的比例近乎持平,达到94.28%,同时2012年行业累计碳排放占比积累较快,反映了前十行业中排名较后的行业的碳排放占比相较2007年都有所提升。2012年,电力、热力生产和供应业贡献率最高,石油加工业次之,且较2007年都有所下降,黑色金属冶炼和压延加工业达15.50%。其他行业分别是化学原料和化学制品制造业,煤炭采选业,交通运输、仓储和邮政业,非金属矿物制品业,有色金属冶炼和压延加工业,造纸和纸制品业等。造纸对纸浆和电力等要素的需求属于生产的直接消耗,而纸浆的生产需要消耗木材、电力等,对电力的需求是造纸的第一轮间接消耗,该过程产生的碳排放计入该层。故造纸和纸制品业的碳排放占比在该层上升,表明该行业对其他行业供应链的需求增加,即对原材料的间接需求增加或者产出增加,从而导致其第一轮间接碳排放量增加。其他行业的分析与上述类似。

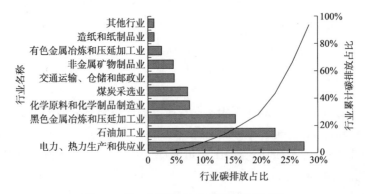

图2-3　第二层碳排放前十行业份额对比

第三层碳排放。如图 2-4 所示，2007 年和 2012 年该层排名前十的行业的碳排放占比差距更小，同时较第二层排放份额有所上升，碳排放占比约为 95.3%，说明该层各行业对供应链需求的第二轮间接消耗产生的碳排放份额增加。天然气的开采需要工具管道和电力，工具管道的生产需要钢和电力，钢的生产需要铁和电力，这就是开采业对电力的第二次间接消耗，由此产生的碳排放计入该层。其他行业的分析与以上类似。2012 年行业累计碳排放占比在初始阶段基本重合，中段积累较快，最后又接近持平，反映了碳排放较低的行业的碳排放占比相较 2007 年变化不大，煤炭采选业的碳排放占比相较 2007 年提升较快，碳排放量高的行业碳排放占比相较 2007 年有所下降。电力、热力生产和供应业贡献率仍然最高，且较上层占比明显增加，达到 33.23%。2012 年石油和天然气开采业替换了其他行业，成为该层的高碳排放行业之一。这表明，行业间的需求供给导致石油和天然气的开采力度加大，对能源、材料等的需求量增大，原材料生产所需的材料也增多，进而间接增加碳排放量。第三层排名前十的其他行业与第二层相同，碳排放占比变化幅度不大，同时，从第三层开始到第五层，行业碳排放总量呈显著逐层递减趋势。

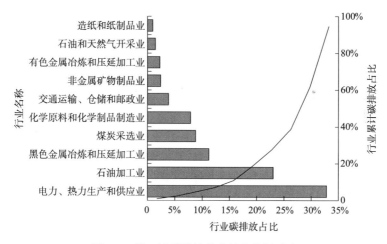

图 2-4　第三层碳排放前十行业份额对比

第四层碳排放。如图 2-5 所示，2012 年第四层碳排放排名前十的行业的碳排放占比为 95.74%，较第三层排放份额略有上升，各行业碳排放占比的范围为 0.82%~ 35.81%。该层的碳排放量排名前十的行业与第三层相同，排放量最高的仍然是电力、热力生产和供应业，且较上层占比有所上升，排放量最低的仍然是造纸和纸制品业。这表明，第三、四层行业之间供应链的需求基本相似，只是各行业碳排放量占比小幅度上下波动，行业碳排放总量显著减少，即该层各行业对供应链需求的第三轮间接消耗产生的碳排放量减少。

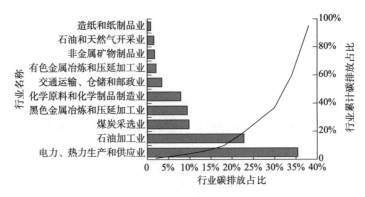

图 2-5　第四层碳排放前十行业份额对比

第五层碳排放。如图 2-6 所示，2012 年第五层前十大行业的碳排放量占碳排放总量的 95.99%，与其他供应链层级相比，这一层的十大行业对碳排放的贡献最大。电力、热力生产和供应业仍以 37.00% 的份额位居排放量第一，同时达到了该行业各层碳排放占比的顶峰，相较 2017 年，碳排放量占比降低约 5%。其次是石油加工业、煤炭采选业、黑色金属冶炼和压延加工业、化学原料和化学制品制造业等。该层各行业的碳排放总量为五层间接碳排放量的最低点，这意味着，该层（行业间第四轮间接消耗）各行业供应链因生产产品或服务而产生的碳排放量最少。政府在制定减排政策时，可适当减少对该层的关注度。

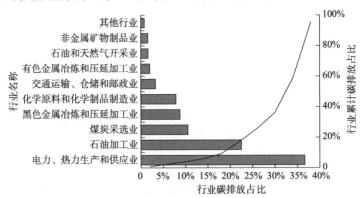

图 2-6　第五层碳排放前十行业份额对比

第六层碳排放。2007 年和 2012 年排名前十的行业的碳排放量总份额约为 89.15%，它们对碳排放的贡献占比在这六层中是最小的。如图 2-7 所示，2012 年这一层的最大贡献者仍是电力、热力生产和供应业，占 29.21%，其次为石油加工业，煤炭采选业，黑色金属冶炼和压延加工业，生活消费，化学原料和化学制品制造业，交通运输、仓储和邮政业，其他行业，非金属矿物制品业，有色金属冶炼和压延加工业。生活消费的碳排放量在前五层并不显著，但在该层跃居第五，这是由于教育、娱乐、社会保障等部门都在间接消费各种能源和材料，故其排放量不易察觉，在数层间接排放后才显现出来。此外，虽然该层各行业碳排放占比都略微下降，但行业碳排放总量为五层间接碳排放量的最高点，这表示行业在供应链剩余的所有需求上所产生的间接消耗的碳排放量最大。这是因为行业供应链的要素需求基本是对原材料和基础能量的需求，且基础能量是产生二氧化碳的一大重要源头。此外，2007 年与 2012 年的行业累计碳排放占比曲线在该层的吻合度是最低的，说明 2012 年该层的行业碳排放占比变化较大，尤其是与煤炭相关的产业，这种现象和我国能源结构改革密切相关。

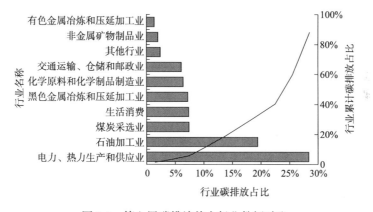

图 2-7　第六层碳排放前十行业份额对比

2. 行业供应链的整体分析

除了对行业供应链各层面碳足迹的分析和解读之外，对供应链的碳足迹进行整体评估也为我们从全局考察碳排放提供了参考。总体分析结果如图 2-8 和图 2-9 所示。

图 2-8 展示了碳排放总量排名前十的行业及其在 2007 年和 2012 年供应链层面间接碳排放的占比，可以发现，碳排放占比最高的是第六层，说明第六层行业供应链的间接碳排放量最大，且 2012 年行业碳排放量、碳排放占比相较 2007 年都有所下降，这反映了我国 2007~2012 年节能减排、调整产业结构等政策成效较为显著。生活消费的绝大多数碳排放量贡献在了第六层，且 2012 年碳排放占比相较 2007 年增加了 1.65%，这与近年城乡发展迅猛和该行业的生产消费特点密切相关。第二层是行业间接碳排放中的第二大问题层，2012 年各行业碳排放占比为 1.56%~41.55%，其中非金属矿物制品业、黑色金属冶炼和压延加工业、有色金属冶炼和压延加工业在该层的碳排放份额是这五层中最大的，说明这三个行业在供应链第一轮间接消耗中产生的二氧化碳量最多。第三、四层碳排放占比较少且均衡，

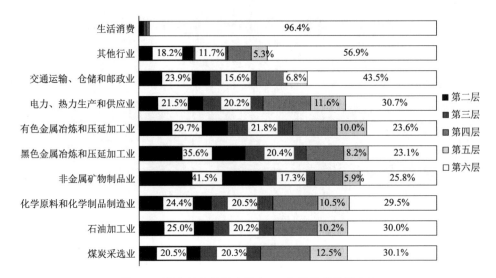

图 2-8　部分行业的供应链在二~六层的碳排放占比

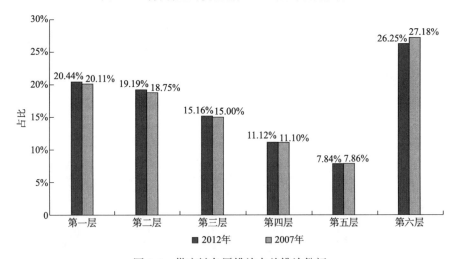

图 2-9　供应链各层排放占总排放份额

第五层碳排放份额最少，即行业供应链之间的生产要素在第二、三轮间接消耗产生的碳排放量较少且排放比例相近，在第四轮间接消耗中产生的碳排放量最少。

结合各层和所有行业的碳排放总量，得到了行业各层碳排放量占总碳排放量份额。如图 2-9 所示，2007 年和 2012 年前五层碳排放量都是逐层递减的，且占比幅度变化不大，到第六层则有一个显著的提升，且该层碳排放的份额最高，2012年占比 26.25%。这表明，第六层碳排放是气候变化的主要来源，这与第六层供应链间的供求要素主要是基础原材料和基础能源物质相关，这一层是减排的主要关注对象。第一层和第二层也可被认作碳排放量的次大驱动力，分别拥有 20.44% 和

19.19%的份额，说明行业生产的直接消耗和第一轮间接消耗产生的碳排放量也不容忽视。此外，可以看出，各行业的直接碳排放量远小于其间接碳排放量，间接碳排放量占据了碳排放总量的 79.56%。这意味着间接碳排放才是各行业碳排放的主要来源，找出行业间各要素供需环节的碳排放情况，更便于减排政策的有效实施。

2.1.5　结论和建议

基于 IO-LCA 的层分析框架，本节将中国行业碳排放分为六层，第一层为行业直接碳排放，其余五层是行业供应链间接碳排放。研究发现，2012 年绝大多数碳足迹产生于电力、热力生产和供应业，石油加工业，黑色金属冶炼和压延加工业，化学原料和化学制品制造业，煤炭采选业，交通运输、仓储和邮政业。这些行业在整个行业供应链的结构中占据了较为重要的地位，是其他行业生产产品或服务的能源和物质材料基础，与我国的工业经济和民生生活密切相关，是行业六个层面二氧化碳产生的主要驱动力。从间接碳排放量看，排名前十的行业在第六层（其余所有间接排放）和第二层（第一轮间接排放）的碳排放量占比最高，第三、四层碳排放占比较少且均衡，第五层碳排放份额最少。从总体碳排放量看，所有行业的直接碳排放占比仅为 20.44%，间接碳排放为 79.56%，且行业前四次间接碳排放量是逐层递减的，第五次间接碳排放量最高。因此，对于减排来说，行业间的供应链应承担更大的责任。由此，本节提出以下政策建议。

第一，引进先进技术，提高电力、热力生产与供应业，化学原料与化学制品制造业的节能减排效果。我国主要使用火力发电，该方式耗能高且污染大。因此，开发一种使用天然气等清洁能源的发电机组是提高火力发电效率和减少碳排放的关键。此外，在化工产业生产中，利用高温高压等技术可对许多能量加以二次到多次利用，进而减少能源的使用量和降低碳排放量。例如，水泥生产的纯低温余热发电，将煅烧窑的高温尾气用于生料烘干和预热分解，低温尾气则用于发电。同时，改进传送技术，提高电力和热力的供应效率，减少传送中的能源浪费。

第二，合理优化交通路线，加大绿色出行的宣传力度，降低交通运输、仓储和邮政业的碳排放量。近年来，随着城市的扩张、人民收入的提升及快递物流的迅猛发展，各种交通工具（公交车、私家车、地铁等）的数量显著增加，汽车尾气和电力消耗成为碳排放增加的主要因素。因此，应大力提倡绿色出行，合理规划公共交通路线以降低路线的重复率，继续开发使用节能环保车型，减少运输行业的碳排放。

第三，支持和鼓励环保能源的开发和使用，优化能源生产结构，降低石油加工业与煤炭采选业的碳排放。我国经济正处于中高速发展期，对能源的使用必不可少，但传统能源主要以煤炭石油等燃料为主，污染较为严重，为减少其带来的环境压力，可对其加上适量的污染成本约束控制其发展，同时鼓励风能、势能、太阳能等环保能源的开发使用，为经济欠发达区域主动引进和发展节能环保的绿色生产技术，促进其区域内高碳排放行业的结构调整。

第四，大力发展低碳行业，促进国民经济稳定发展。对于直接碳排放量和间接碳排放量都较低的行业，如电气机械和器材制造业，计算机、通信和其他电子设备制造业，专用设备制造业，纺织服装、鞋、帽制造业等，积极鼓励其发展并给予其相应的政策优待，以保证各行业低碳发展的同时，我国经济仍能稳健上升。

第五，密切关注生活消费业的碳排放情况，将节能技术引入民生。生活消费业碳排放总量位居行业第十，且在 2012 年第六层的碳排放量占其总碳排放的 92.48%，这与近年来我国的城镇化进程加快，人们对住房、家电、汽车、医疗、教育等物质文化的需求进一步提升密切相关。对此可以提高新建居民住宅的节能技术和使用年限，大力推广高效节能的家电和汽车，推行节能产品惠民政策，扩大绿色植被的种植区域，以减少城乡快速发展阶段的碳排放。

2.2　工业发展与碳排放

2.2.1　引言

在工业化与城镇化快速发展的我国，能源消耗与污染排放问题日益紧迫。《BP 世界能源展望（2016 年版）》预计，2035 年，我国的能源消费总量将占世界的 25%；2032 年，我国将取代美国，成为世界最大的液体能源消费国。虽然在展望期内，我国煤炭消费增速将大幅放缓，从 1997~2016 年的年均增速 12%，下降为年均增速 0.2%，但能源需求量和碳排放量依然惊人。对发达国家来说，碳排放主要来源于第三产业，而在发展中国家，以工业为主的第二产业是碳排放的主要来源。相比于消费领域，生产领域低碳化更值得关注。目前，发展低碳经济已成为全世界的共识，各国都在努力向低碳经济转型，我国也在对产业结构、经济增长方式、能源消费模式等进行积极调整，并制定了一系列的减排目标，如在 2014 年的《中美气候变化联合声明》中，中国承诺在 2030 年停止增加碳排放；2015 年的巴黎气候大会上，中国确定了 2030 年碳排放强度比 2005 年下降 60%~65% 的自主性目标；《中华人民共和国国民经济和社会发展第十三个五年规划纲要》明确提出，要妥善处理好资源环境与经济社会可持续发展之间的矛盾。

　　节能减排政策制定的客观前提是科学测度碳排放量,但目前,无论是在理论层面还是实践层面,碳排放的统计核算都存在一定困难。因此,寻求直观的统计指标和有效的测算方法,对于科学测度我国碳排放量无疑具有极为重要的理论与实践意义。本节将隐马尔可夫链引入碳排放预测的研究中,通过易观测的工业增加值比重反映碳排放情况。

　　从碳排放预测的指标选取上看,现有文献主要以 GDP 来预测碳排放。尽管 GDP 指标的综合性较强,可用来表达经济发展与碳排放的 EKC 关系等,但用于预测碳排放量,还存在针对性不强、预测效果不够明显等问题。我们认为,工业增加值比重与环境污染的关系更密切,以其作为经济活动的代表性指标来预测碳排放也许更恰当。因为,一方面,在我国的所有行业中,工业部门的能源消耗比重最高,工业生产是造成大气、土壤和地下水等环境污染的最主要原因;另一方面,比率指标能够反映环境问题的复合性,有利于研究工业部门与碳排放量的关系。此外,工业增加值比重作为先行指标,可预示碳排放的变化,这样我们就可通过“盯住”工业增加值的变动来预警碳排放,从而使政府部门提前研判环境污染趋势并制定精准政策成为可能。

　　从碳排放预测模型的选择上看,现有文献大多运用协整模型、格兰杰因果关系检验或趋同检验等研究环境污染与经济发展之间的关系,或利用线性回归方程、灰色关联分析、情景预测等做预测。但上述模型往往存在理论假设难以满足,或者不同程度地简化被解释变量与解释变量原有关系的不足。因此,本节考虑使用隐马尔可夫链,将工业增加值比重作为观测值,人均碳排放作为状态值,对我国碳排放量进行预测。隐马尔可夫链既可反映工业发展与环境之间的因果关系,还能将工业增加值比重视为 IPAT 模型中财富和技术水平的代表性指标,从而为 IPAT 模型分析提供新的视角。而且,尽管隐马尔可夫链在生物科学、模式识别等领域得到了广泛应用,但在碳排放预测方面几乎未见,故本节的研究结果还为碳排放预测问题提供了一个新的解决思路。

2.2.2　文献综述

　　能源与环境问题一直都是各国政府和学者关注的热点,其中探究经济与碳排放之间的关系及碳排放预测是这一问题的两个主要研究领域,国内外学者为此进行了一系列的深入研究。

　　关于经济和碳排放关系的代表性成果有很多。例如,Renukappa 等(2013)通过对英国工业、运输、建筑部门及非营利组织的能源使用情况的研究,得出了政策制定对碳排放影响程度相对较低的结论。Apergis 和 Payne(2017)运用俱乐部趋同法检验了 1980~2013 年美国 50 个州的人均碳排放后认为，环境政策的制定要考虑区域差异。Behera 和 Dash（2017）分析了东亚及东南亚 17 个国家的城镇化、能源消费及对外投资对碳排放的影响，研究发现，化石燃料的燃烧是中等收入国家碳排放增加的主要原因。王群伟等（2010）以马姆奎斯特指数为基础，结合趋同理论与面板模型进行分析后，指出我国东部地区的碳排放水平最高，经济发展、产业结构与能源强度对碳排放的影响显著。蒋金荷（2011）研究了1995~2007 年我国碳排放强度、经济规模、能源强度和结构效应对碳排放的影响，研究表明，经济发展对碳排放的促进作用最大，能源强度对碳排放的抑制作用最大。周五七和聂鸣（2012）利用基于松弛变量的效率测度（slack-based measure，SBM）模型分析了 1998~2009 年我国地区碳排放的差异，结果显示，东部工业部门的碳排放效率最高。马骏等（2015）对 1995~2013 年江苏省对外贸易、经济增长及碳排放的关系做了实证分析，得出了江苏省碳排放与能源消耗、经济增长、居民消费等存在长期均衡关系的结论。可见，已有文献多层面多角度地讨论了能源使用、经济增长与碳排放之间的关系。但也可以看出，部分文献还存在一定程度上简化变量之间的关系，忽略了能源不均匀性、工业结构变革、环境效率和环境管制标准改变等对碳排放水平产生影响的问题。

还有不少学者结合 EKC 探究了经济与碳排放之间的关系。例如，Hussain 等（2012）通过对 1971~2006 年巴基斯坦的能源环境关系的分析，得出了碳排放随GDP 增加而增加的结论。Alshehry 和 Belloumi（2017）根据对 1971~2011 年经济环境数据的分析，认为沙特阿拉伯的碳排放与经济发展之间不存在倒 "U" 形关系。Haq 等（2016）研究了摩洛哥收入、能源和贸易开放度对碳排放的影响，该研究无法证明 EKC 理论成立，研究发现，制定合理的能源与贸易政策能有效控制碳排放增加。许广月和宋德勇（2010）通过对 1990~2007 年中国各省（自治区、直辖市）碳排放量的分析，得出了中东部地区的碳排放满足 EKC，西部地区不满足 EKC 的结论。何小钢和张耀辉（2012）利用 STIRPAT 模型分析，发现中国工业二氧化碳 EKC 发生重组效应，表现出 "N" 形趋势。吴英姿和闻岳春（2013）利用 1995~2009 年工业 IO 数据测算了中国工业的绿色生产率，得出绿色技术进步会提高绿色生产率，促进工业低碳发展的结论。沈永昌和余华银（2015）实证分析了安徽省 1992~2012 年经济增长与碳排放的关系，发现安徽省正处于 EKC 的上升部分，但污染程度有长期下降趋势。已有文献显示，尽管国内外学者对经济发展与碳排放的关系并未给出一致的结论，但多数结果表明，传统的 EKC 理论不再有效，有必要探索新的方法或指标来反映两者的关系。

关于碳排放预测的代表性成果有很多。例如，Chitnis 等（2012）分三种情形讨论了英国十六种住户消费的温室气体排放情况，研究表明，英国碳排放量不断攀升主要是因为住户间接能源消费。Pérez-Suárez 和 López-Menéndez（2015）利用 EKC 和 Logistic 增长模型对 150 个国家的碳排放做了预测。Sen 等（2016）基于 2002~2013 年印度温室气体排放和生铁制造业能源消费的季度数据，使用自回归积分滑动平均（autoregressive integrated moving average，ARIMA）模型预测了印度的碳排放量。赵息等（2013）基于 1980~2009 年中国碳排放和 GDP 数据，用离散二阶差分方程预测了 2020 年的中国碳排放量，得出了中国单位 GDP 碳排放有大的降低潜力的结论。杜强等（2013）依据碳排放与能源消费成正比的假设，利用 Logistic 模型预测了中国 2011~2020 年各省（自治区、直辖市）的碳排放量。马海良等（2016）基于公平原则、效率原则和溯往原则三种分配视角，分九种情景预测了 2020 年中国碳排放配额情况，他们认为，从分配结果看，溯往原则会增加碳配额，而公平原则对碳配额影响最小。已有文献利用不同模型从不同角度给出了碳排放的较好预测。但也应注意到，多数模型假设较为严苛，如误差修正模型或其他基于时间序列和面板数据模型，要考虑样本数据是否服从正态分布、自变量选取与已有模型结构是否吻合、随机干扰项是否满足同方差假定等，而这些条件又难以同时满足；情景预测方法需要人为设定情景，具有较强的主观性。

2.2.3 工业增加值比重解释了中国碳排放的变动

环境污染与工业生产的关系密切。据《中国能源统计年鉴》，在农林牧渔及水利业，工业，建筑业，交通运输、仓储和邮政业，批发零售、餐饮业和其他行业中，工业部门的能源消耗量最大。2015 年，中国能源消耗总量为 43 亿吨标准煤，其中工业部门能源消耗量为 30 亿吨标准煤。在总能源消耗中，煤炭消耗量占总量的 64.4%，太阳能等非化石能源消耗量占 12%。部分年份中国部门能源消耗情况如图 2-10 所示。

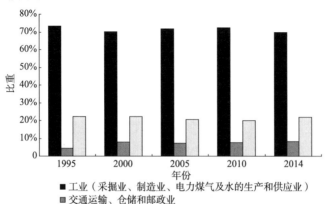

图 2-10　部分年份中国部门能源消耗情况

如图 2-10 所示，1995~2014 年，我国部门的能源消费中，包含采掘业、制造业、电力煤气及水的生产和供应业等行业的工业生产部门的能源消耗比例最高，消耗量约占全部能源的 70%，显著高于交通运输、仓储和邮政业及其他行业。1995~2014 年，工业部门的能源消耗比重的波动幅度较小，始终都稳定在 70% 附近。因此，探究工业增加值比重与碳排放量的关系，对于经济增长与环境保护有重要意义。

1980~2014 年，我国工业增加值占 GDP 的比重始终都稳定在 40%，总体波动幅度较小。其中 1980~1990 年的工业增加值比重有下降趋势，由 43.9% 下降到 36.6%；1991~2000 年，工业增加值所占比重又有所增加，从 37% 增加到 40.1%；2001~2014 年，工业增加值比重小幅下降，从 2001 年的 39.6% 下降到 2014 年的 36.3%。

工业增加值比重的增长率和人均碳排放量的增长率变动趋势如图 2-11 所示。尽管工业增加值比重的增长率与人均碳排放量的增长率取值范围不同，但变动趋势基本一致，表现出相似的波动状态。可以说，人均碳排放量和工业增加值比重联系紧密。这显然为我们选用工业增加值比重来预测碳排放提供了依据。

图 2-11　工业增加值比重和人均碳排放量增长率的趋势图

2.2.4　基于隐马尔可夫链的中国碳排放预测

1. 理论模型

隐马尔可夫链由两个随机过程构成：一是一般随机过程，由观测概率表示，反映了观测值与隐含状态之间的关系；二是马尔可夫过程，由转移概率表示，反映了隐含状态之间的转换情况。状态序列对应着单纯的马尔可夫过程，但在实际问题中，状态序列不易观测，只能通过一般随机过程的观测序列来反映和推断。

隐马尔可夫链的基本元素为 $\lambda = \{\pi, S, V, A, B\}$，简记为 $\{\pi, A, B\}$。其中，π

为初始概率分布；$S = \{s_1, s_2, \cdots, s_n\}$，包含 n 个隐含状态，s_i 为 t 时刻的状态值；$V = \{v_1, v_2, \cdots, v_m\}$，包含 m 个可观测结果；状态转移矩阵 $A = \{a_{ij}\}_{n \times n}$，$a_{ij} = P\{q_{t+1} = s_j | q_t = s_i\}$，$1 \geqslant i, j \geqslant N$，满足 $a_{ij} \geqslant 0$，$\sum a_{ij} = 1$；$\boldsymbol{B} = \{b_i(v)\}_{n \times m}$，$\boldsymbol{B}$ 为混淆矩阵，$b_i(v) = f\{Q_t(v) | q_t = s_i\}$，为状态 s_i 下观测值的概率分布，Q_t 为 t 时刻的观测值。隐马尔可夫链的基本过程如图 2-12 所示。

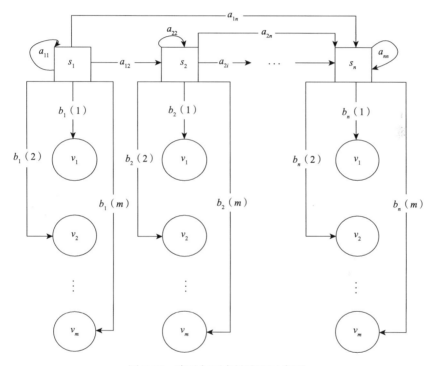

图 2-12　隐马尔可夫链流程示意图

2. 隐马尔可夫链的算法

本节的目的是预测最可能的碳排放状态，这是隐马尔可夫链中的解码问题，需要用维特比算法解决。首先，使用最大期望（expectation maximization，EM）算法对观测序列 $V = \{v_1, v_2, \cdots, v_m\}$ 进行训练，得到参数 λ。将与初始状态一致的状态的概率记为 1，其余状态的概率记为 0，由此得出初始概率分布 π。其次，依据估计参数 λ，使用维特比算法寻找最佳状态 $S = \{s_1, s_2, \cdots, s_n\}$，即通过相对容易获得的观测序列 V 获得使 $P\{V | \lambda\}$ 取最大值、模型达最优的状态序列。最后，根据维特比算法预测的最优状态得到碳排放预测值。

3. 工业增加值比重预测碳排放的可行性

本节以工业增加值比重为观测值，通过隐马尔可夫链预测我国碳排放。在模型中，工业增加值比重是观察序列；人均碳排放量是隐藏状态，不易观测但可通过观察序列反映。碳排放会随时间发生改变，由此产生不同的排放状态，这些排放状态有时会稳定在某一个水平上，保持某种状态，有时会发生较大波动，发生状态转移，这种变化只与前一时刻所处状态有关，此即马尔可夫过程；工业增加值比重会随时间变化，同时碳排放受工业增加值影响，并由其反映，这也是一个随机过程。这两个随机过程形成了完整的隐马尔可夫链。

隐马尔可夫链预测碳排放具有以下优势。首先，隐马尔可夫链没有既定的估计框架，不需要严格满足某些理论假定，模型构建灵活性强，使得通过选用相对容易观测的工业增加值比重来寻求最可能的碳排放状态成为可能。其次，隐马尔可夫链以观测样本为依据，不但注重各变量的跨时期变化，而且能探究变量在时期内的可能改变。最后，就本节而言，目的不是考察碳排放与环境之间是否存在因果关系，而是预测最可能的碳排放状态。总而言之，隐马尔可夫链更适合探究碳排放与工业增加值比重之间的真实关系并准确预测我国的碳排放。

2.2.5　实证结果及分析

1. 变量及数据来源

实证分析的样本区间为 1980~2014 年。工业增加值比重为工业增加值除以同期 GDP，人均碳排放量为碳排放总量除以当年年末总人口数。工业增加值、GDP 和年末总人口数的数据来源于历年《中国统计年鉴》；煤炭、石油和天然气的消费总量来源于历年《中国能源统计年鉴》。

各年碳排放总量按下式计算：

$$C_t = \sum_{k=1}^{3} C_k = \sum_{k=1}^{3} E_k \times A_k \times W_k \tag{2-14}$$

其中，C_t 为第 t 年我国碳排放总量；k 为能源种类，本节选择煤炭、石油和天然气三种能源计算碳排放量；E_k 为能源 k 的消费总量；A_k 为能源 k 的平均低位发热量；W_k 为能源 k 的碳排放系数，参考《2006 年 IPCC 国家温室气体清单指南》。热值系数参考历年的《中国能源统计年鉴》。

在实证分析中，我们没有区分训练集和测试集。一方面，解码问题是为了获得最可能的状态序列，需要选用与实际值相似的数据，以证明模型的预测能力；另一方面，为了充分反映状态转移情况，要求训练序列尽可能长，而 1980~2014

年这 35 组数据不足以对训练序列和测试序列进行区分。尽管没有区分训练集与测试集，但并没有影响对模型预测效果的评价。

2. 隐马尔可夫链的构建

隐马尔可夫链要求将观测序列和状态序列区分为若干类别，再结合维特比算法，找到最可能状态，得到状态序列的预测值。隐马尔可夫链预测碳排放量流程图如图 2-13 所示，其中，观测序列是工业增加值比重，状态序列是人均碳排放量。

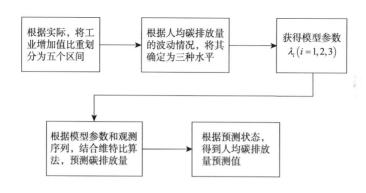

图 2-13　隐马尔可夫链预测碳排放量流程图

1980~2014 年，我国工业增加值比重的波动区间为[36.30，43.90]。从预测精度角度看，观测区间划分得越细越好，但从可行性角度看，为给维特比算法提供充分信息，每个区间都需要包含足够多的观测值，故观测类别不宜过多。综上，我们将观测区间划分为[36.30，37.82）、[37.82，39.34）、[39.34，40.86）、[40.86，42.38）和[42.38，43.90]五组，分别代表低、较低、中等、较高和高工业增加值比重。我国碳排放量在 1980~1991 年处于较低水平，1992~2002 年处于中等水平，2003~2014 年处于较高水平。重要的是，低、中、高三种排放水平中都包含数量相对充足的状态序列，且三种排放水平对应的观测序列都近似服从正态分布。故可以对这三种排放水平分别使用基于 EM 的迭代算法——鲍姆-韦尔奇算法，计算各自最优的状态的序列数量，最终确定相应的参数 λ，如表 2-4 所示。

表2-4　观测序列、状态序列类别划分表

序列	类别划分				
观测序列（工业增加值比重）	低	较低	中等	较高	高
状态序列（人均碳排放量）	低		中	高	
	C_{d1}, C_{d2}, C_{d3}		C_{z1}, C_{z2}, C_{z3}, C_{z4}, C_{z5}	C_{g1}, C_{g2}, C_{g3}, C_{g4}	

将 1980 年、1992 年和 2003 年的排放状态分别定义为低、中、高三种排放水平所对应的初始状态 $\boldsymbol{\pi}_i\,(i=1,2,3)$，由转移矩阵和混淆矩阵可得参数 $\boldsymbol{A}_i\,(i=1,2,3)$ 和 $\boldsymbol{B}_i\,(i=1,2,3)$，最终得出参数 $\boldsymbol{\lambda}_i\,(i=1,2,3)$ 如下：

$$\boldsymbol{\lambda}_1 = \{\boldsymbol{\pi}_1, \boldsymbol{A}_1, \boldsymbol{B}_1\}$$

其中，$\boldsymbol{\pi}_1 = \begin{pmatrix} 1 & 0 & 0 \end{pmatrix}$，$\boldsymbol{A}_1 = \begin{pmatrix} \dfrac{4}{5} & \dfrac{1}{5} & 0 \\[2mm] \dfrac{2}{3} & \dfrac{1}{3} & 0 \\[2mm] 0 & 0 & 1 \end{pmatrix}$，$\boldsymbol{B}_1 = \begin{pmatrix} 0 & \dfrac{1}{5} & \dfrac{1}{5} & \dfrac{2}{5} & \dfrac{1}{5} \\[2mm] 0 & 1 & 0 & 0 & 0 \\[2mm] \dfrac{1}{2} & \dfrac{1}{2} & 0 & 0 & 0 \end{pmatrix}$。

$$\boldsymbol{\lambda}_2 = \{\boldsymbol{\pi}_2, \boldsymbol{A}_2, \boldsymbol{B}_2\}$$

其中，$\boldsymbol{\pi}_2 = \begin{pmatrix} 1 & 0 & 0 & 0 & 0 \end{pmatrix}$，$\boldsymbol{A}_2 = \begin{pmatrix} \dfrac{1}{2} & \dfrac{1}{2} & 0 & 0 & 0 \\[2mm] 0 & \dfrac{1}{2} & \dfrac{1}{2} & 0 & 0 \\[2mm] 0 & 0 & \dfrac{4}{5} & \dfrac{1}{5} & 0 \\[2mm] 0 & 0 & 0 & 0 & 1 \\[2mm] 0 & 0 & 0 & 0 & 1 \end{pmatrix}$，$\boldsymbol{B}_2 = \begin{pmatrix} 0 & \dfrac{1}{2} & \dfrac{1}{2} & 0 & 0 \\[2mm] 0 & 0 & 1 & 0 & 0 \\[2mm] 0 & 0 & \dfrac{3}{5} & \dfrac{2}{5} & 0 \\[2mm] 0 & 0 & 1 & 0 & 0 \\[2mm] 0 & 1 & 0 & 0 & 0 \end{pmatrix}$。

$$\boldsymbol{\lambda}_3 = \{\boldsymbol{\pi}_3, \boldsymbol{A}_3, \boldsymbol{B}_3\}$$

其中，$\boldsymbol{\pi}_3 = \begin{pmatrix} 1 & 0 & 0 & 0 \end{pmatrix}$，$\boldsymbol{A}_3 = \begin{pmatrix} \dfrac{1}{2} & \dfrac{1}{2} & 0 & 0 \\[2mm] 0 & \dfrac{1}{2} & \dfrac{1}{2} & 0 \\[2mm] 0 & 0 & \dfrac{2}{3} & \dfrac{1}{3} \\[2mm] 0 & 0 & 0 & 1 \end{pmatrix}$，$\boldsymbol{B}_3 = \begin{pmatrix} 0 & 0 & 1 & 0 & 0 \\[2mm] 0 & 0 & 0 & 1 & 0 \\[2mm] 0 & 0 & \dfrac{1}{3} & \dfrac{2}{3} & 0 \\[2mm] \dfrac{2}{5} & \dfrac{1}{5} & \dfrac{2}{5} & 0 & 0 \end{pmatrix}$。

依据 $\boldsymbol{\lambda}_1 = \{\boldsymbol{\pi}_1, \boldsymbol{A}_1, \boldsymbol{B}_1\}$，根据 1980~1991 年的观测序列，通过维特比算法可预测 1980~1991 年碳排放处于 C_{d1}、C_{d2}、C_{d3} 的哪一种状态，并最终得到 1980~2014 年我国人均碳排放量的预测状态，如表 2-5 所示。

表2-5　1980~2014年我国碳排放状态预测表

年份	状态	年份	状态	年份	状态	年份	状态
1980	C_{d1}	1981	C_{d1}	1982	C_{d1}	1983	C_{d1}

续表

年份	状态	年份	状态	年份	状态	年份	状态
1984	C_{d1}	1992	C_{z1}	2000	C_{z3}	2008	C_{g3}
1985	C_{d2}	1993	C_{z1}	2001	C_{z4}	2009	C_{g3}
1986	C_{d2}	1994	C_{z2}	2002	C_{z5}	2010	C_{g4}
1987	C_{d2}	1995	C_{z2}	2003	C_{g1}	2011	C_{g4}
1988	C_{d3}	1996	C_{z3}	2004	C_{g1}	2012	C_{g4}
1989	C_{d3}	1997	C_{z3}	2005	C_{g2}	2013	C_{g4}
1990	C_{d3}	1998	C_{z3}	2006	C_{g2}	2014	C_{g4}
1991	C_{d3}	1999	C_{z3}	2007	C_{g3}		

为方便比较，我们还需给出人均碳排放量的预测值。由于各类别下的碳排放量都在较窄区间内浮动，故可认为，碳排放量在一个相对较小的区间内服从均匀分布。为此，在每个均匀分布的区间中任取一个数值，即可作为碳排放量的预测值。预测值也可在区间内随机产生，或取区间中点或均值。我们分别取均值和随机值作为各状态下碳排放量的预测值。

3. 与其他方法或指标预测效果的比较

除工业增加值比重和隐马尔可夫链方法外，我们还可用其他指标或方法预测碳排放。在此，我们选择部分具有代表性的指标和模型，通过对比，检验本节的预测效果。

1）基于人均 GDP 指标的预测

在经济环境问题分析中，我们常以 GDP 作为经济活动的代表性指标来预测碳排放。与工业增加值比重相似，我们以人均 GDP 为观测值构建隐马尔可夫链，进而预测我国人均碳排放量。

2）基于马尔可夫链的预测

我们分别将 1980~2014 年的工业增加值比重和人均碳排放量排序并等分为五种状态，得到人均碳排放量的状态转移矩阵，记为 T；取 1980~1990 年各排放状态所占比重作为初始状态矩阵，记为 S。利用公式 $P_t = S \times T^t$ 预测各年五种碳排放状态出现的概率 P_t，其中，t 为预测期数。将五种碳排放状态的组中值构成的矩阵记为 M，用各状态出现的概率乘以组中值，即 $C_t = P_t \times M$，就得到了 1980~2014 年人均碳排放量预测值。其中，$S = \begin{pmatrix} 1 & 0 & 0 & 0 & 0 \end{pmatrix}$；

$$T = \begin{pmatrix} \dfrac{14}{15} & \dfrac{1}{15} & 0 & 0 & 0 \\ 0 & \dfrac{8}{9} & 0 & \dfrac{1}{9} & 0 \\ 0 & 0 & 0 & 1 & 0 \\ 0 & 0 & \dfrac{1}{4} & \dfrac{1}{2} & \dfrac{1}{4} \\ 0 & 0 & 0 & 0 & 1 \end{pmatrix}; \quad M = \begin{pmatrix} 0.5518 \\ 0.8564 \\ 1.1610 \\ 1.4656 \\ 1.7702 \end{pmatrix}.$$

3）基于 VAR 模型的预测

中国人均碳排放量和工业增加值比重都会表现出一定趋势性，故我们在建立 VAR 模型前，需对原序列和差分序列进行平稳性检验，检验结果如表 2-6 所示，这里，C 为人均碳排放量，IVA 为工业增加值比重。

表2-6　人均碳排放量及工业增加值比重单位根检验结果表

检验方法	C	ΔC	IVA	ΔIVA
ADF	−2.2699	−1.7926[*]	−1.8699	−4.0015[***]
PP	−1.3149	−1.6200[*]	−2.5364	−3.9659[***]

*、***分别表示序列在 10%、1%的显著性水平下平稳

注：Δ表示一阶差分序列

表 2-6 的单位根结果表明，人均碳排放量和工业增加值比重的一阶差分序列均平稳，可建立 VAR 模型，但需确定最优滞后阶数。

VAR 模型阶数的选择结果如表 2-7 所示。综合考虑 AIC、SC、LR、HQ 统计量，确定最优的滞后期为 2。

表2-7　VAR模型阶数选择表

滞后期	AIC	SC	LR	HQ
1	−0.8756	−0.5980	176.7022	−0.7851
2	−1.2674	−0.8048[*]	16.8975[*]	−1.1166[*]
3	−1.2809	−0.6333	6.5163	−1.0697
4	−1.3282[*]	−0.4956	6.7189	−1.0568

*表示 5%显著水平下，相应准则对应的最优滞后期数

而 VAR（2）下的协整检验表明，人均碳排放量和工业增加值比重的原始序列之间不存在协整关系，故只能对差分序列建立 VAR（2）模型：

$$\Delta C = 0.675\,9\Delta C_{t-1} + 0.076\,9\Delta C_{t-2} + 0.007\,1\Delta \mathrm{IVA}_{t-1} - 0.008\,2\Delta \mathrm{IVA}_{t-2} + 0.010\,3$$

$$\Delta \mathrm{IVA} = 10.121\,6\Delta C_{t-1} - 11.968\,7\Delta C_{t-2} + 0.261\,5\Delta \mathrm{IVA}_{t-1} + 0.188\,5\Delta \mathrm{IVA}_{t-2} - 0.000\,2$$

VAR（2）特征值检验结果如图 2-14 所示，VAR（2）模型的特征值全部都落在单位圆内，模型有效，可用于人均碳排放量预测。

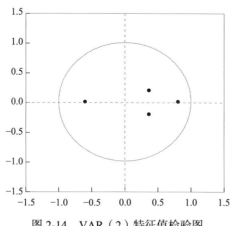

图 2-14　VAR（2）特征值检验图

4）基于 ARIMA 模型的预测

中国人均碳排放量存在递增趋势，但其一阶差分序列在 10% 的显著性水平下平稳，故 ARIMA（p，d，q）中的 d 取 1。差分序列相关图显示，偏自相关系数在滞后二阶后很快趋于零，自相关系数在滞后二阶、四阶以后很快趋于零，所以可对差分序列建立 p=2、q=2 或 p=4、q=2 的 ARIMA 模型，也可以建立 VAR（2）模型。ARIMA（p，d，q）结果比较如表 2-8 所示。

表2-8　ARIMA（p，d，q）结果比较表

统计量	ARIMA（2，1，2）	ARIMA（4，1，2）	ARIMA（2，1，0）
AIC	−3.942 9	−4.488 3	−3.709 3
SC	−3.665 3	−4.161 4	−3.571 9
调整 R^2	0.623 4	0.794 0	0.505 2

由表 2-8 可知，ARIMA（4，1，2）的 AIC 和 SC 值最小、调整 R^2 最大，因此将其作为最优模型。

$$\Delta C_t = 0.057\,5 + 0.231\,6\Delta C_{t-1} + 0.774\,9\Delta C_{t-2} - 0.828\,5\Delta C_{t-3} + 0.197\,6\Delta C_{t-4} + \mu_t + 1.326\,3\mu_{t-1} - 0.415\,1\mu_{t-2}$$
$$（4.168\,5）\quad（0.748\,1）\quad（3.198\,6）\quad（-2.498\,9）\quad（1.044\,4）\quad（3.030\,6）\quad（-0.688\,4）$$
$$R^2 = 0.836\,6，\quad 调整R^2 = 0.794\,0，\quad F = 19.628\,9，\quad \mathrm{D.W.} = 1.308\,8$$

$$（2\text{-}15）$$

其中，ΔC_t 为人均碳排放量的一阶差分序列；D.W. 为杜宾统计量；F 为 F 统计量。

　　ARIMA（4，1，2）模型残差序列的单位根检验结果显示，残差序列在1%的显著水平下平稳，模型有效，可用于预测人均碳排放量。

　　综上，1980~2014年我国人均碳排放量的各预测结果如图2-15和表2-9所示。

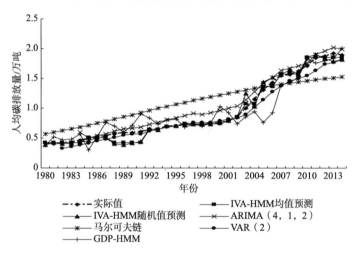

图2-15　1980~2014年人均碳排放量实际值和预测值比较图

IVA-HMM：industrial value added-hidden Markov model，工业增加值隐马尔可夫模型

表2-9　1980~2014年人均碳排放量实际值与各预测值比较

年份	实际值	IVA-HMM		GDP-HMM 随机值预测	马尔可夫链	VAR（2）	ARIMA（4，1，2）
		均值预测	随机值预测				
1980	0.411 6	0.421 9	0.384 5	0.375 5	0.572 0	—	—
1981	0.399 4	0.421 9	0.419 8	0.521 6	0.595 5	—	—
1982	0.410 6	0.421 9	0.407 5	0.470 8	0.621 4	0.330 0	—
1983	0.430 1	0.421 9	0.410 3	0.482 4	0.649 7	0.354 1	—
1984	0.458 2	0.421 9	0.429 7	0.562 6	0.680 0	0.383 4	0.600 0
1985	0.490 2	0.511 2	0.452 7	0.299 1	0.712 2	0.413 0	0.504 0
1986	0.506 0	0.511 2	0.511 2	0.531 6	0.745 7	0.452 6	0.536 8
1987	0.537 4	0.511 2	0.504 7	0.754 9	0.780 4	0.483 1	0.565 0
1988	0.567 9	0.421 9	0.407 4	0.697 9	0.815 9	0.508 3	0.610 8
1989	0.582 8	0.421 9	0.389 4	0.596 8	0.851 9	0.548 8	0.649 6
1990	0.584 0	0.421 9	0.410 1	0.712 8	0.888 2	0.566 9	0.664 3
1991	0.607 5	0.421 9	0.443 4	0.899 8	0.924 5	0.571 7	0.685 0
1992	0.630 5	0.644 2	0.657 1	0.840 5	0.960 7	0.612 4	0.730 2
1993	0.657 9	0.644 2	0.633 6	0.729 4	0.996 4	0.644 0	0.761 1

年份	实际值	IVA-HMM		GDP-HMM 随机值预测	马尔可夫链	VAR（2）	ARIMA（4，1，2）
		均值预测	随机值预测				
1994	0.688 0	0.696 9	0.699 3	0.797 4	1.031 6	0.680 0	0.806 7
1995	0.705 8	0.696 9	0.702 4	0.820 0	1.066 2	0.699 2	0.837 2
1996	0.736 7	0.735 9	0.722 8	0.685 3	1.099 9	0.725 7	0.871 9
1997	0.728 0	0.735 9	0.728 6	0.726 6	1.132 8	0.755 5	0.909 5
1998	0.720 4	0.735 9	0.725 2	0.702 2	1.164 7	0.762 1	0.898 8
1999	0.740 5	0.735 9	0.732 3	0.753 3	1.195 6	0.754 9	0.927 4
2000	0.754 2	0.735 9	0.770 9	1.029 1	1.225 4	0.786 8	0.962 8
2001	0.783 9	0.783 9	0.783 9	0.923 5	1.254 1	0.812 6	0.996 8
2002	0.851 5	0.851 5	0.851 5	0.740 4	1.281 7	0.838 0	1.035 3
2003	0.995 2	1.074 1	1.249 1	0.855 3	1.308 2	0.898 3	1.142 9
2004	1.152 9	1.074 1	1.026 5	0.940 4	1.333 6	1.020 6	1.278 5
2005	1.310 2	1.369 7	1.439 1	0.755 9	1.357 8	1.142 5	1.426 4
2006	1.429 1	1.369 7	1.517 1	0.921 4	1.381 0	1.275 9	1.518 6
2007	1.543 2	1.578 5	1.566 9	1.394 3	1.403 1	1.373 3	1.633 2
2008	1.563 3	1.578 5	1.647 7	1.435 6	1.424 1	1.461 7	1.676 8
2009	1.628 8	1.578 5	1.571 9	1.533 3	1.444 0	1.499 4	1.707 5
2010	1.713 2	1.851 2	1.857 0	1.830 1	1.463 0	1.545 0	1.758 9
2011	1.847 3	1.851 2	1.899 3	1.758 2	1.481 0	1.633 5	1.900 6
2012	1.878 3	1.851 2	1.836 4	1.801 5	1.498 1	1.737 0	1.958 9
2013	1.922 3	1.851 2	1.786 1	1.841 2	1.514 2	1.770 6	2.015 2
2014	1.894 5	1.851 2	1.816 4	2.011 2	1.529 5	1.814 0	1.986 5

均方根误差（root-mean-square error，RMSE）和判决系数 R^2 是评价模型预测效果的常用指标，我们分别计算 IVA-HMM、ARIMA（4，1，2）、马尔可夫链、VAR（2）和 GDP-HMM 的均方根误差，公式如下：

$$\text{RMSE} = \sqrt{\frac{\sum_i \left(x_i - \hat{x}_i\right)^2}{n}} \tag{2-16}$$

其中，x_i 为人均碳排放量的实际值；$\hat{x}_i$ 为人均碳排放量的预测值。

我们还用绝对误差和相对误差评价预测效果。

$$M = \frac{1}{n}\sum_{i=1}^{n}\left|\hat{x}_i - x_i\right| \tag{2-17}$$

$$N = \frac{1}{n}\sum_{i=1}^{n}\left|\frac{\hat{x}_i - x_i}{x_i}\right| \tag{2-18}$$

其中，M 表示预测值绝对误差绝对值的均值；N 为相对误差绝对值的均值。

各模型预测精度比较如表 2-10 所示。

表2-10　各模型预测精度比较表

模型指标	IVA-HMM		GDP-HMM 随机值预测	马尔可夫链	VAR（2）	ARIMA（4，1，2）
	均值预测	随机值预测				
RMSE	0.068 2	0.091 4	0.181 0	0.309 3	0.095 7	0.119 5
R^2	0.970 7	0.966 6	0.869 1	0.617 9	0.962 9	0.941 1
M	0.044 2	0.062 6	0.136 3	0.288 2	0.077 8	0.108 1
N	0.057 5	0.074 2	0.167 2	0.387 3	0.108 7	0.130 9

由表 2-10 可知，以工业增加值比重为观测值，用隐马尔可夫链预测碳排放量的效果最好。当以区间均值为预测值时，R^2 为 0.970 7，均方根误差为 0.068 2，M 和 N 分别为 0.044 2 和 0.057 5；以区间内随机值为预测值时，R^2 为 0.966 6，均方根误差为 0.091 4，M 和 N 分别为 0.062 6 和 0.074 2。无论区间内取均值还是取随机值都较好预测了我国人均碳排放量，预测精度较高。

以人均 GDP 为观测值构建隐马尔可夫链时，R^2 为 0.869 1，RMSE、M 和 N 也有所增加，可见，与人均 GDP 相比，选择工业增加值比重预测碳排放更合适。传统马尔可夫链预测值的误差较大，R^2 为 0.617 9，预测效果不理想。VAR（2）和 ARIMA（4，1，2）的预测精度也较高，但低于 IVA-HMM。而且两者均需对原始序列做差分变换，这会造成信息损失，其模型结果在解释碳排放方面不占优势，故都不是碳排放预测的有效方法。

综上，从预测效果看，预测精度 IVA-HMM>GDP-HMM>马尔可夫链>VAR（2）> ARIMA（4，1，2）。也就是说，以工业增加值比重为观测值，结合维特比算法的隐马尔可夫链能有效预测我国人均碳排放量，可得到准确性和可靠性较高的碳排放预测。此外，本节研究表明，碳排放与经济之间存在着客观联系，工业增加值比重能作为预测碳排放量变动趋势的有效指标，这也为我国环境污染研究提供了新的思路与依据。

2.2.6　小结

本节的研究结果为碳排放量预测问题提供了一个新的角度，即以工业增加值占 GDP 比重来预测碳排放量，这种方法以工业生产会增加污染排放为理论依据、以隐马尔可夫链为分析框架、以维特比算法为主要实现方式，准确预测了我国

1908~2014 年的人均碳排放量，不仅为碳排放预测提供了一个恰当的方法，也为碳排放趋势分析和相关环境政策制定提供了依据。

当然，本节只是对隐马尔可夫链预测碳排放的初步研究，未来还可将这种思想应用于其他国家或地区的碳排放预测。同时，为提高模型稳健性和估计精度，也可考虑将其他可能影响碳排放的变量引入模型，如除工业部门外其他部门的能源消耗。此外，应该注意的是，尽管工业部门的相关指标可在很大程度上反映一国或某一地区的碳排放情况，但两者之间的关系也会因某些外部因素的作用而减弱，如技术变革或贸易政策改变等。因此，政府在制定节能减排政策时，需结合该国或该地区的自身环境，综合考虑多种可能影响碳排放的变量，这样才能制定出准确高效的能源政策。

2.3　农业能源消费、水消费及碳排放研究

2.3.1　引言

能源、水、碳不仅仅是地球表层的组成部分，也是农业发展的重要基础资源。能源是农业经济发展的动力源泉，水是生命活动和生产过程必备的原料，碳是各种经济活动排放的产物。对能源和水资源的开发利用可以带来大量的经济效益，同时也会造成大量的碳排放。因此，从能源、水、碳的视角对农业经济发展进行研究有重要的理论和实践价值，从理论上来看，有助于揭示经济发展过程中多种资源相互作用对碳排放和水消费的影响机制，有助于阐明各地区"自然-经济-环境"系统的运行状态，为区域经济发展和环境效应的研究提供新的理论视角；从实践上来看，随着我国经济社会的飞速发展，资源约束不断趋紧，能源消费持续增加，环境压力进一步增大，同时，快速增长的碳排放量也使我国在应对国际气候变化的谈判中面临着较大的压力。党的"十八大"报告明确提出，"要节约集约利用资源，推动资源利用方式根本转变。全面促进资源节约，必须从加强全过程节约管理入手，降低能源、水、土地消耗强度，提高利用效率和效益"[①]；《中华人民共和国国民经济和社会发展第十三个五年规划纲要》提出，要实现"能源、资源开发利用效率大幅提高，能源和水资源消耗、碳排放总量得到有效控制"。这些都为将来的资源节约、低碳和节水转型指明了道路。

---

① 胡锦涛. 坚定不移沿着中国特色社会主义道路前进　为全面建成小康社会而奋斗——在中国共产党第十八次全国代表大会上的报告[R]. http://pr.whiov.cas.cn/xxyd/201312/t20131225_148938.html, 2012-11-08.

目前，对于经济增长与资源和环境关系的研究，比较成熟的理论是 EKC。美国经济学家 Grossman 和 Krueger（1995）用分析经济增长与收入不平等的库兹涅茨曲线来描述经济增长与环境污染的关系，即 EKC。EKC 通过经济发展指标和资源、环境指标之间的关系建立模型，提出了经济发展与资源、环境之间的倒"U"形关系，即在经济发展初期，随着经济的不断发展，资源消耗不断增加，环境污染会日趋严重，当经济发展达到某个临界值之后，资源利用率将大幅提高，环境污染会随着经济的发展而降低，污染程度逐渐减缓，环境质量进而得到改善。随着对 EKC 的深入研究，不断有学者采用新的方法从新的角度进行研究，结果发现 EKC 不仅有倒"U"形，还存在正"U"形、倒"N"形、正"N"形和正相关形等结果。Friedl 和 Getzner（2003）对奥地利经济增长和碳排放的关系进行研究，发现三次倒"N"模型拟合效果最好，并表示这种倒"N"形曲线同样符合 EKC 理论。随后，Jalil 和 Mahrnud（2009）、Mazur 等（2015）、Congregado 等（2016）先后对中国、欧盟和美国的碳排放与收入、经济增长进行研究，证实了 EKC 的存在性。Duarte 等（2013）通过对 1962~2008 年 65 个国家水消费与收入的研究证实了水消费与收入之间存在倒"U"形的库兹涅茨曲线。Katz（2015）分别使用截面数据和面板数据对水资源和收入之间的关系进行研究。结果表明，EKC 对数据选择和统计技术具有高度依赖性，不同的指标会有不同的形状。

国际上的学者大多将 EKC 用于工业领域的研究，对农业领域的研究比较少。刘渝等（2008）基于 1999~2005 年 31 个地区的面板数据对农业用水 EKC 的存在性进行验证，研究结果表明，农业用水量最初随人均 GDP 和人均农林牧渔业增加值增加而增加，当达到某一点后，开始逐渐下降，基本符合 EKC 的特征；刘扬等（2009）对我国人均农业总产值与化肥施用量的关系进行了 EKC 检验；杜江和刘渝（2009）对农用化学品（农药和化肥）投入与农业总产值增长之间的 EKC 关系进行了验证；田伟和谢丹（2017）选取 1998~2012 年我国农业人均碳排放和人均 GDP 为研究对象，指出我国农业目前处于倒"U"形曲线的左侧。考虑到经济发展过程中的任何一个地区的经济都不可能独立存在，区域间资源消耗和污染排放是相互影响的，故国内外学者开始在库兹涅茨曲线中引入空间因素。Rupasingha 和 Goetz（2007）、杨海生等（2008）、Hao 等（2016）通过建立空间计量模型，证实了污染物、空气质量、人均碳消费量与人均收入和经济增长之间库兹涅茨曲线的存在性，而且空间效应显著；曹飞（2017）用 2004~2013 年省际面板数据建立了空间计量模型，分析表明，我国农业用水比重及用水强度呈倒"N"形曲线，工业用水比重与生活用水比重呈"N"形曲线，且大多数省（自治区、直辖市）之间存在正的空间效应；Auffhammer 和 Carson（2008）、Donfouet 等（2013）引入空间因素后，进一步引入时间因素，证实了存在库兹涅茨曲线，且具有较强的动态空间效应。纵观已有文献，将主要来自能源消费的碳排放量、水消费及农业增加值联系在一起进行分析的文献尚未发现。从能源、水、碳的角度展开研究，一方面，可以评估经济发展中的资源利用效率及其组合模式，为农业生产活动中的节能减排提供科学的指导，有利于进一步提高农业可持续发展水平，推动生产方式的转变及低碳、节水农业的发展；另一方面，不同地区的农业生产方式及各种资源的需求规模、组合方式、开发强度和利用效率存在很大差异，导致不同地区农业发展中的碳排放量和水消费量存在明显差异。因此，本节以 EKC 为基础，基于 2002~2015 年省级面板数据，建立动态空间计量经济模型，重点回答如下问题，如能源消费碳排放量和水消费量与农业增加值是否存在倒 "U" 形的 EKC 关系？如果存在，该 EKC 拐点是多少？能源消费碳排放量和水消费量与农业增加值的关系是否存在空间溢出和依存性？能源消费碳排放量和水消费量之间是否相互影响？

2.3.2　能源–水–碳关系

1. 能源–水关系

能源和水之间存在着复杂的相互作用，经济发展、气候变化都会对能源和水的关系产生影响。首先，能源和水之间存在相互依赖关系，能源的生产及化石燃料的开采需要使用水资源，水的提取、运输及处理需要消耗能源。其次，能源与水之间存在相互制约关系，能源的生产离不开水资源，我国现有的直流冷却系统火力电厂，每 1 000 米装机平均取水量为 40 立方米/秒，大庆油田每生产 1 吨原油需注水 2~3 吨。因此，水资源是能源生产的一个重要制约因素，在水资源总量匮乏、水体污染严重、水生态环境恶化的地方，能源的生产必将受到影响。然而随着经济社会发展对能源和水资源需求的不断增长，能源和水成为制约未来经济社会可持续发展的两大瓶颈。联合国将 2014 年世界水日的主题定为 "水与能源"，充分表明了全球层面对水与能源问题的高度重视。国际上一些学者已经开始对水资源与能源之间的纽带关系和协同发展展开了一些探索性研究。在 "能源–水" 关系下展开研究，对我国制定能源与水资源安全保障战略及应对气候变化具有重要借鉴与参考意义。

2. 农业中能源–水–碳关系

"能源–水–碳" 不仅反映了农业发展过程中能源和资源的投入，也体现了农业生产对环境造成的影响。从农业发展角度来看，土地翻耕、除草、收获等各个生产环节均需要能源和水资源投入，从而导致碳排放增加；从能源角度来看，能源的投入主要集中于水资源的利用、土地开发与耕种等生产活动；从水消费角度来看，农业发展中，水资源的开发利用如引水、输水及灌溉等过程，需要能源投入来提供动能。Wang 等（2012）的研究显示，我国农业灌溉抽取地下水产生的二氧化碳排放量占全国总排放量的 0.5%，Cheng 等（2013）证实，在农业灌溉过程中，水泵扬程平均增加 1 米，将导致温室气体排放率上升 2% 左右。以上三个方面共同构成了农业发展过程中的能源与水资源之间的相互作用，在这种作用下我国农业快速发展，但也导致了碳排放量大幅增加。农业发展与水、能源和碳三者的关系如图 2-16 所示。

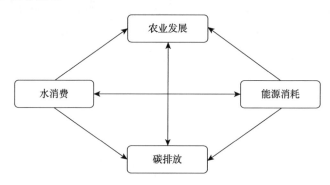

图 2-16   农业中能源-水-碳关系

3. 能源-水-碳的效益机制

能源-水-碳的效益机制主要体现在对水资源的开发利用过程中，通过合理的规划建设水利设施，发展水电，提高用水效率，减少对以能源为主的火电的依赖，进而减少碳排放量，具体实现途径如图 2-17 所示。

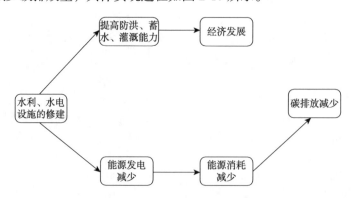

图 2-17   "能源-水-碳"效益机制实现途径

目前，全国已建成 800 多个小水电电气县，解决了 3 亿人的用电问题，对于解决偏远农村地区的用电问题发挥了重大作用，同时减少了碳排放量，治理了环

境，促进了农村经济和社会的发展。大型水利水电的修建，可以使农业生产免受
洪水灾害，增强蓄水能力，改善农业灌溉条件，为地方经济发展注入活力。因
此，在"能源-水-碳"背景下开展综合治理对提高经济效益、社会效益和环境效
益都有重要意义。

2.3.3　数据来源与研究方法

本节选取的能源或环境指标为农业人均碳排放量，资源指标为农业人均水消费
量。碳排放量主要通过计算农业部门能源消费得到，能源消费量数据主要来自《中
国能源统计年鉴》。由于能源平衡表中缺失西藏能源消费数据，故以除西藏、台
湾、香港和澳门外的剩余 30 个省级行政区为样本。农业水消费量和农业人口数的数
据来源于中经网统计数据库，农业增加值数据来源于《中国统计年鉴》。

碳排放量计算公式如下：

$$C = A\sum_{i=1}^{n} K_i L_i$$

其中，A 为标准煤二氧化碳排放系数，取值 2.54tco$_2$/tce（tce 为单位产值能耗，单
位为吨标准煤当量）；K_i 为第 i 种能源的消费量；L_i 为第 i 种能源的标准煤折算
系数。标准煤折算系数如表 2-11 所示，折算系数来自《中国能源统计年鉴》。

表2-11　标准煤折算系数

能源名称	标准煤折算系数	能源名称	标准煤折算系数
原煤	0.714 3 千克标准煤/千克	燃料油	1.428 6 千克标准煤/千克
洗精煤	0.900 0 千克标准煤/千克	石脑油	1.500 0 千克标准煤/千克
其他洗煤	0.285 7 千克标准煤/千克	润滑油	1.414 3 千克标准煤/千克
型煤	0.6 千克标准煤/千克	石蜡	1.364 8 千克标准煤/千克
煤矸石	0.178 6 千克标准煤/千克	溶剂油	1.467 2 千克标准煤/千克
焦炭	0.971 4 千克标准煤/千克	石油沥青	1.330 7 千克标准煤/千克
焦炉煤气	0.592 85 千克标准煤/立方米	石油焦	1.091 8 千克标准煤/千克
高炉煤气	0.128 6 千克标准煤/立方米	液化石油气	1.714 3 千克标准煤/千克
转炉煤气	0.271 4 千克标准煤/立方米	炼厂干气	1.571 4 千克标准煤/立方米
其他煤气	0.624 28 千克标准煤/立方米	其他石油制品	1.25 千克标准煤/千克
其他焦化产品	0.624 28 千克标准煤/千克	天然气	1.215 千克标准煤/立方米
原油	1.428 6 千克标准煤/千克	液化天然气	1.757 2 千克标准煤/千克
汽油	1.471 4 千克标准煤/千克	热力	0.034 12 千克标准煤/百万焦耳
煤油	1.471 4 千克标准煤/千克	电力	0.122 9 千瓦小时
柴油	1.457 1 千克标准煤/千克	其他能源	1.000 0 千克标准煤/千克

2.3.4 EKC 动态空间面板模型

常用的 EKC 模型主要有多项式形式和对数多项式形式，大多数情况下多项式模型存在变量递增（或递减）过快的问题，导致估计的参数不稳定。对数多项式模型可以减缓递增（或递减）速度，故自 Selden 和 Song（1994）提出对数多项式模型以后，多数学者采用该模型研究 EKC 问题。但传统模型只考虑了环境和经济增长的关系，易造成遗漏变量偏误，为避免此问题，在传统模型基础上，本节引入了时空因素及相关环境或资源变量：

$$\log\left(\frac{E}{POP}\right)_{it} = \alpha_i + \beta_1\log\left(\frac{GDP}{POP}\right)_{it} + \beta_2\left(\log\left(\frac{GDP}{POP}\right)\right)_{it}^2 + \beta_3\log\left(\frac{GDP}{POP}\right)_{it-1} \quad (2\text{-}19)$$

$$+ \beta_4\log\left(\frac{WE}{POP}\right)_{it} + \beta_5\log\left(\frac{WE}{POP}\right)_{it-1} + \beta_6\log\left(\frac{x}{POP}\right)_{it} + \varepsilon_{it}$$

其中，E 为环境或资源变量（碳排放量或水消费量）；GDP 为农业增加值；POP 为农业人口；W 为权重矩阵，尽管当前地理邻接权重矩阵和经济距离权重矩阵使用较多，但考虑到经济距离权重矩阵易受地区经济总量的内生性影响，导致空间计量分析结果出现偏误，地理邻接权重矩阵通常具有较强的外生性，故本节使用分析结果较为稳定的地理邻接权重矩阵（即相邻为 1，不相邻为 0），并进行标准化处理。x 为相关环境或资源变量，研究碳排放量时，将其定义为水消费量，研究水消费量时，将其定义为碳排放量，旨在研究环境与资源变量之间的相互影响。根据模型中解释变量系数的符号方向，环境或资源变量与农业增加值的关系可能存在五种情况，如表 2-12 所示。

表2-12　环境或资源变量与农业增加值的关系

β_1 和 β_2 的符号方向	环境或资源变量与农业增加值的关系
$\beta_1 = \beta_2 = 0$	环境或资源变量和农业增加值之间没有关系
$\beta_1 > 0$ 且 $\beta_2 = 0$	随着经济增长，资源、能源消费增加，污染物排放量急剧增加
$\beta_1 < 0$ 且 $\beta_2 = 0$	随着经济增长，资源、能源消费减少，污染物排放减少，经济增长可优化资源、能源消费模式，对污染物排放起到抑制作用
$\beta_1 > 0$ 且 $\beta_2 < 0$	随着经济增长，资源、能源消费和污染物排放先增加后减少，三者存在典型的倒"U"形关系，经济发展可优化资源、能源消费模式，改善环境
$\beta_1 < 0$ 且 $\beta_2 > 0$	随着经济增长，资源、能源消费和污染物排放先减少后增加，三者存在倒"U"形库兹涅茨曲线关系，经济发展导致资源、能源消费持续增加，环境进一步恶化

通过一阶求导，可得到"U"形或者倒"U"形曲线的拐点：

$$\log\left(\frac{GDP}{POP}\right) = -\beta_1 / 2\beta_2 \quad (2\text{-}20)$$

考虑到最小二乘估计在控制工具变量和随机扰动项之间的异方差和自相关方

面存在的缺陷；在数据分布不明确时，极大似然估计也不适用。而系统 GMM 估计同时利用了变量水平变化和差分变化，提高了估计效率，所以本节使用系统 GMM 对 EKC 动态空间面板模型进行估计。

2.3.5　中国农业能源消费、碳排放及水消费的实证分析

1. 描述性统计

2002 年、2015 年全国各省（自治区、直辖市）农业能源消费碳排放量、农业水消费量、农业增加值及其增长率如表 2-13 所示。

表2-13　2002年、2015年全国各省（自治区、直辖市）农业能源消费碳排放量、农业水消费量、农业增加值及其增长率

省（自治区、直辖市）	农业能源消费碳排放量		增长率	农业水消费量		增长率	农业增加值		增长率
	2002 年	2015 年		2002 年	2015 年		2002 年	2015 年	
北京	0.60	0.48	−18.99%	506.23	218.80	−56.78%	3 129.10	4 793.50	53.19%
天津	0.40	0.73	81.05%	283.40	465.46	64.24%	2 220.11	7 775.83	250.25%
河北	0.09	0.32	248.15%	299.45	374.41	25.03%	1 763.29	9 517.78	439.77%
山西	0.36	0.37	0.80%	174.09	273.71	57.22%	956.28	4 752.91	397.02%
内蒙古	0.29	1.25	324.98%	1 193.66	1 405.38	17.74%	2 795.52	16 224.82	480.39%
辽宁	0.17	0.51	202.09%	376.12	620.61	65.00%	2 659.43	16 661.63	526.51%
吉林	0.21	0.34	67.82%	579.22	733.06	26.56%	3 159.68	12 973.03	310.58%
黑龙江	0.36	0.82	125.59%	966.55	1 989.18	105.80%	2 471.66	16 763.21	578.22%
上海	0.25	0.49	99.12%	117.59	477.48	306.06%	865.72	3 666.90	323.57%
江苏	0.16	0.41	155.72%	708.51	1 045.13	47.51%	2 750.34	14 926.40	442.71%
浙江	0.34	0.50	48.82%	519.18	447.12	−13.88%	2 988.35	9 675.72	223.78%
安徽	0.07	0.16	119.49%	300.33	517.91	72.45%	1 815.64	8 078.35	344.93%
福建	0.10	0.18	72.91%	580.17	649.82	12.01%	3 451.33	14 752.16	327.43%
江西	0.06	0.13	120.60%	477.75	697.65	46.03%	1 872.29	8 026.71	328.71%
山东	0.21	0.29	38.00%	292.57	338.51	15.70%	2 160.06	11 761.73	444.51%
河南	0.08	0.22	174.74%	204.32	249.87	22.29%	1 797.28	8 354.59	364.85%
湖北	0.19	0.43	127.10%	409.44	626.16	52.93%	2 127.08	13 108.69	516.28%
湖南	0.12	0.32	157.05%	456.70	585.98	28.31%	1 879.81	10 001.41	432.04%
广东	0.10	0.26	144.50%	413.06	668.70	61.89%	1 688.91	9 855.33	483.53%
广西	0.11	0.18	70.68%	2 260.86	794.41	−64.86%	5 919.92	10 104.17	70.68%
海南	0.15	0.54	271.08%	617.74	841.53	36.23%	3 959.37	20 909.05	428.09%
重庆	0.29	0.17	−42.47%	122.36	218.97	78.95%	1 866.75	9 761.43	422.91%
四川	0.03	0.16	370.51%	177.05	365.18	106.26%	1 488.22	8 569.80	475.84%

续表

省（自治区、直辖市）	农业能源消费碳排放量		增长率	农业水消费量		增长率	农业增加值		增长率
	2002 年	2015 年		2002 年	2015 年		2002 年	2015 年	
贵州	0.19	0.17	−9.33%	176.65	265.30	50.18%	965.52	8 015.64	730.19%
云南	0.06	0.22	243.56%	345.34	389.26	12.72%	1 465.64	7 650.32	421.98%
陕西	0.05	0.19	251.45%	113.45	155.62	37.18%	1 264.78	9 140.75	622.72%
甘肃	0.14	0.25	73.42%	284.55	392.06	37.79%	1 114.84	6 460.52	479.50%
青海	0.07	2.47	3 627.81%	2 951.98	3 289.45	11.43%	1 362.92	7 144.13	424.18%
宁夏	0.06	0.28	410.07%	541.39	698.97	29.11%	1 406.65	7 951.57	465.28%
新疆	0.38	0.85	124.72%	603.19	497.90	−17.46%	2 419.73	12 520.42	417.43%

注：能源消费碳排放量的单位是吨/人，水消费量的单位是立方米/人，农业增加值的单位是元/人，由于数据缺失，海南和宁夏 2002 年碳排放量为其 2003 年的数据

由表 2-13 的 2002~2015 年农业能源消费碳排放量增长率来看，全国大多数省（自治区、直辖市）碳排放量增加，其中增长率超过 100% 的省（自治区、直辖市）有 18 个，分别是安徽、江西、新疆、黑龙江、湖北、广东、江苏、湖南、河南、辽宁、云南、河北、陕西、海南、内蒙古、四川、宁夏和青海。特别是青海，增长了 36 倍；有 9 个省（直辖市）的增长率在 0~100%；其余 3 个省（直辖市）碳排放量呈下降趋势，分别为重庆、北京和贵州，碳排放量分别减少了 42.47%、18.99% 和 9.33%。从农业水消费量增长率来看，增长幅度明显小于碳排放，大多数省（自治区、直辖市）增长率介于 0~100%，增长率超过 100% 的省（直辖市）是黑龙江、四川和上海，增长率分别为 105.80%、106.26% 和 306.06%。水消费量减少的省（自治区、直辖市）有 4 个，分别是广西、北京、新疆和浙江，分别减少了 64.86%、56.78%、17.46% 和 13.88%。从农业增加值的增长率来看，全国各省（自治区、直辖市）都大幅增加，增长最快的 5 个省份是贵州、陕西、黑龙江、辽宁、湖北，其增长率均超过了 5 倍，分别为 730.19%、622.72%、578.22%、526.51% 和 516.28%。增长最慢的两个省（自治区、直辖市）是北京和广西，增长率分别为 53.19% 和 70.68%，其余各省市增长率介于 200%~500%。

从农业能源消费碳排放量来看，2002 年碳排放量前十名的省（自治区、直辖市）是北京、天津、新疆、山西、黑龙江、浙江、内蒙古、重庆、上海和山东，2015 年碳排放量前十名的省（自治区、直辖市）是青海、内蒙古、新疆、黑龙江、天津、海南、辽宁、浙江、上海和北京。从农业水消费量来看，2002 年水消费量前十名的省（自治区）是青海、广西、内蒙古、黑龙江、江苏、海南、新疆、福建、吉林和宁夏，2015 年水消费量前十名的省（自治区）是青海、黑龙江、内蒙古、江苏、海南、广西、吉林、宁夏、江西和广东。从农业增加值来

看，2002 年农业增加值前十名的省（自治区、直辖市）是广西、海南、福建、吉林、北京、浙江、内蒙古、江苏、辽宁和黑龙江，2015 年农业增加值前十名的省（自治区）是海南、黑龙江、辽宁、内蒙古、江苏、福建、湖北、吉林、新疆和山东。从排序结果来看，2015 年与 2002 年排名靠前的省（自治区、直辖市）基本一致，说明各省（自治区、直辖市）的农业能源消费碳排放量和农业水消费量模式改变较为缓慢；农业能源消费碳排放量和农业水消费量的排名存在一定差异，说明各省（自治区、直辖市）能源、资源消费模式存在较大差异。农业能源消费碳排放量和农业水消费量的排名与农业增加值的排名也存在较大差异，农业大省基本保持着较高的农业增加值，且农业能源消费碳排放量和农业水消费量水平较低。

2. 面板单位根检验

为避免伪回归，在模型估计之前，先对面板数据平稳性进行检验。考虑到面板数据之间可能存在的空间差异和空间相关，同时兼顾相同根与不同根假设，本节同时使用莱文-林-楚（Levin-Lin-Chu，LLC）检验、哈里斯-扎瓦林（Harris-Tzavalis，HT）检验和拉格朗日乘子（Lagrange multiplier，LM）检验判断变量是否平稳，检验结果如表 2-14 所示。结果显示，所有变量均为平稳序列。

表2-14 单位根检验结果

变量	LLC 检验		HT 检验		LM 检验	
	A	B	A	B	A	B
农业增加值	−8.999 3 (0.000 0)	0.868 9 (0.807 6)	2.907 1 (0.998 2)	−7.008 9 (0.000 0)	39.435 1 (0.000 0)	5.979 6 (0.000 0)
农业水消费量	−2.328 2 (0.010 0)	−4.583 3 (0.000 0)	−7.727 9 (0.000 0)	−7.266 7 (0.000 0)	19.699 7 (0.000 0)	6.156 6 (0.000 0)
水的空间变量	−0.278 9 (0.390 2)	3.367 2 (0.999 6)	−2.959 1 (0.001 5)	−9.64 8 (0.000 0)	27.953 3 (0.000 0)	4.499 9 (0.000 0)
CO_2 的排放量	−11.369 1 (0.000 0)	−21.614 7 (0.000 0)	−7.407 6 (0.000 0)	−7.487 6 (0.000 0)	17.992 1 (0.000 0)	5.837 5 (0.000 0)
CO_2 的空间变量	−10.171 7 (0.000 0)	−13.098 9 (0.000 0)	−0.401 2 (0.344 1)	−3.908 7 (0.000 0)	28.797 5 (0.000 0)	6.205 3 (0.000 0)

A 只包含固定效应；B 既包含固定效应也包含时间趋势
注：括号内数字为统计量的 p 值

3. 实证结果及分析

模型 1、模型 2 和模型 3 被用来估计农业能源消费碳排放量与农业增加值之间的关系。其中，Llnc 为农业能源消费碳排放量对数的滞后一期变量；lngdp 为农业增加值的对数；$lngdp^2$ 为 lngdp 的平方；lns 为农业水消费量的对数；lncw 为农业能源消费碳排放量的空间变量的对数；Llncw 为 lncw 的一阶滞后项；_cons 为常数项。参数由系统 GMM 估计得到，沃尔德统计量证明了模型的有效性，模型估计结果如表 2-15 所示。

表2-15　农业能源消费碳排放量和农业增加值关系的估计结果

变量	模型 1	模型 2	模型 3
L.lnc	0.413*** (2.043 9)	0.455*** (2.045 5)	0.487*** (3.046 5)
lngdp	1.398** (3.639)	1.854*** (6.636)	2.168*** (5.642)
lngdp^2	−0.072 4* (1.737 1)	−0.103*** (2.037 1)	−0.116*** (5.037 2)
lns	0.368*** (3.104)	0.394*** (3.100)	0.338*** (3.101)
lncw		0.066 3 (0.078 4)	0.201** (2.083 2)
L.lncw			−0.368*** (2.097 8)
_cons	−9.663*** (2.417 2)	−11.35*** (2.517 1)	−13.01*** (2.551 3)
N	389	377	377
Wald chi2	560.04	589.38	600.05

***、**、*分别表示参数在 1%、5%、10%水平下显著
注：括号内数字为 t 统计量

模型 1（无空间效应的碳排放量模型）：E 代表农业能源消费碳排放量，$\beta_4 = \beta_5 = 0$。

模型 2（农业能源消费碳排放量的空间自回归模型）：E 代表农业能源消费碳排放量，$\beta_5 = 0$。

模型 3（农业能源消费碳排放量的动态空间杜宾模型）：E 代表农业能源消费碳排放量。

在三个模型中，人均农业增加值的一次项系数为正，二次项系数为负。这说明我国农业发展与碳排放量之间存在倒"U"形库兹涅茨曲线，即随着农业的发展，能源利用率提高，能源消费模式会得到优化，碳排放量随之减少。往期碳排放对现期碳排放模式有正效应，这意味着，农业的节能减排工作不是一蹴而就的，需要循序渐进。当 EKC 模型仅引入碳排放的空间变量时，农业增加值对碳排放的影响并不显著，但继续引入滞后一期的空间变量后，所有变量均显著，且模型的有效性得到了提升。这意味着，碳排放同时受到邻近地区现期和往期碳排放量的影响。故在落实减排工作时，应充分发挥不同地区的优势，特别是要发挥邻近地区在先进节能减排方面的辐射和示范作用，进而带动全国的整体改进和提高。同时，在农业发展中，水消费模式对碳排放有着显著的影响，水消费量增加 1%，碳排放量平均增加 0.3%~0.4%，这进一步证实了在农业发展过程中，资源的投入在促进发展的同时会对能源消费和环境产生一定的影响。

模型 4、模型 5 和模型 6 被用来反映农业水消费量和农业增加值之间的关系。其中，Llns 为农业水消费量对数的一期滞后项；lngdp 为农业增加值的对数；$lngdp^2$ 为 lngdp 的平方；lnc 为农业能源消费碳排放量的对数；lnsw 为农业水消费量的空间变量的对数；Llnsw 为 lnsw 的一期滞后变量；_cons 为常数项。参数由系统 GMM 估计得到，沃尔德统计量证明了模型的有效性，模型估计结果如表 2-16 所示。

表2-16　农业水消费量和农业增加值关系的估计结果

变量	模型 4	模型 5	模型 6
Llns	0.167*** （0.032 1）	0.190*** （0.031 8）	0.190*** （0.032 0）
lngdp	2.805*** （0.251）	2.861*** （0.265）	2.823*** （0.271）
$lngdp^2$	−0.156*** （0.014 8）	−0.157*** （0.015 7）	−0.155*** （0.016 1）
lnc	0.119*** （0.017 4）	0.126*** （0.017 8）	0.124*** （0.017 8）
lnsw		−0.233*** （0.070 3）	−0.204*** （0.075 7）
Llnsw			−0.036 9 （0.060 4）
_cons	−7.208*** （1.114）	−6.291*** （1.252）	−6.087*** （1.309）
N	390	377	377
Wald chi2	1 070.45	1 139.75	1 131.07

***表示参数在 1%水平下显著

注：括号内数字为 t 统计量

模型 4（无空间效应的农业水消费量模型）：E 代表农业水消费量，$\beta_4 = \beta_5 = 0$。

模型 5（农业水消费量的空间自回归模型）：E 代表农业水消费量，$\beta_5 = 0$。

模型 6（农业水消费量的动态空间杜宾模型）：E 代表农业水消费量。

在三个模型中，人均农业增加值的一次项系数为正，二次项系数为负，说明我国农业发展与农业水消费之间存在倒 "U" 形曲线关系，即随着农业的发展，农业水消费量会先增加，然后逐渐下降。往期农业水消费对现期农业水消费存在正效应，各地区对往期的农业水消费具有一定的依赖性。在模型中引入农业水消费量的空间变量后，各变量均在 1%的水平下显著，但继续引入滞后一期的农业水消费量的空间变量后，各系数变化不大，且该变量不显著，模型的有效性略微降低，这说明临近地区往期的农业水消费影响不大，主要取决于当期影响。农业水消费量的空间变量为负，这主要是因为临近地区公共流域或者水库的水资源是有限的，一个地区用水多，另一个地区农业用水量会减少或无水可用。所以，各地区应合理分配资源使用，对环境污染进行综合治理，实现协同发展。碳排放量对农业水消费影响不是很大，说明能源消费或环境对资源也会产生一定的影响，但影响效果小于资源消耗对能源消耗或环境的影响。

碳排放量模型和农业水消费量模型均证明了我国农业发展中库兹涅茨曲线的存在性。根据抛物线性质和拐点理论，求出农业能源消费碳排放量和农业水消费量处于拐点时的人均农业增加值分别为 11 439.50 元和 9 058.56 元，农业水消费量达到拐点所需要的经济发展水平略低于农业能源消费碳排放量达到拐点的水平，将先于农业能源消费碳排放量进入下降阶段，这主要是因为我国能源结构单一，以化石燃料为主，碳减排速度提升较慢。从全国来看，农业能源消费碳排放量已于 2018 年到达拐点，农业水消费量于 2014 年通过拐点。如图 2-18 所示，截至 2015 年，我国共有 10 个省（自治区、直辖市）农业能源消费碳排放量通过拐点进入了下降阶段，其中东部地区 4 个、东北地区 3 个、中部地区 1 个、西部地区 2 个。

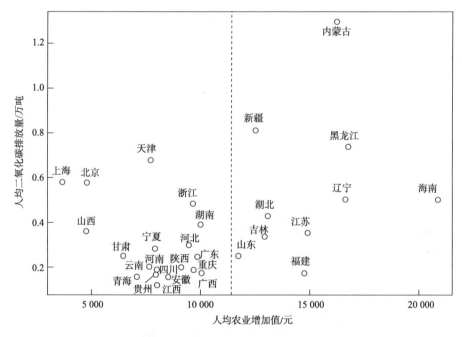

图 2-18　农业能源消费碳排放量阈值图

如图 2-19 所示，截至 2015 年，我国共有 17 个地区农业水消费量通过拐点进入了下降阶段，其中东部地区 7 个、东北地区 3 个、中部地区 2 个、西部地区 2 个。总体上看，这与我国的现状基本符合，东部地区经济发展水平较高，超过拐点的省（直辖市）也较多；东北地区有"北大仓"之称，农业基础雄厚，且资源丰富，所以均通过了拐点；中部地区尽管大多也是农业大省，但人口众多，导致人均农业增加值增长缓慢；而西部地区地多人少，所以，人均农业增加值较高，不易通过拐点。

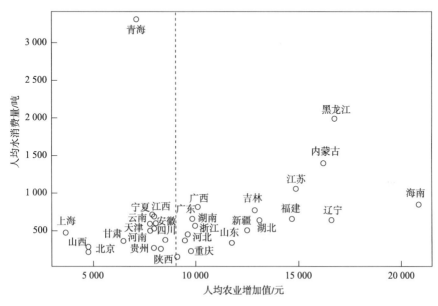

图 2-19　农业水消费量阈值图

当然，还有部分省（自治区、直辖市）没通过拐点，我们对这些省（自治区、直辖市）通过拐点的时间进行预测。考虑到区域经济发展存在异质性，产业结构、能源消费结构及科学技术水平等不同，导致拐点出现的时间不尽相同。故以 2015~2017 年人均农业增加值增长率为基础，对农业能源消费碳排放量和农业水消费量的时间路径进行分析。

由式（2-20）计算得出，各省（自治区、直辖市）到达拐点时间预测如表 2-17 所示。

表2-17　各省（自治区、直辖市）到达拐点时间预测

省（自治区、直辖市）	三年平均增长率	农业能源消费碳排放量到达拐点年份	农业水消费量到达拐点年份
		东部地区	
天津	5.1%	2023	2019
河北	2.9%	2022	2016
广东	7.1%	2018	2016
浙江	5.8%	2018	2016

续表

省（自治区、直辖市）	三年平均增长率	农业能源消费碳排放量到达拐点年份	农业水消费量到达拐点年份
中部地区			
山西	2.7%	2048	2040
安徽	5.0%	2023	2018
江西	7.7%	2020	2017
河南	4.4%	2023	2017
湖南	7.7%	2017	2016
西部地区			
广西	7.4%	2017	2016
重庆	11.7%	2017	2016
四川	6.9%	2020	2016
贵州	25.5%	2017	2016
云南	7.2%	2021	2018
陕西	6.1%	2019	2016
甘肃	6.2%	2025	2021
青海	3.5%	2029	2022
宁夏	5.0%	2023	2018

随着农业比重的下降，农业投入下降，资源、能源消费减少，农业能源消费碳排放量和农业水消费量也相应减少，减轻了对环境的污染。东部地区经济发展水平较高，农业份额相对较小，但其产业结构优化、科技水平较高、能源结构升级，使其可以在短期内通过拐点进入下降阶段。中部地区除山西外将于 2020 年前后通过拐点，山西的基础设施落后，产业发展滞后，农业低产业化、低市场化、低集约化、生产规模小、经营分散、效率低、科技含量低等因素使农民增收缓慢，达到拐点需要的时间最长。西部地区出现了明显的两极分化，西南地区气候适宜，生态环境良好，适合农作物生长，且交通便利，距离东南亚较近，具有广阔的市场，导致人均农业增加值快速增长，三年平均增长率均在 6.5% 以上，特别是贵州达到了 25.5%，因此，西南地区的省份在 2020 年以前均可通过拐点。而西北地区环境恶劣，常年干旱少雨，农业发展相对缓慢，将于 2023 年以后陆续通过拐点。

我国地区农业能源消费碳排放量和农业水消费量均存在拐点，说明在农业发展过程中，经济增长和碳排放、水消费之间均会实现"双赢"。这意味着，我国可以达到促进农业发展的同时，碳排放和水消费会不断减少并达到"绝对脱钩"的发展阶段。这种发展模式表明，我国可以兼顾农业发展和温室气体排放及水消费，以较少的资源投入创造更多的经济效益，同时可以减少对环境的污染。这样，不但可以突破现存的经济发展路径的依赖，而且可以统筹处理经济发展中的资源短缺和环境问题，为我国和区域可持续发展奠定坚实的基础。

2.3.6　结论和建议

面板数据模型证明了我国农业发展过程中能源消费碳排放量和水消费量的倒"U"形库兹涅茨曲线的存在性。再过几年，我国农业可以实现碳排放量的减少。目前，大部分地区能源结构单一，使得碳排放量呈增加态势，对于要达到拐点或者已提前达到拐点的省（自治区、直辖市），必须优化其产业和能源消费结构，开发新能源，降低碳排放强度。水消费已经实现倒"U"形库兹涅茨曲线，应继续发挥农业水利设施的作用，推广节水灌溉技术，如精准灌溉、微喷灌、滴灌、涌泉根灌等新型灌溉技术，减少取水和用水过程中的能源消费，进而解决碳排放所造成的环境问题，同时调整农业结构、作物结构，改进作物布局，合理用水，以提高用水效率，使用水模式朝着更加节约的方向发展。

碳排放和水消费具有较强的时空效应，各地区对过去碳排放和水消费模式具有一定的依赖性，节能减排任务任重而道远，在制定低碳、节水政策时要做到短期性和长期性、普适性和特殊性相结合，既要制定覆盖全国所有区域的统一政策，也要各地区在此政策的指引下制定符合地方特色的政策，充分发挥不同地区农业的优势，进而带动全国的整体改进和提高。对于已经通过拐点的地区，应做好示范作用，扩大辐射效应，有条件的地区可以先行试点，探索发展更加低碳、节水的发展道路。对于没有通过拐点的地区，应结合当地情况，学习其他地区的先进经验，引进先进技术，因地制宜，调整能源结构，优化用水模式。同时对于有限的资源，要合理分配、充分利用，尽可能以最小的环境污染创造最大的经济效益。

碳排放与水消费之间存在着正向的相互影响，在农业发展过程中，能源、资源短缺和环境污染两个问题，不是割裂存在的，而是相互影响、相互促进的，为避免在解决一个问题的时候对另一个问题产生负面影响，在农业发展过程中，应统筹兼顾，考虑多方影响，综合治理，充分发挥能源-水-碳的效益机制，发挥农业水利工程在农业中的重要作用，提高用水效率，减少能源消费，减少碳排放，从而达到经济、资源、能源、环境的可持续发展。

2.4　工业分行业碳排放影响因素——生产和消费的视角

2.4.1　引言

随着工业化进程的加快，中国能源消耗和环境污染问题日益严重。据《BP世界能源统计年鉴（2017）》，2016年，我国一次能源消耗量和碳排放量分别占世界的23%和27%，是世界能源消耗量和碳排放量最大的国家。当前，我国正在对能源消费结构、产业结构进行积极调整，但碳减排的压力依然很大，是工业部门尤其是减排工作关注的重点，故而准确把握工业发展与碳排放的关系已成为制定经济政策的关键。此外，随着消费水平的不断提高，消费因素对碳排放的影响日益显著。与此相对应，从工业生产和工业消费视角讨论工业化进程中行业碳排放的驱动因素，对制定减排政策有重要意义。在实践上，相当多的欧洲国家已将节能减排的重点放在消费领域。

已有研究多从经济和能源角度分解碳排放驱动因素，得出经济发展增加了碳排放量，调整能源结构有助于减少碳排放的结论。Alkay和Hewings（2012）基于LMDI模型，依据《国际标准行业分类 ISIC Rev.2.0》分类标准，分析了1995~2001年经济活动、经济结构、能源强度、能源结构及碳排放系数对土耳其制造业碳排放的影响，得出经济活动和能源强度对碳排放影响程度最大，钢铁行业碳排放水平最高的结论。Jeong和Kim（2013）使用LMDI分解1991~2009年韩国制造业碳排放，研究发现，工业活动对碳排放的促进作用最大。Kopidou等（2016）对2000~2007年5个欧洲国家碳排放量的分解表明，降低能源强度和优化能源消费结构能有效减少碳排放。Seck等（2016）研究指出，调整能源结构是降低法国工业碳排放的关键。Mousavi等（2017）考虑了2003~2014年能源消费、碳排放强度和化石燃料燃烧对伊朗碳排放的贡献，研究发现，过量使用化石燃料是增加工业部门碳排放的最主要原因，更多使用天然气等清洁能源可有效减少交通运输等高碳排放行业的碳排放。范丹（2013）基于平均迪氏指数–生产理论分解（logarithmic mean divisia index-production-theoretical decomposition，LMDI-PDA）模型对1995~2010年中国六大部门进行碳排放分解后，认为工业部门是碳排放的首要来源，产业结构、能源绩效、经济和人口的规模促进碳排放，能源强度是碳减排因素，但能源结构和技术进步对碳减排的贡献不明显。蒯鹏等（2018）从规模、强度和结构角度分解了工业行业的碳排放，研究显示，规模因素是驱动碳排放的首要原因，"十二五"时期碳排放总量的下降与工业规模受限密切相关。

此外，有学者认为技术进步可有效减少碳排放。一方面，技术进步可以优化产业结构，实现碳减排；另一方面，技术进步可以促进企业生产绿色产品，从而降低碳排放。Henriques 和 Kander（2010）对 10 个发达国家和 3 个发展中国家的碳排放进行研究，研究表明，减排的重点不是改变经济结构，而是加快工业行业的技术创新。Schymura 等（2014）以 1995~2007 年全球 40 个主要国家为样本的研究得出了技术进步是降低能源强度的最有效方式的结论。吴英姿和闻岳春（2013）依据 1995~2009 年我国工业 IO 数据，测算了工业绿色生产率，他们认为，绿色技术进步可提高绿色生产率，加快工业的低碳发展。乔榛（2014）分析了我国工业行业的碳排放和技术发展情况，他认为，工业技术进步对碳排放的抑制作用有行业异质性，此外，规模经济和市场化等因素对碳减排有积极意义。

归结已有文献，发现在研究视角上，学者们普遍从工业生产视角分解碳排放的驱动因素，对其分解大多集中于经济、能源和技术等生产层面，他们认为，经济增长是高碳排放因素，降低能源强度、加快技术进步有助于减排目标的实现。我们认为，生产和消费同属于国民经济循环的重要环节，工业消费也是影响碳排放量的重要力量。工业消费对碳排放的影响具体体现在两方面：一方面，随着经济增长和收入水平的提高，人们对工业产品的需求随之增加，需求的增加会带动消费，而消费强度的增加很可能增加碳排放；另一方面，随着人们受教育程度的提高和环保意识的增强，人们会倾向选择清洁产品，这有助于降低碳排放。那么，到底消费的作用是如何影响工业碳排放的，这还需要通过实证分析给出结论。当然，这也是本节研究的切入点。本节基于 LMDI，从工业生产和消费两个层面全面考察工业行业碳排放的驱动因素，不但有助于碳排放相关理论框架的完善，而且对于科学制定环境政策也有重要意义。

2.4.2 理论模型与数据来源

1. 碳排放的 LMDI 分解模型

在能源和环境驱动因素的研究中，指数分解法（index decomposition analysis，IDA）应用广泛，LMDI 是 IDA 分解中最常用的方法，也是目前分析碳排放影响因素的重要方法之一，本节依照 LMDI 的基本框架，从工业发展角度分解碳排放的驱动因素。

构造恒等式：

$$C = \sum_{ij} C_{ij} = \sum_{ij} \text{GVA} \times \frac{D_i}{\text{GVA}} \times \frac{I_i}{D_i} \times \frac{E_i}{I_i} \times \frac{E_{ij}}{E_i} \times \frac{C_{ij}}{E_{ij}} \tag{2-21}$$

其中，C 为碳排放总量，单位为万吨；i（i=1,2,…,22）表示工业行业；j（j=1,2,…,8）表示能源种类；GVA 为工业增加值，单位为百万美元；D 为最终消费支出，单位为百万美元；I 为行业增加值，单位为百万美元；E 为能源消费，单位为万吨标准煤。

设 $a=$ GVA，为工业增加值；$m_i = D_i /$ GVA，为消费强度，即某行业最终消费支出与工业增加值的比值；$x_i = I_i / D_i$，为贸易因素，即行业增加值与最终消费支出的比值；$e_i = E_i / I_i$，为能源强度因素，表示 i 行业产生单位增加值的能源消耗；$s_{ij} = E_{ij} / E_i$，为能源结构因素，即 i 行业对某一能源 j 的消耗量在该行业总能源消耗中的比重；$f_{ij} = C_{ij} / E_{ij}$，为碳排放系数。

则式（2-21）可简化为

$$C = \sum_{ij} C_{ij} = \sum_{ij} a \times m_i \times x_i \times e_i \times s_{ij} \times f_{ij} \tag{2-22}$$

LMDI 有加法和乘法两种分解方式，两者可以互相转换，作用效果是等价的。我们使用加法分解方法，加法分解形式由式（2-23）~式（2-30）给出：

$$\Delta C = C_t - C_0 = \Delta C_a + \Delta C_m + \Delta C_x + \Delta C_e + \Delta C_s + \Delta C_f \tag{2-23}$$

$$W_{ij} = \frac{C_{ij}^t - C_{ij}^0}{\ln C_{ij}^t - \ln C_{ij}^0} \tag{2-24}$$

$$\Delta C_a = \sum_{ij} W_{ij} \times \ln \frac{a^t}{a^0} \tag{2-25}$$

$$\Delta C_m = \sum_{ij} W_{ij} \times \ln \frac{m_i^t}{m_i^0} \tag{2-26}$$

$$\Delta C_x = \sum_{ij} W_{ij} \times \ln \frac{x_i^t}{x_i^0} \tag{2-27}$$

$$\Delta C_e = \sum_{ij} W_{ij} \times \ln \frac{e_i^t}{e_i^0} \tag{2-28}$$

$$\Delta C_s = \sum_{ij} W_{ij} \times \ln \frac{s_{ij}^t}{s_{ij}^0} \tag{2-29}$$

$$\Delta C_f = \sum_{ij} W_{ij} \times \ln \frac{f_{ij}^t}{f_{ij}^0} \tag{2-30}$$

其中，ΔC 为碳排放的总效应，ΔC_a、ΔC_m、ΔC_x、ΔC_e、ΔC_s 和 ΔC_f 分别为经济因素、消费强度、贸易因素、能源强度、能源结构及碳排放系数对碳排放的贡献。

2. 数据来源与行业分类

1）数据来源

行业增加值和最终消费支出数据来源于 2016 年的世界投入产出数据库（world input-output tables and underlying data，WIOD），能源消费数据来源于历年的《中国能源统计年鉴》。由于《中国统计年鉴》的行业划分以最新发布的《国民经济行业分类》为标准，而 WIOD 的行业分类以《国际标准行业分类 ISIC Rev.4.0》为标准，两种行业划分不完全一致，为与最终消费支出匹配，故工业增加值数据来源于以 ISIC Rev.4.0 为行业划分标准的世界银行数据库。样本期为 2002~2014 年。

在 ISIC Rev.4.0 标准下，工业包括采掘业，制造业，建筑业，以及电力、水和天然气供应业。工业各行业的 8 种能源（煤炭、焦炭、原油、汽油、煤油、燃料油、柴油、天然气）消费数据来源于历年的《中国能源统计年鉴》。行业碳排放量计算如式（2-31）所示：

$$C_t = \sum_{j=1}^{8} C_j = \sum_{j=1}^{8} E_j \times S_j \times N_j \qquad (2\text{-}31)$$

其中，C_t 为 t 年的碳排放量；E 为能源消费量；j（j=1,2,…,8）表示煤炭等 8 种能源；S 为折标准煤系数，参照《中国能源统计年鉴 2016》附录 4；N 为碳排放系数，参照《2006 年 IPCC 国家温室气体清单指南》。

2）行业分类

虽然《国民经济行业分类》（GB/T 4754—2017）与国际标准行业分类 ISIC Rev.4.0 标准下的工业行业大类的划分不完全一致，但两者没有实质差别。本节以 ISIC Rev.4.0 的行业划分标准为依据，并对部分行业进行合并或删减。WIOD 统计中国行业 IO 时，合并了食品、饮料和烟草制造业（C_{10}~C_{12}）；纺织、服装和皮革制品制造业（C_{13}~C_{15}）；汽车及铁路、船舶、航空航天和其他运输设备制造业（C_{29}~C_{30}）；家具和其他制造业（C_{31}~C_{32}）；废弃资源综合利用业（E_{37}~E_{39}）；删减了运输仓储活动业（C_{34}），本节也对上述行业进行相同合并与删减。此外，由于 2013 年我国将金属制品、机械和设备修理业（C_{33}）列入了统计范畴，而在 WIOD 中，2002~2014 年我国金属制品、机械和设备修理业的增加值和最终消费支出数据均为 0，故删减了 C_{33}。最终的行业划分情况如表2-18所示。

表2-18 工业各行业代码和名称

行业代码	行业名称
B	采掘业
C_{10}~C_{12}	食品、饮料和烟草制造业
C_{13}~C_{15}	纺织、服装和皮革制品制造业

续表

行业代码	行业名称
C_{16}	木材加工和木、竹、藤、棕、草制品业
C_{17}	造纸和纸制品业
C_{18}	印刷和记录媒介复制业
C_{19}	石油、煤炭及其他燃料加工业
C_{20}	化学品和化学产品制造业
C_{21}	医药制造业
C_{22}	橡胶和塑料制品业
C_{23}	非金属矿物制品业
C_{24}	基本金属制造业
C_{25}	金属制品业
C_{26}	计算机、通信和其他电子设备制造业
C_{27}	电气机械和器材制造业
C_{28}	机械和设备制造业
$C_{29}\sim C_{30}$	汽车及铁路、船舶、航空航天和其他运输设备制造业
$C_{31}\sim C_{32}$	家具和其他制造业
D_{35}	电力、煤气、蒸汽和空调供应业
E_{36}	水的生产和供应业
$E_{37}\sim E_{39}$	废弃资源综合利用业
F	建筑业

2.4.3　工业行业碳排放驱动因素的实证分析

1. 有必要综合考虑生产和消费因素

根据式（2-31）即可计算出 2002~2014 年的行业碳排放量，工业行业平均碳排放量如图 2-20 所示，2002 年、2009 年、2013 年和 2014 年的工业行业碳排放量如表 2-19 所示。如图 2-20 所示，基本金属制造业、非金属矿物制品业、化学品和化学产品制造业是碳排放量排名前三的行业，分别为 30 225 万吨、15 671 万吨和 11 812 万吨，三个行业的碳排放之和占工业碳排放的 75.54%。采掘业，食品、饮料和烟草制造业，纺织、服装和皮革制品制造业，造纸和纸制品业，石油、煤炭及其他燃料加工业，机械和设备制造业，电力、煤气、蒸汽和空调供应业，建筑业的平均碳排放量为 1 000 万~5 000 万吨。以上 11 个行业的碳排放量之和占工业碳排放总量的 95.66%，其他行业平均碳排放水平在 1 000 万吨以下。

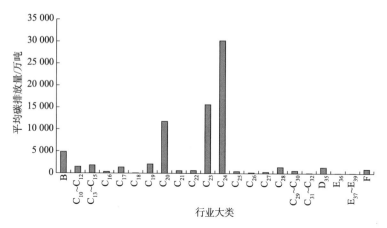

图 2-20   2002~2014 年行业平均碳排放量

表2-19   2002年、2009年、2013年、2014年行业碳排放量　　　单位：万吨

行业大类	2002 年	2009 年	2013 年	2014 年
B	3 389.07	5 867.74	6 214.78	4 626.90
C_{10}~C_{12}	1 048.87	1 801.85	1 307.48	1 147.12
C_{13}~C_{15}	1 254.02	1 973.89	1 532.41	1 111.46
C_{16}	173.69	417.06	334.36	276.22
C_{17}	1 017.14	1 775.16	1 114.20	835.78
C_{18}	58.97	66.14	58.14	65.80
C_{19}	1 048.55	2 624.54	2 240.69	2 476.69
C_{20}	6 174.99	12 897.22	13 436.90	15 537.73
C_{21}	369.16	620.43	710.12	659.11
C_{22}	374.31	734.11	562.28	467.88
C_{23}	7 312.93	16 868.87	18 260.78	17 137.98
C_{24}	11 641.33	34 639.09	43 343.02	40 933.20
C_{25}	370.37	520.19	560.18	418.17
C_{26}	150.13	213.07	126.40	107.73
C_{27}	178.97	358.60	289.41	205.10
C_{28}	816.30	1 722.21	1 279.04	1 133.81
C_{29}~C_{30}	523.04	702.44	650.89	505.25
C_{31}~C_{32}	40.02	66.00	53.13	44.14

行业大类	2002 年	2009 年	2013 年	2014 年
D_{35}	2 002.56	1 392.59	1 128.88	559.39
E_{36}	22.48	18.95	16.30	13.40
$E_{37}\sim E_{39}$	0	35.48	62.73	43.05
F	652.54	950.28	1 254.08	1 350.82

2002~2008 年，绝大多数工业行业的碳排放呈现增长趋势。特别是平均碳排放量前三的行业，碳排放量增长幅度较大。基本金属制造业的碳排放增幅最大，从 11 641.33 万吨增加到 34 639.09 万吨，增长了 197.55%；非金属矿物制品业从 7 312.93 万吨增加到 16 868.87 万吨，增长了 130.67%；化学品和化学产品制造业从 6 174.99 万吨增加到 12 897.22 万吨，增长了 108.86%。其他高排放行业也呈增长趋势：采掘业增加了 73.14%；食品、饮料和烟草制造业增加了 71.79%；纺织、服装和皮革制品制造业增加了 57.4%；造纸和纸制品业增加了 74.52%；石油、煤炭及其他燃料加工业增加了 150.3%；机械和设备制造业增加了 110.98%；建筑业增加了 45.63%。只有电力、煤气、蒸汽和空调供应业及水的生产和供应业出现小幅下降。

2009~2012 年，平均碳排放量前三的行业呈小幅增长趋势，基本金属制造业依然是增幅最大行业，增长了 25.13%；非金属矿物制品业增长了 8.25%；化学品和化学产品制造业增加了 4.18%。与 2009 年相比，2013 年大部分行业碳排放有所下降，食品、饮料和烟草制造业下降了 27.44%；纺织、服装和皮革制品制造业下降了 22.37%；造纸和纸制品业下降了 37.23%；石油、煤炭及其他燃料加工业下降了 14.63%；机械和设备制造业下降了 25.73%；电力、煤气、蒸汽和空调供应业下降了 18.94%。

2013~2014 年，除印刷和记录媒介复制业，石油、煤炭及其他燃料加工业，化学品和化学产品制造业和建筑业外，其余行业的碳排放都呈现出不同程度的下降趋势，基本金属制品业下降幅度最小，为 5.56%；电力、煤气、蒸汽和空调供应业降幅最大，为 50.45%。

2002~2014 年，工业行业平均增加值如图 2-21 所示。首先，建筑业的平均增加值最高，为 318 650 百万美元；其次是采掘业，为 265 005 百万美元。食品、饮料和烟草制造业，纺织、服装和皮革制品制造业，化学品和化学产品制造业，基本金属制造业，计算机、通信和其他电子设备制造业，机械和设备制造业，汽车及铁路、船舶、航空航天和其他运输设备制造业，电力、煤气、蒸汽和空调供应业均在 100 000 百万美元以上。其余 12 个行业平均增加值较低，在 100 000 百万美元以下。

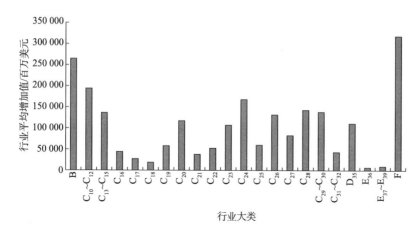

图 2-21　2002~2014 年工业行业平均增加值

2002~2014 年工业行业平均最终消费支出如图 2-22 所示。其中，食品、饮料和烟草制造业的最终消费支出接近 300 000 百万美元，显著高于其他行业。还有 8 个行业的最终消费支出水平较高，平均最终消费支出在 10 000 百万美元以上，分别是纺织、服装和皮革制品制造业，为 89 733 百万美元；汽车及铁路、船舶、航空航天和其他运输设备制造业，为 48 293 百万美元；计算机、通信和其他电子设备制造业，为 20 580 百万美元；电气机械和器材制造业，为 26 575 百万美元；电力、煤气、蒸汽和空调供应业，为 30 594 百万美元；石油、煤炭及其他燃料加工业，为 11 554 百万美元；化学品和化学产品制造业，为 10 496 百万美元；医药制造业，为 15 260 百万美元。

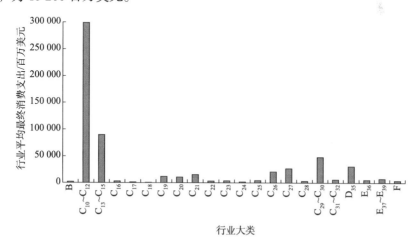

图 2-22　2002~2014 年工业行业平均最终消费支出

比较各行业平均碳排放量、增加值和最终消费支出状况及变动趋势可以发现，对多数行业而言，三者并不完全一致。例如，非金属矿物制品业、造纸和纸制品业碳排放量大，但增加值和最终消费支出较小，可见它们的碳排放量还与其他因素（如能源强度和能源消费等）紧密相关。计算机、通信和其他电子设备制造业碳排放量比重很小，却对工业增加值有很大贡献。食品、饮料和烟草制造业，纺织、服装和皮革制品制造业，化学品和化学产品制造业，电力、煤气、蒸汽和空调供应业，在碳排放量、增加值和最终消费支出上都有较大比例。碳排放量、增加值和最终消费支出的变动关系告诉我们，仅从生产视角考察工业行业碳排放驱动因素是不完整的，因此，结合消费层面进行综合分析很有必要。

2. 碳排放的分解结果

我们从总量分解和行业分解两方面讨论各驱动因素对碳排放的影响。由式（2-23）~式（2-30）可知，要得到各驱动因素的贡献程度，需给出碳排放量和相关驱动因素在各报告期和基期下的值，即需要确定 t 值。本节参考相关文献并依据中国工业发展的特点，将中国工业发展阶段划分为 2002~2008 年、2009~2012 年和 2013~2014 年三个阶段。2002 年以前为工业化发展初期，在该时期，轻工业发展迅速，相比于重工业，轻工业对环境的污染程度轻，工业行业整体对环境的污染程度较轻。2002~2008 年为工业化中期的前半阶段，在该时期，重工业高速发展，工业和能源消费与环境联系紧密；2009~2012 年为工业化中期的后半阶段；2013 年开始，中国步入工业化后期。此外，由于碳排放系数 f_j 为常数，ΔC_f 恒为零，故排除了 ΔC_f，只考虑经济因素 ΔC_a、消费强度 ΔC_m、贸易因素 ΔC_x、能源强度 ΔC_e 和能源结构 ΔC_s 对工业行业碳排放的影响。

1）工业碳排放总量的分解

LMDI 分解结果如图 2-23~图 2-25 所示，这里用百分比表示各驱动因素对碳排放的贡献，如 $\%\Delta C_a$ 为 ΔC_a 在 ΔC 中所占的比重，表示该因素对碳排放的贡献率。

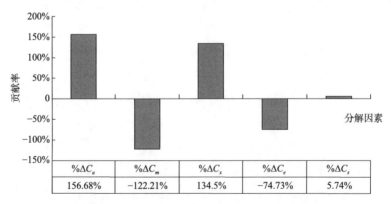

图 2-23　2002~2008 年各因素对碳排放的贡献率

　　2002~2008 年，各驱动因素对碳排放总贡献率如图 2-23 所示，经济活动是此阶段的高排放因素，对碳排放的促进作用最大，贡献率为 156.68%；贸易因素也促进碳排放量增加，贡献率为 134.5%。在工业化中期前半阶段，消费强度和能源强度起到抑制碳排放作用；在此阶段，能源结构对碳排放量的整体作用程度较小，贡献率仅为 5.74%。2002~2008 年是中国工业化中期的前半阶段，工业增加值在经济中的比重不断上升，工业重心向重工业转移，重工业产值从 2002 年的 67 421 亿元增长到 2009 年的 386 813 亿元，重工业发展促进了碳排放增长，加剧了环境污染[①]。

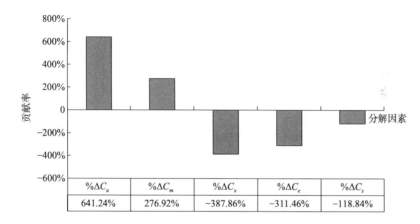

%ΔC_a	%ΔC_m	%ΔC_x	%ΔC_e	%ΔC_s
641.24%	276.92%	−387.86%	−311.46%	−118.84%

图 2-24　2009~2012 年各因素对碳排放的贡献率

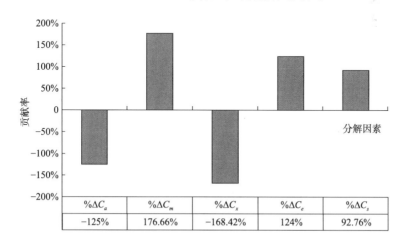

%ΔC_a	%ΔC_m	%ΔC_x	%ΔC_e	%ΔC_s
−125%	176.66%	−168.42%	124%	92.76%

图 2-25　2013~2014 年各因素对碳排放的贡献

---

① 轻工业和重工业的增加值及比重数据来自《中国工业经济统计年鉴（2010）》。

2009~2012 年，各驱动因素对碳排放的总贡献率如图 2-24 所示，在工业化发展中期的后半阶段，碳排放整体增速放缓。2009~2012 年，碳排放量总体增长了9.58%。在此阶段，经济活动仍为高排放因素，贡献率为641.24%；贸易因素是此阶段的高减排因素，抑制碳排放增加，贡献率为-387.86%。消费强度和贸易因素的作用方向发生了转变，消费强度促进碳排放量增加，贸易因素抑制碳排放增加。能源结构仍是对碳排放作用最小的因素，贡献率为-118.84%。

2013~2014 年，各驱动因素对碳排放的总贡献如图 2-25 所示。在这一阶段，由于我国积极调整经济结构，加快产业转型升级，工业碳排放下降了5.16%。其中，经济活动抑制了碳排放增加，贡献率为-125%，贸易因素是高减排因素，对碳排放贡献率为-168.42%。消费强度、能源强度和能源结构都促进了碳排放增加。

2）行业碳排放的分解

为探究不同驱动因素对工业行业碳排放的作用方向和程度，我们分别讨论生产层面的驱动因素，如经济活动 ΔC_a、能源强度 ΔC_e、能源结构 ΔC_s，以及消费层面的驱动因素，如消费强度 ΔC_m、贸易因素 ΔC_x，对工业行业碳排放的作用效果。在工业化发展的不同阶段，经济活动、能源强度和能源结构对行业碳排放的贡献如表 2-20 所示。

表2-20 行业碳排放在生产层面的分解结果

行业	2002~2008 年			2009~2012 年			2013~2014 年		
	% ΔC_a	% ΔC_e	% ΔC_s	% ΔC_a	% ΔC_e	% ΔC_s	% ΔC_a	% ΔC_e	% ΔC_s
B	229%	-153%	30%	1 024%	-902%	-226%	-22%	106%	36%
C_{10}~C_{12}	234%	-137%	9%	-182%	253%	77%	-50%	87%	55%
C_{13}~C_{15}	279%	-111%	-41%	-232%	162%	134%	-20%	29%	88%
C_{16}	144%	-23%	-33%	-264%	192%	149%	-34%	82%	46%
C_{17}	228%	-75%	5%	-126%	102%	72%	-23%	33%	86%
C_{18}	1 077%	-46%	-341%	-451%	259%	215%	53%	-13%	67%
C_{19}	134%	-102%	35%	-370%	307%	135%	66%	35%	7%
C_{20}	172%	-83%	15%	1 433%	-679%	-532%	45%	34%	26%
C_{21}	245%	-99%	8%	435%	-422%	-64%	-89%	42%	132%
C_{22}	188%	-16%	-20%	-219%	132%	174%	-36%	22%	108%
C_{23}	151%	-103%	4%	741%	-460%	-144%	-104%	172%	16%
C_{24}	116%	-37%	10%	262%	-71%	3%	-116%	104%	94%

续表

行业	2002~2008 年			2009~2012 年			2013~2014 年		
	% ΔC_a	% ΔC_e	% ΔC_s	% ΔC_a	% ΔC_e	% ΔC_s	% ΔC_a	% ΔC_e	% ΔC_s
C_{25}	369%	−198%	−96%	789%	−248%	−403%	−22%	24%	95%
C_{26}	359%	−57%	−168%	−108%	110%	141%	−41%	−36%	171%
C_{27}	182%	−61%	−29%	−273%	216%	209%	−19%	18%	97%
C_{28}	170%	−83%	2%	−195%	99%	126%	−54%	64%	82%
C_{29}~C_{30}	415%	−341%	−58%	−769%	572%	487%	−26%	25%	96%
C_{31}~C_{32}	247%	−12%	−50%	−270%	113%	139%	−35%	−198%	328%
D_{35}	−348%	184%	180%	−280%	139%	209%	−9%	14%	103%
E_{36}	−721%	222%	338%	−384%	156%	282%	−33%	11%	152%
E_{37}~E_{39}	135%	−14%	−22%	101%	31%	−13%	−15%	2%	127%
F	335%	−94%	−185%	212%	−94%	−43%	89%	−10%	−24%

如表 2-20 所示，2002~2008 年，经济活动对绝大多数行业碳排放起促进作用。在工业化中期前半阶段，工业增加值迅速增长，除个别行业（D_{35}、E_{36}）外，经济活动对碳排放的贡献率均为正值，尤其对 B、C_{10}~C_{12}、C_{13}~C_{15}、C_{17}、F 等高排放行业都有较高贡献度。2009~2012 年，经济活动整体上仍起促进碳排放作用，但对各行业的作用方向不同。对于行业 C_{20} 和 B，经济活动对碳排放起到较大促进作用，贡献率分别为 1 433%和 1 024%，经济活动也促进 C_{23}、C_{24} 和 F 等行业碳排放增加。C_{10}~C_{12}、C_{13}~C_{15}、C_{19}、C_{17} 等行业的经济活动贡献率为负，起到明显的抑制作用。2013~2014 年，经济对大部分行业碳排放的贡献率为负值，抑制碳排放增长。其对高排放行业 C_{23} 和 C_{24} 的抑制程度最强，贡献率分别为−104%和−116%，此时经济活动不再是高排放因素。

能源强度在不同时间段对行业碳排放贡献方向不同。2002~2008 年，能源强度是高减排因素，对除 D_{35} 和 E_{36} 外的行业碳排放起到抑制作用。2009~2012 年，整体上，能源强度仍是工业部门的减排因素，但对不同行业的作用方向存在差异。对于行业 B、C_{20}、C_{23}，能源强度的贡献率分别为−902%、−679%、−460%，对其碳排放的抑制效果显著；但对 C_{10}~C_{12}、C_{13}~C_{15} 和 C_{19} 等行业，能源强度起到不同程度的作用。2013~2014 年，能源强度普遍促进行业碳排放，对高排放行业 B、C_{23}、C_{24} 的贡献率分别为 106%、172%、104%。

无论是在工业化发展中期的两个不同阶段还是在工业化发展后期，化石燃料，尤其是煤炭，在工业能源消费中被应用得最多，工业整体能耗结构也一直都没有明显变化。与经济活动和能源强度这两个生产层面的驱动因素相比，能源结构对工业行业碳排放的贡献程度最小。

消费强度和贸易因素在不同阶段对工业行业碳排放的贡献程度如表 2-21 所示。

表2-21　工业行业碳排放在消费层面的分解结果

行业	2002~2008 年		2009~2012 年		2013~2014 年	
	% ΔC_m	% ΔC_x	% ΔC_m	% ΔC_x	% ΔC_m	% ΔC_x
B	−480%	472%	1 170%	−965%	−8%	−12%
C_{10}~C_{12}	−19%	12%	−56%	7%	21%	−14%
C_{13}~C_{15}	−87%	60%	10%	24%	8%	−4%
C_{16}	−80%	91%	−54%	76%	28%	−23%
C_{17}	−297%	238%	−20%	71%	38%	−34%
C_{18}	−794%	204%	−288%	363%	−55%	47%
C_{19}	62%	−30%	−501%	528%	8%	−18%
C_{20}	−61%	57%	904%	−1 026%	−30%	23%
C_{21}	−167%	111%	301%	−149%	156%	−143%
C_{22}	−203%	152%	204%	−191%	34%	−29%
C_{23}	−239%	286%	166%	−202%	105%	−90%
C_{24}	−60%	71%	111%	−206%	232%	−215%
C_{25}	−316%	342%	−67%	30%	25%	−22%
C_{26}	−258%	224%	−125%	81%	57%	−51%
C_{27}	−52%	60%	−99%	47%	20%	−17%
C_{28}	2%	8%	1%	68%	58%	−50%
C_{29}~C_{30}	239%	−155%	−490%	300%	26%	−22%
C_{31}~C_{32}	−277%	182%	117%	0	48%	−42%
D_{35}	256%	−171%	−79%	110%	−1%	−6%
E_{36}	−73%	190%	−108%	154%	−13%	−17%
E_{37}~E_{39}	−22%	121%	39%	−64%	14%	−28%
F	41%	0%	−309%	335%	−879%	925%

如表 2-21 所示，总的来说，对大多数工业行业，消费强度和贸易因素对碳排放的贡献方向相反。消费强度在不同时段对行业碳排放的贡献方向不同。2002~2008 年，除行业 B 外，其余行业的最终消费支出都呈增长趋势，在工业化中期前半阶段，工业增加值的增长速度远高于行业消费支出，因此，绝大多数行业的消费强度下降，消费强度对碳排放贡献率为负，有助于减少碳排放。虽然，2002~2008 年 B 的最终消费支出逐年减少，但工业增加值逐年增加，因此 B 的消费强度降低，减少了碳排放。2002~2008 年，在所有行业中，B 的消费强度对碳排放的负贡献率最大，为−480%。2009~2012 年，工业各行业最终消费支出持续增加，

消费强度对各行业碳排放贡献率不同。对于行业 B，消费强度对其碳排放的促进作用最大，为 1 170%。对于行业 C_{19}，消费强度贡献率为−501%，对其碳排放抑制效果最强。对于行业 C_{17}、C_{28}，最终消费支出在行业增加值中占比较小，对其碳排放的贡献不明显。2013~2014 年，工业增加值增长速度放缓，普遍小于行业最终消费支出增长速度，行业消费强度增加，对碳排放贡献率多为正向，促进了碳排放增长。

贸易因素对行业碳排放的贡献率整体与消费强度的贡献率方向相反、数值相近。这是由于行业增加值与工业增加值有相似的波动趋势。在工业化中期前半阶段，贸易强度对大部分行业的碳排放起促进作用，在工业化中期后半阶段和工业化后期则起抑制作用。

2.4.4　结论与启示

依据工业化所处阶段，本节从生产层面和消费层面讨论了经济总量、消费强度、贸易因素、能源强度、能源结构对工业行业碳排放的影响，主要结论如下。

第一，不同工业行业的碳排放水平有显著差异，对环境的影响不同。采掘业，化学品和化学产品制造业，非金属矿物制品业，基本金属制造业，食品、饮料和烟草制造业，纺织、服装和皮革制品制造业，造纸和纸制品业的碳排放量远高于其他行业。印刷和记录媒介复制业，计算机、通信和其他电子设备制造业，家具和其他制造业，水的生产和供应业，废弃资源综合利用业的碳排放量在碳排放总量中所占比例很少。

第二，某一行业的增加值、最终消费支出和碳排放不一定处于同样水平。造纸和纸制品业、非金属矿物制品业的碳排放量大，但增加值和最终消费支出较小；计算机、通信和其他电子设备制造业碳排放量所占的比重很小，却对工业增加值有很大贡献。

第三，在工业化的不同阶段，各驱动因素对行业碳排放的影响不同。在工业化中期，对于大多数工业行业，尤其非金属矿物制品业、基本金属制造业、化学品和化学产品制造业等高排放行业，经济因素是高排放因素，能源强度是高减排因素。经济在发展的同时增加了碳排放，提高能源使用效率才是行之有效的减排方式。在工业化后期，经济因素不再是碳排放的主要驱动要素，且对大多数行业而言，消费强度促进碳排放，贸易因素抑制碳排放。

基于以上结论，我们认为，工业发展与碳排放关系紧密，不同行业的碳排放水平差异显著，各驱动因素在工业化不同阶段对碳排放的影响不同。实践中，要采取灵活的环境政策来平衡工业发展与碳排放的关系。

　　调整行业结构，控制中、高排放行业在工业行业中的比例，去除过剩产能，有助于减少碳排放。随着工业化步伐加快，部分中、高排放行业在迅速发展的同时，也出现产能过剩等问题。目前，各级政府已采取相应措施应对部分工业行业产能过剩问题，如山西、山东、重庆、江苏、甘肃、贵州等地针对煤炭、钢铁等相关行业制定了去产能目标；青海对污染严重的"僵尸企业"进行分类处置；广东鼓励产能过剩的企业走出去。总的来说，要通过建立退出机制等措施，严格控制高碳排放行业的整体规模。

　　提高工业部门的能源使用效率，尤其是进一步提高制造业行业的能源使用效率，可有效减少碳排放。从政策制约和经济补贴两方面共同入手，鼓励企业自主创新，一方面设置最高能源消耗量的上限，另一方面给予能源消耗量降幅较大的企业优惠补贴。鼓励企业引入先进的设备和技术，不断缩减传统的冶炼制造等高能耗、低效率产业的生产规模，且对先进的生产方式进行技术推广，提高工业企业的资源利用效率和能源使用效率，使有限的资源发挥更大的价值，这对减少环境污染有重要意义。

　　优化能源使用结构。工业发展伴随大量能源消耗，特别是煤炭的消耗。在煤炭、石油、水、天然气、核电和新能源六大能源中，煤炭储量最丰富，这就决定了我国以煤炭为主的消费格局，而煤炭燃烧易造成烟煤型污染，产生污染排放。要想改善我国单一的能源消费结构，就要把握能源多元发展的结构布局，用天然气、太阳能、生物能等清洁能源替代部分煤炭、石油，从根本上改善传统工业部门投入高、效益低的粗放的经济发展特征。

　　当然，在研究工业发展与碳排放关系中，亦可以某省（自治区、直辖市）或地区为研究对象，或在本节变量选择的基础上引入生产或消费层面的其他经济变量，更全面地探究不同变量对环境的作用效果及影响程度，制定更加符合该地区实际的经济政策。此外，政府在制定节能减排政策时，需结合该国或该地区的自身环境，综合考虑多种可能影响碳排放的变量，这样才能制定出准确高效的能源政策。

第3章 制度因素与碳排放

3.1 信息披露效应、碳排放与企业价值

3.1.1 引言

气候变化是全球性挑战，更是具有基础性和持久性的时代议题。联合国波恩气候变化会议发布的数据显示，2017 年，全球化石燃料与工业排放的二氧化碳较 2016 年提高 200%，达 370 亿吨，打破了 2014~2016 年的零增长局面。预计到 21 世纪末，全球平均气温较工业革命前提高约 4℃。严峻的环境现实要求强化全社会特别是企业的碳排放披露制度，使其向公众公开碳排放信息。碳排放披露制度的实施，虽不能起到直接减排的目的，但可促使企业层面的废气排放信息实现社会透明化，促使企业认识自身的排放状况，强化对企业减排行为的监督。早在 1998 年，日本就颁布了企业强制性温室气体报告制度。

在中国，企业碳信息披露参与度不够，多数企业处于观望状态。以国有汽车产业为例，2010 年，发布与碳信息披露相关的企业社会责任年报的企业仅 9 家，不足总量的一半。即使在最好的情况下，参与碳信息披露的企业也仅有 13 家，占企业总数的 56.52%。多数企业对碳信息披露的认知还处于不成熟的经济负担阶段。一方面，企业担忧碳排放问题所带来的经营风险、政策风险及其他相关风险；另一方面，企业的关注点集中于盈利。企业经营者普遍认为，企业当期承担的社会责任越多，企业绩效会越差，进而影响企业价值。那么，事实的确如此吗？尤其从长期看，碳信息披露是否影响企业价值、降低企业盈利呢？本节以我国自主整车制造企业为例，立足于企业盈利目标，量化分析企业碳信息披露的经济效益。本节研究有助于我国企业对于碳信息披露行为从经济负担到战略决策的观念转变及行动上的积极参与，从企业战略与管理、温室气体排放核算、外部核查及透明度等方面向全球领先企业看齐。

《BP 世界能源统计年鉴》显示，2014 年，中国碳排放量约占全球总碳排放量的 27.5%，超过了欧美各国总和。其中汽车行业碳排放量所占比例较大，发达国家汽车行业的碳排放量约占该国碳排放总量的 25%，尽管缺乏官方数据，但对比我国汽车行业所处发展阶段，按照汽车保有量增长速度及汽车碳排放标准估计，我国汽车行业碳排放比例应为 8%~10%，且汽车产销量和保有量仍处于较强增长势头。故本书以我国国有汽车产业碳排放及信息披露问题作为研究样本进行研究有现实意义。

3.1.2　文献回顾

Margolis 和 Walsh（2001）对 1972 年以来的 109 篇以企业碳管理信息披露为自变量预测财务绩效的实证研究文献进行分析，结果发现，支持正相关的占 49.54%、不相关的占 25.69%。Clarkson（1995）以美国五个重污染企业的碳信息披露水平作为企业环境信息披露水平的代理变量研究了公司环境表现和环境信息披露水平之间的关系。该研究发现，披露环境信息越多的企业，环境表现越好，环境表现越好的企业获得的经济效益越高。Dhaliwal 等（2011）基于企业参与碳信息披露项目调查数据得出，积极参与碳信息披露项目问卷调查并公开披露问卷结果的企业与较低权益资本成本呈正相关的结论。Guidry 和 Patten（2010）发现，当高质量可持续的报告发布时，股市会出现相应的积极反应。在其他条件不变情况下，较低的权益资本成本多与较高的权益资本价值同时出现。Nishitani 和 Kokubu（2012）以日本制造业企业为样本，检验企业温室气体减排和信息披露对公司价值的影响。该研究发现，如果企业投资者及其他利益相关者将企业碳信息披露和温室气体排放管理看作企业的无形资产，那么碳信息披露将有利于企业价值的增加。Henriette 和 Haukvik（2012）以 2007~2011 年参与碳信息披露项目的北欧上市企业为样本，以企业披露的碳信息报告衡量其环境信息披露水平，从会计学和市场学视角分析信息披露对公司价值的影响。该研究发现，环境信息披露水平和公司价值正相关，企业不断累积的信息披露行为将为其带来超额收益，环境信息披露对利益相关者来说是有价值的。Saka 和 Oshika（2014）利用日本企业强制性备案的碳排放数据进行企业市场价值与碳排放量关系研究。结果表明，两者之间存在显著负相关关系，而碳信息披露与企业市值之间为正相关关系。也就是说，碳排放负担较大对于企业估值来讲不是一个利好信息，但若企业积极进行碳信息披露，则可以显著降低碳排放量大给企业估值带来的不确定性。

当然，也有学者给出了相反的结论。Scheuer（2009）研究发现，企业碳减排会减少其资产收益率，碳减排增加会使其资产回报率降低的程度增强，不利于企业价值形成。Isabel 和 José（2011）以标准普尔 500 上市企业为样本，分析企业温室气体减排与企业财务表现之间的关系。结果表明，企业温室气体减排与企业财务呈负相关关系，企业温室气体减排并不能给企业带来财务利润。Lee 等（2015）运用事件研究方法研究了温室气体排放信息披露及碳沟通产生的市场反应。结果证明，市场反应与企业碳信息披露负相关，投资者将企业披露的碳信息视为坏消息。Ascui 和 Lovell（2011）研究发现，企业积极披露碳排放信息的行为无法给企业带来良好的经济后果，还可能产生一定的成本。

我国企业碳信息披露起步较晚，对碳信息披露的相关研究相对滞后，大部分研究以国际碳信息披露项目为样本。已有的代表性文献如下：王建明（2008）以石化行业上市公司为样本，将环境信息披露情况定义为虚拟变量，探究环境信息披露情况对企业股票报酬率的影响，结果显示，多数情况下，环境信息披露与累计报酬率之间存在增值效应。温素彬和黄浩岚（2009）研究发现，在将企业环境信息披露作为社会责任的重要组成部分的情况下，企业当期承担的社会责任越多，企业绩效越差，但从长期看，承担社会责任并不会降低企业价值，一定程度上还会降低企业的权益资本成本。谭德明和邹树梁（2010）借鉴国际碳信息披露项目经验，构建了适合我国国情的碳信息披露框架。贺建刚（2011）认为，企业披露碳信息的透明度和主动性处于不断提升过程，这将有利于降低信息披露的不确定性。孙玮（2013）以 2011 年我国深圳证券交易所主板上市的公司作为样本，研究碳信息披露对企业财务绩效的影响，该研究发现，披露碳信息的公司与未披露碳信息的公司部分财务指标差异显著，公司营利能力、发展能力和碳信息披露质量呈正相关关系。崔秀梅等（2016）以 2012 年上证社会责任指数成分股为样本，检验了社会压力、碳信息披露透明度和权益资本的关系，该研究结果表明，社会压力与企业碳信息披露水平正相关，碳信息披露水平与权益资本成本负相关。马忠民和王雪娇（2017）以 2012~2015 年 A 股上市公司为样本，在区分民营上市公司和国有上市公司的基础上进行研究，发现上市公司碳信息披露与资本成本呈负相关关系，且这种关系主要存在于民营上市公司，会计稳健性与资本成本呈显著负相关关系，碳信息披露与会计稳健性对资本成本的影响为替代关系。

3.1.3 假设设定

总结现有对碳信息披露与企业市场价值之间关系的研究发现，两者关系在结论上仍未达成一致，正相关、负相关及非线性相关均得到了一定的经验证据的支持。

第一种观点认为，企业碳信息披露与企业市值之间呈正相关关系。该观点认为，企业积极参与碳信息披露可提升企业市值，且此关系不因披露水平的变化而发生重大改变。第二种观点认为，企业碳信息披露与企业市值之间呈负相关关系。该观点认为，企业积极参与碳信息披露、承担相应社会责任，并不能获得市值上的回报。逃脱社会责任的企业因不用承担直接成本，而能够比承担较多社会责任的企业获得更多竞争优势。第三种观点认为，企业碳信息披露与企业市值之间的关系形态呈倒"U"形。该观点认为，企业积极参与碳信息披露能够在其市值上获得积极的回报，但这种正效应超过一定范围后，会逐渐减弱，直至两者之间的关系变为负相关。第四种观点认为，企业碳信息披露与企业市值之间的关系形态呈"U"形。该观点认为，在企业碳管理信息披露处于较差和较好的极端情况下，企业市值表现最好。

综上，当企业所处政策环境对于碳信息披露监管成熟，对碳信息披露由强制性披露阶段过渡到披露责任意识成熟且披露程度自主选择性空间较大的后期阶段时，选择"U"形与倒"U"形观点分析企业碳信息披露与市场价值之间的关系较为适宜。而我国应对气候变化的工作刚刚开始，汽车行业的碳排放监管还处于规章初建阶段，碳信息披露意识滞后，因此，这两类关系并不适合当下的中国汽车产业。另外，约有53%的全球受访者在购买产品或服务时，对积极进行企业社会责任披露、具有良好环境保护声誉的品牌表现出了选择偏好，其中中国更以67%的偏好比例居于榜首。可见企业在社会责任方面的表现已成为中国消费者和投资者行为决策时加以考虑的因素之一，企业积极主动参与碳管理信息披露能够通过影响声誉、品牌、道德资本等无形资产提高消费者对企业的品牌评价、选择、推荐及重复购买意愿，故负相关观点也过于滞后。基于此，我们提出以下假设：

H_{3-1}：企业碳信息披露与企业市值正相关。

由于本节构建的碳信息披露指数是从温室气体治理、碳排放核算、风险和机遇、低碳战略四个维度考虑的，故进一步提出假设：

H_{3-2}：企业温室气体治理水平与企业市值正相关；

H_{3-3}：企业碳排放核算水平与企业市值正相关；

H_{3-4}：企业对碳信息披露带来的风险和机遇的把握与企业市值正相关；

H_{3-5}：企业对低碳战略的安排与企业市值正相关。

3.1.4　理论模型与数据来源

1. 理论模型

本节以2008~2016年进行碳信息披露的国有自主汽车整车制造企业为样本，但在此期间并非所有的企业均在企业社会责任报告中进行了信息披露，即样本不是由截面个体独立随机抽取的，而是选择性样本。为解决选择性样本因出现选择性偏差概率大而产生的偏估计的问题，我们采用赫克曼两阶段检验模型进行假设检验。

第一阶段，构建国有自主汽车整车制造企业是否进行碳信息披露的 Probit 方程，估算逆米尔斯比率（inverse mills ratio，IMR）：

$$IMR=\alpha_0+\alpha_1 fs+\alpha_2 i+\alpha_3 lev+\alpha_4 section+\alpha_5 year+\varepsilon \tag{3-1}$$

其中，IMR 为企业是否进行碳信息披露的二元虚拟变量，若企业进行碳信息披露，取值为 1，反之为 0；进一步，我们引入控制变量，即企业规模（fs），用企业总资产取对数表示；企业经营水平（i），以企业当期营业收入表示；财务杠杆（lev），为当期企业总资产与企业负债的比值，代表企业偿债能力；section 表示企业上市板块虚拟变量；year 表示年度虚拟变量。

第二阶段，将第一阶段中求得的 IMR 作为控制变量加入模型。

对于企业碳信息披露与市场价值关系的 H$_{3-1}$，建立回归模型：

$$mv = \beta_0 + \beta_1 cdpi + \beta_2 fs + \beta_3 i + \beta_4 lev + \beta_5 IMR + \mu \tag{3-2}$$

如果 β_1 的估计系数显著为正，则 H$_{3-1}$ 成立。在模型（3-2）中，企业市场价值为被解释变量。企业市场价值指标可分为三类：第一类为定序数据，依据问卷主观感知构造，调查者通过比较目标企业与行业竞争者的核心竞争力参数，如市场份额、规模及利润等，得出企业市场价值等级指标。在对国有自主汽车整车制造企业碳信息披露与企业市场价值关系的研究中，本节只考虑定比数据。第二类为会计财务指标，如资产收益率、净资产收益率等。虽然本节样本均为中国企业，但企业在会计财务数据上仍缺乏核算一致性，故不采用此类指标。第三类为股票市场价值指标，其中使用频率较高的为企业市值、市盈率等。该指标量化程度达标、核算口径一致，故选用样本企业相应年份 12 月 31 日的股票市值作为被解释变量。

为检验 H$_{3-2}$、H$_{3-3}$、H$_{3-4}$ 和 H$_{3-5}$，我们将式（3-2）分别修改成式（3-3）~式（3-6）形式。如式（3-3）~式（3-6）中 β_1 显著为正，则相关假设成立。

$$mv = \beta_0 + \beta_1 ma + \beta_2 fs + \beta_3 i + \beta_4 lev + \beta_5 IMR + \mu \tag{3-3}$$

$$mv = \beta_0 + \beta_1 dc + \beta_2 fs + \beta_3 i + \beta_4 lev + \beta_5 IMR + \mu \tag{3-4}$$

$$mv = \beta_0 + \beta_1 ro + \beta_2 fs + \beta_3 i + \beta_4 lev + \beta_5 IMR + \mu \tag{3-5}$$

$$mv = \beta_0 + \beta_1 st + \beta_2 fs + \beta_3 i + \beta_4 lev + \beta_5 IMR + \mu \tag{3-6}$$

本节所用相关指标的定义如表 3-1 所示。

表3-1 相关指标的定义

变量	变量描述与计算
企业市值（mv）	按相应年份 12 月 31 日市场价格计算出来的该上市公司股票总价值，其计算方法为每股股票的市场价格乘以发行总股数

续表

变量	变量描述与计算
企业经营水平（i）	企业在相应年份从事销售商品、提供劳务和让渡资产使用权等日常经营业务过程中所形成的经济利益的总流入
企业规模（fs）	企业作为一经济实体在相应年份拥有或控制的、能够带来经济利益的全部资产
财务杠杆（lev）	相应年份内企业流动负债和长期负债与企业总资产的比率，用以反映企业总资产中借债筹资的比重，衡量企业负债水平
碳信息披露指数（CDPI）	企业相应年份的碳信息披露水平
温室气体治理（ma）	企业在碳信息披露方面的机构及机制设置
碳排放核算（dc）	核算时间内按全生命周期核算的碳排放量
风险机遇（ro）	企业对于碳排放政策及相应机遇的信息披露
低碳战略（st）	企业对于碳排放战略层面的信息披露

2. 碳信息披露指数

为构建碳信息披露指数来测量企业碳信息披露水平，我们要将指数法与内容分析法相结合。使用这一方法构建的碳信息披露指数，通过确定特定项目各自得分来测量企业碳信息披露水平，过程更客观。碳信息披露指数的构建过程：①按照指数法将信息披露分为气候变化治理、风险机遇分析、气候变化战略、温室气体排放核算能源和燃料使用及交易四大类别；②按照指数法，根据四大类别各自测度重点，设置各类别中用来衡量企业碳信息披露水平的相关题目，但题目设置不区分定性与定量问题；③结合内容分析法，对所有样本企业发布的相应年份社会责任报告进行分析，设定每道题的选项分值，加总即得企业碳信息披露指数，得分范围为0~83分。同时还可获得企业四个类别的各自得分。碳信息披露指数的指标体系及评分标准如表3-2所示。

表3-2　碳信息披露指数的指标体系及评分标准

类别	编号	指标	子编号	评分细则
气候变化治理	1	企业承担气候变化职责的部门	1.1	企业董事委员会对企业气候方面的事宜全面担责得4分，由董事会设立的专门委员会对此担责得3分，由其他执行机构担责得2分，企业声明还未有机构为此负责得1分，未提及得0分（若在对应情况下企业详述了担责部门的具体职责，在此基础上得1分）
	2	审核企业应对气候变化的进展和状态的机制	2.1	企业管理层定期对气候变化相关业务进行评定得1分，反之得0分
	3	实现气候变化目标的个人绩效、激励机制	3.1	企业披露已经建立温室气体排放目标个人绩效管理激励机制得2分，披露还未建立温室气体排放目标个人绩效管理激励机制得1分，未提及得0分
			3.2	企业建立的温室气体排放目标激励机制设定了物质奖励得2分，非物质奖励得1分，其他得0分
			3.3	企业建立的温室气体排放目标激励机制受益面不局限于管理层得2分，局限于管理层得1分，剩余情况得0分

续表

类别	编号	指标	子编号	评分细则
风险机遇分析	4	识别风险/机遇	4.1	企业已经将应对气候变化融入公司的商业战略并对此进行了详细描述得2分，企业将应对气候变化融入公司的商业战略得1分，剩余情况得0分
			4.2	企业有专门识别气候变化相关风险/机遇的特定流程得2分，企业管理气候变化风险和机遇整合到整个公司适用的、识别经营风险和机遇的内部风险管理系统得1分，剩余情况得0分
	5	法规风险/机遇	5.1	企业识别政策变化引起的风险并出台应对措施得4分，识别法规风险并进行详细阐述得3分，暂未考虑法规风险但予以解释得2分，暂未考虑法规风险且并未给予解释得1分，未回复得0分
	6	有形风险/机遇	6.1	企业识别物理变化引起的风险并出台应对措施得4分，识别有形风险并进行详细阐述得3分，暂未考虑有形风险但予以解释得2分，暂未考虑有形风险且并未给予解释得1分，未回复得0分
	7	其他风险/机遇	7.1	企业识别其他集中在声誉、消费者态度及需求的变化、引起人文环境的改变及不断增加的人道主义需求引起的风险并出台应对措施得4分，识别其他风险并进行详细阐述得3分，暂未考虑其他风险但予以解释得2分，暂未考虑其他风险且并未给予解释得1分，未回复得0分
气候变化战略	8	减排目标	8.1	企业在报告年份内设定有效的减排强度目标得4分，设定有效的减排绝对目标得3分，设定有效的减排描述目标得2分，正在设立有效的减排目标并提供预计时间得2分，没有设定目标或未回答但具体说明了相关原因得1分，剩余情况均得0分
	9	减排活动	9.1	企业披露在报告年份内减排行动的相关项目已经完成且披露了量化信息得5分，减排行动的相关项目已经完成但未披露量化信息得4分，企业披露在报告年份内开始实施但并未完成减排行动的相关项目得3分，企业在报告年份内披露即将实施减排行动的相关项目得2分，企业披露在报告年份内，减排行动的相关项目处于调查阶段得1分，其他情况得0分
			9.2	企业对于减排投资以物质方法支持得2分，以非物质方法支持得1分，不采用相关方法鼓励对减排活动的投资得0分
	10	参与政策	10.1	企业披露其产品/服务的使用能够帮助第三方避免温室气体的排放得1分，不可有助于第三方避免温室气体的排放及未披露得0分
温室气体排放核算能源和燃料使用及交易	11	排放核算	11.1	企业披露碳排放量化信息得2分，披露碳排放绝对信息得1分，其他情况得0分
			11.2	企业披露碳排放绝对或相对变化并且详细描述原因得2分，披露碳排放量绝对或者相对变化但没有详细描述原因得1分，未披露得0分
			11.3	企业披露其他温室气体排放量化信息得2分，其他温室气体排放绝对信息得1分，其他情况得0分
			11.4	企业编制温室气体排放清单边界为财务控制权得2分，为运营控制权得1分，未披露得0分
			11.5	企业温室气体排放数据收集和计算标准采用国际标准得3分，采用国内标准得2分，采用其他标准并进行详细说明得1分，不披露等剩余情形得0分
			11.6	企业对于所提供的数据信息全部都进行了第三方审核并提供保证等级得3分，全部内容均进行第三方审核但未提供保证等级得2分，部分内容进行第三方审验得1分，不曾进行第三方审验或未提得0分
	12	排放强度	12.1	企业提供报告年份里范畴1和范畴2的合并排放在财务意义上的排放强度测量指标，且给出指标详述得2分，只披露指标得1分，均不披露得0分
			12.2	企业提供报告年份里范畴1和范畴2的合并排放的相关活动强度测量指标（按单位等效全职员工），且给出指标详述得2分，只披露指标得1分，均不披露得0分

续表

类别	编号	指标	子编号	评分细则
温室气体排放核算能源和燃料使用及交易	13	能源消耗	13.1	企业按燃料种类披露报告年份内的消耗量得1分，反之0分
			13.2	企业提供报告年份内消费的电力、热能、蒸汽、冷却系统方面的消耗量，每披露一个方面得1分，上限4分，反之四个方面均未披露得0分
			13.3	企业披露报告年份内能源方面的花销占全部运营经费的比重或具体能耗得1分，反之0分
	14	碳交易	14.1	企业披露参与过排放交易得3分，即将参与碳排放交易得2分，没有参与过碳排放交易且至此没有相关计划得1分，未披露相关内容得0分

3. 数据来源

样本区间为 2010 年 1 月 1 日至 2016 年 12 月 31 日。在此期间，国有自主汽车整车制造企业有 23 家为上市企业。样本企业相应年份的市值、营业收入数据来自国泰君安；企业总资产、资产负债率及报告年份流通股比例等，通过相应年份的企业年报整理得到；企业上市板块数据通过上海证券交易所及深圳证券交易所网站整理得到。

3.1.5　结果及分析

1. 描述性统计

2010~2016 年我国企业社会责任报告披露状况如图 3-1 所示。

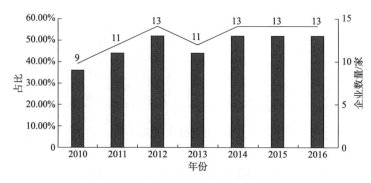

图 3-1　2010~2016 年我国企业社会责任报告披露状况

如图 3-1 所示，发布企业社会责任报告的企业数量稳步上升，稳定在 13 家，比例稳定在 56.52%，比例依旧较低，约半数企业不发布企业社会责任报告。国有自主汽车整车制造企业碳信息披露的覆盖率还有较大空间，碳信息披露意识有待提高。

企业碳信息披露指数及各组成部分描述统计如表 3-3 所示。

表3-3 企业碳信息披露指数及各组成部分描述统计

变量	中位数	标准差	方差	偏度	最小值	最大值
碳信息披露指数	32.703 3	9.996 1	99.922 1	-0.230 5	10	63
温室气体治理	11.022 0	2.333 2	5.444 0	2.242 7	10	20
碳排放核算	8.011 0	4.075 7	16.611 0	0.027 68	0	19
风险机遇	9.197 8	4.008 9	16.071 6	-0.708 7	0	17
低碳战略	4.483 5	2.802 2	7.852 5	0.660 4	0	14

如表 3-3 所示，国有自主汽车整车制造企业中进行碳信息披露的企业的碳信息披露指数总体水平较低，且得分多集中于温室气体治理部分，低碳战略、碳排放核算平均得分较低。总体碳信息披露指数及风险机遇的偏度值为负，呈左偏分布，说明存在企业总体碳信息披露水平和风险机遇表现较差的情况，存在极端值；其他变量的偏度均为正值，呈右偏分布，表现较好。在碳信息披露指数构建问卷中，第一部分为温室气体治理，主要体现企业对于社会责任及自身碳排放的重视程度，多为定性问题；第二部分为风险机遇分析，主要考察企业对碳排放为其带来的相关政策、环境等重大风险的反应及对相应机遇的把握程度，多为定性考量；第三部分为气候变化战略，体现企业对自身低碳战略及相关减排措施的制定及考量，定量与定性考察兼顾；第四部分为温室气体排放核算能源和燃料使用及交易，体现企业以全生命周期为考量顺序，披露各环节碳排放的量化信息，多为定量问题。由此可见，国有自主汽车整车制造企业碳披露中对于定性问题的回答率远高于定量问题，对生产中各个环节具体碳排放量的披露薄弱。

2. 赫克曼两阶段回归

表 3-4 为采用赫克曼两阶段模型估计检验上述五个模型的回归结果，结果表明，国有自主汽车整车制造企业碳信息披露与企业市值正相关。

表3-4 赫克曼第二阶段回归结果

统计量	碳信息披露指数	温室气体治理	碳排放核算	风险和机遇	低碳战略
C	14.142 7***	19.188 9***	14.392 0***	14.903 6***	13.423***
碳信息披露指数	0.084 1***	-0.336 1***	0.333 7***	0.141 5***	0.428 8***
企业规模	0.001 7***	0.000 2***	0.002 0****	0.007 3***	0.001 0***
企业经营水平	-0.001 8***	0.000 8***	-0.002 4***	-0.001 0***	-0.001 0***
财务杠杆	0.102 8***	0.119 5***	0.102 8***	0.111 2***	0.126 4***
样本数	161	161	161	161	161

***表示参数在 1%的水平下显著

从表 3-4 第 1 列结果可知，企业碳信息披露指数与企业市值在 1%的水平下显著正相关，影响系数为 0.084 1，由此可知，对于国有自主汽车整车制造企业来讲，企业碳信息披露水平越高，企业市值越高，即碳信息披露为企业市值的提升提供了利好消息，证明了本节的研究假设 H_{3-1}。

国有自主汽车整车制造企业温室气体治理水平与企业市值负相关。从表 3-4 第 2 列可知，企业温室气体治理披露得分与企业市值在 1%的水平下显著负相关，影响系数为-0.336 1。这说明，企业在温室气体治理方面的碳信息披露对于企业市值的影响与预期相反，呈负相关关系，由此拒绝了原假设 H_{3-2}。分析其原因，这一部分的指标在设置时主要考察企业在过去已完成及正在进行的温室气体治理活动的情况，强调企业对于碳排放管理活动的过去表现，但在数据收集及指标整理阶段发现，企业在社会责任报告中，对于此部分的披露多为形式化，定量披露较少，多为框架的整体描述，细节不足，使报告阅读者极易怀疑其实际落实程度，怀疑其多为形式化流程阐述，企业的责任意识受到质疑，这在一定程度上可以解释两者负相关的实证结果。

国有自主汽车整车制造企业碳排放核算水平与企业市值正相关。从表 3-4 第 3 列结果可知，国有自主汽车整车制造企业碳排放核算与企业市值在 1%的水平下显著正相关，影响系数为 0.333 7，位列第二。这一部分的指标构建多为客观的量化题目，对于企业对碳信息披露的态度及行动水平要求更高更具体，更注重体现对于碳排放，企业实打实做了什么、测了什么，能否将这一量化信息系统、具体、透明地面向大众可查，是否设定合理的经费立项，愿意在碳信息披露上投入切切实实的成本，敢于在大多数同类别企业态度不明朗时明确碳信息披露的战略地位，这对于企业的要求高于其他部分，有利于投资者接收企业的利好信息，但其影响系数为何没有居于榜首？我们认为，这归因于国有自主汽车整车制造企业的碳信息披露现状，联系各部分描述统计结果可知，这一部分的总体得分水平不高，企业对于此部分的表现还有较大提升空间，信息获取困难降低了投资者对于此类信息的关注比重，故其系数略低。

国有自主汽车整车制造企业对于碳信息披露所带来风险和机遇的把握与企业市值正相关。如表 3-4 第 4 列所示，企业对于碳信息披露所带来风险和机遇的把握与企业市值在 1%的显著性水平下正相关，影响系数位列第三，此部分多为定性披露，且大多涉及还未成型的未来规划，故对于企业市值的提升作用不显著。

国有自主汽车整车制造企业对于低碳战略的安排与企业市值正相关。从表 3-4 第 5 列结果可知，企业低碳战略与企业市值在 1%水平下为显著正相关，且其影响系数最大，为 0.428 8，即企业在低碳战略方面信息的披露程度越高，对于企业市值的提升作用越大，对碳排放企业战略层面的信息披露的重视体现了企业的社会责任。对于长期战略投资者而言，此部分信息是极为重要的，战略投资者对于企业市值变化的影响十分关注，因此在这一部分有较好表现对于企业市值的提升更有效。

总而言之，国有自主汽车整车制造企业碳信息披露对于企业市值具有提升作用，且在量化信息披露方面表现较好的企业的利好消息对市值提升更有利，这为企业决策如何更为合理、有效地安排碳信息披露各部分支出比例，从而更高效地提升企业市值提供了更为细致的安排建议。

3.1.6　总结和结论

采用赫克曼两阶段模型，对 2010~2016 年 23 家国有自主汽车整车制造企业的碳信息披露与其市场价值关系进行实证研究，得到主要结论如下。

对于国有自主汽车整车制造企业，企业碳信息披露水平的发展趋势与企业市值的变化走向较为吻合，即企业进行碳信息披露对于企业市值具有提升作用，且企业碳信息披露水平越高，对市值的有利影响越大。企业碳信息披露绩效指数由四部分组成，分别为温室气体治理、碳排放核算、风险和机遇、低碳战略，将这四部分分别与企业市值的变化走向进行匹配。其中，企业低碳战略方面的信息披露水平对于提升企业市值的效用最佳，企业碳排放核算及对于风险和机遇把握方面的披露次之。由此可以给予企业更有针对性的实践指导，更好地发挥碳信息披露对于企业市值的提升作用，最为关键的是把握好碳信息核算方面的披露水平。

根据信号传递理论，碳信息披露对于企业市值的正向影响关系可理解为，企业参与碳管理信息披露会促进消费者对品牌声望、品牌区分性及品牌吸引力的正向评价，即使企业发生负面事件，一贯良好的道德资本会缓解负面影响对企业的冲击力度，使投资者认为企业陷入不利局面更多是管理不善或经验不足导致，并不是管理者蓄意为之，对企业仍存一定信心。当企业拒绝进行碳信息披露时，其向市场传递出来的信号为对社会责任的逃避及对气候变化为企业带来经营风险的不合理评估，导致企业前景受限，影响到企业的市场价值。

从理论方面来看，本节研究证明，对于国有自主汽车整车制造企业，进行碳信息披露的企业市值表现优于不披露的企业，且披露水平越高，对于市值的提升作用越显著。从实践方面来看，本节结论对于企业、投资者及相关政策制定者均有一定借鉴意义。

对于国产自主汽车整车制造企业而言，作为碳排放大户，以碳排放为代表的环境污染问题，已成为汽车企业规划发展战略所需考虑的重要因素之一，积极进行碳信息披露并提升信息披露水平，是企业颇具发展视角的理智之选，而任何碳排放认知上的偏差和碳信息披露上的战略失误，都可能给企业经营带来较大风险与冲击。应正确识别碳排放披露所带来的风险及机遇，关注自身的碳排放发展战略，使碳信息披露成为非财务信息披露的重要组成部分，这对于企业更好地承担社会责任及长远发展具有重要意义。

对于投资者而言，在进行投资决策时增添了一项可以考量的可持续因素，从企业获取的信息类别更加丰富，对于企业的考量更为全面具体并兼具发展视角。

对于政策制定者而言，我国应以在企业碳信息披露立法方面走在最前端的日本为借鉴，敏锐察觉到政策与环境之间相辅相成的依赖关系，高效实现碳排放立法，监管到位，切实肩负起"共同而有区别"的气候变化大国责任。

3.2 碳减排政策与企业技术创新的关系

3.2.1 引言

工业生产是引起环境问题的关键因素，随着经济的快速发展，其所造成的环境污染也越来越严重。多年来，我国政府和学术界一直都关注如何通过制定积极有效的环境政策促进企业向能源节约型、环境友好型发展模式转变，最终实现经济增长与环境质量优化协同发展的目标。

技术创新可以在提高生产效率、节约资源的同时降低污染物排放，是新发展模式的关键驱动因素，也是我国工业行业应对环境问题的根本路径。尽管技术创新的约束是多方面的，但在当前全社会对环境问题日渐关注的形势下，环境政策对企业技术创新的影响不容忽视。Hicks（1932）提出了严厉的环境政策能引致创新的观点。他认为企业研发能促进技术进步，降低生产成本和环境相关税费，从而在为企业带来经济效益的同时降低污染。与之相反的，是污染避难所假说。该假说认为，在贸易自由化下，环境政策强度的增加会使污染密集型企业选择向环境政策强度相对较低的地区搬迁，致使环境问题更加严重。

那么，对当前大力倡导企业通过技术转型升级来缓解环境压力的我国来说，严厉的环境政策是鼓励还是抑制企业技术创新呢？该问题的答案对于地方政府的环境政策制定有着极其重要的现实意义。我们还注意到，行业差异可能影响着企业是否通过加强技术创新来应对严厉环境政策的决策，但已有文献忽视了这一点。不同特征的工业企业对以技术创新来应对节能减排的积极性不同。例如，污染强度大的企业减排难度大，创新成本高，对创新投入缺乏积极性；固定资产低的企业可通过异地搬迁来避开当地的严厉环境政策。故我们认为，在环境政策对技术创新影响的研究中，若缺乏对行业特征的考虑，这类研究是不完善的。此外，基于行业特征研究环境政策是否影响技术创新，对于政府针对行业特点提出适合的环境治理政策，促进工业转变生产方式也有重要的实践价值。因此，本节基于地区、时间和行业的三维面板数据，创新性地考虑了污染强度和不动性这两个行业特征，将行业特征与环境政策强度的交互作用变量引入模型，从新的视角研究环境政策对企业创新研发的影响。

3.2.2　文献综述

近年来，国外学者针对环境政策对技术创新影响的研究取得了较好的进展。Porter 和 van der Linde（1995）探究了环境政策对节约成本技术的影响。该研究表明，环境政策促进企业加大了可以节约成本的技术投入力度。Robinson（1995）发现，受搬迁因素影响，环境政策强度对技术创新有抑制作用，故支持污染天堂假说。Lanjouw 和 Mody（1996）用环境专利代替技术创新进行实证分析，得出了环境政策强度与环境专利之间存在正相关关系的结论。Jaffe 和 Palmer（1997）发现，环境法规与研发支出之间有显著的正相关关系。Ulph（1997）认为，面对严厉的环境政策，企业可以选择减少技术创新投入，并将节约的资金用于支付短期增加的排放税等。Rajan 和 Zingales（1998）在模型中引入行业特征和国家措施的交互项，以此探究了行业特征对企业经济效益的影响，但该方法未应用于环境政策与技术创新领域。Ederington 等（2005）研究了搬迁成本对企业技术创新的影响。该研究显示，搬迁成本对技术创新的影响不显著。Cole 等（2005）认为，技术创新可以减少企业污染排放量，降低污染强度。Kellenberg（2009）在控制内生因素后进行的实证分析支持了污染天堂假说。Johnstone 等（2012）研究发现，严厉的环境政策对环境专利研发有积极的促进作用。Maskus 等（2012）研究表明，污染强度越高的行业，技术创新强度越低。Brunel 和 Levinson（2013）指出，环境法规是多维度的，在不同污染物、行业和国家中，法规和执法水平不同。

近年来，国内学者在环境政策对技术创新的驱动作用方面也展开了研究。朱平芳和徐伟民（2003）发现，政府的科技激励政策对大中型工业企业的技术研发及专利产出有显著的促进作用。李寿德和黄桐城（2004）从理论和实践两方面分析了环境政策对企业科技进步的促进作用。戴育琴和欧阳小迅（2006）证明了污染天堂假说在中国是成立的。程华和廖中举（2010）研究了政策演变对企业环境创新绩效的影响。该研究表明，严厉的环境政策对经济和知识产出有促进作用。苏栉芳等（2011）基于省际面板数据证实，污染天堂假说在中国基本成立。沈能（2012）研究了环境规制对区域技术创新的影响。该研究显示，环境规制对技术创新的影响呈 "U" 形关系。环境规制强度较低时，与技术创新负相关；环境规制强度较高时，与技术创新正相关。许士春等（2012）论证了环境政策对企业绿色技术创新的影响，得出了政府可以通过提高环境政策强度来扩大企业绿色技术创新研发规模的结论。范群林等（2013）研究了环境政策、技术进步和市场结构对环境技术创新的影响。该研究发现，环境政策对环境技术创新影响不显著。廖中举和程华（2014）研究表明，环境政策、政策灵活度对企业环境产品创新和工艺创新有促进作用。张彦博等（2015）认为，政策强度对环境技术创新有促进作用。余伟等（2016）通过省际面板数据实证分析了不同环境政策工具对技术创新的影响。该研究分析显示，不同的环境政策工具对技术创新均有促进作用。杨子晖和田磊（2017）利用面板协整分析检验了污染天堂和污染光环假说。

　　纵观已有文献，多数研究关注的是环境政策强度是否影响技术创新，缺乏对原因的深入探讨。部分国外文献利用搬迁和创新难易来解释环境政策对技术创新的抑制作用，部分国内文献将环境政策工具分为不同类型并展开探讨，但考虑行业特征对环境政策与技术创新关系影响的研究几乎没有。需要强调的是，行业差异不容忽视，面对严厉的环境政策，不同类型的行业反应可能存在差异，这就为本节研究提供了切入点。

3.2.3　模型设定与理论假设

1. 模型设定

　　借鉴 Hamamoto（2016）的方法，我们将企业研发（R&D）作为技术创新的代表性指标。一般来讲，研发投入越多，企业技术创新水平越强。分别建立以R&D 支出与 R&D 投入强度为被解释变量的理论模型，这里 R&D 支出与 R&D 投入强度分别从总量和强度角度反映了 R&D 投入情况。以 R&D 支出为被解释变量的理论模型如式（3-7）所示：

$$\mathrm{RD}_{j,k,t} = \beta_0 + \beta_1\left(\mathrm{pi}_{k,t} \times \mathrm{st}_{j,t}\right) + \beta_2\left(\mathrm{im}_{k,t} \times \mathrm{st}_{j,t}\right)$$
$$+ \beta_3\left(\mathrm{iv}_{j,k,t}\right) + \beta_4 \mathrm{st}_{j,t} + \eta_j + \eta_k + \eta_t + \varepsilon_{j,k,t} \tag{3-7}$$

其中，$\mathrm{RD}_{j,k,t}$ 为取对数后的 j 地区 k 行业 t 年的工业企业的 R&D 支出；$\mathrm{st}_{j,t}$ 为 j 地区 t 年的环境政策强度；行业特征的代表性指标为 $\mathrm{pi}_{k,t}$ 和 $\mathrm{im}_{k,t}$，$\mathrm{pi}_{k,t}$ 为 k 行业 t 年的污染强度，分别以二氧化硫、氮化物、烟尘及总工业废气的单位产值排放量为测度，$\mathrm{im}_{k,t}$ 为 k 行业 t 年的企业不动性，即搬迁成本，用行业固定资产与总资产的比值表示，如果该指标为 0.45，则意味着企业 45% 的资本与搬迁成本有关；$\mathrm{pi}_{k,t} \times \mathrm{st}_{j,t}$ 和 $\mathrm{im}_{k,t} \times \mathrm{st}_{j,t}$ 为行业特征与环境政策的交互项；系数 β_1、β_2 的大小与方向反映了环境政策和行业差异是如何共同影响企业技术创新的。此外，为避免行业产出差异对参数估计精度的影响，模型（3-7）中加入了控制变量 $\mathrm{iv}_{j,k,t}$，该指标为 j 地区 k 行业 t 年的总产值；η_j、η_k 和 η_t 分别为固定个体效应、固定行业效应和固定时间效应，分别体现不可观测的行业、地区和时间的影响；$\varepsilon_{j,k,t}$ 为其他随机因素对 R&D 支出的影响。

模型（3-7）中加入的行业特征与环境政策交互项考虑了行业与环境政策适应程度对技术创新的影响，因此为环境政策对技术创新的影响研究提供了新视角。

以 R&D 投入强度为因变量的理论模型如式（3-8）所示：

$$\mathrm{RD}_{j,k,t} = \chi_0 + \chi_1\left(\mathrm{pi}_{k,t} \times \mathrm{st}_{j,t}\right) + \chi_2\left(\mathrm{im}_{k,t} \times \mathrm{st}_{j,t}\right) \\ + \chi_3\left(\mathrm{iv}_{j,k,t}\right) + \chi_4\mathrm{st}_{j,t} + \eta_j + \eta_k + \eta_t + \varepsilon_{j,k,t} \tag{3-8}$$

其中，$\mathrm{RD}_{j,k,t}$ 为 j 地区 k 行业 t 年的 R&D 投入强度，用企业研发投入占总产值的比值表示，反映企业对技术创新的重视程度。其他的变量与模型（3-7）相同。系数 χ_1、χ_2 的大小和方向体现了面对环境政策，污染强度和行业不动性如何对企业技术创新产生影响。

2. 理论假设

$H_{3\text{-}6}$：面对严厉的环境政策，污染密集型企业会减少技术创新投入。

通常，技术创新可以提高生产效率、降低成本和污染物排放，进而降低环境税费，给企业带来创新收益。但不可否认，不少的污染密集型企业存在技术创新难度高，创新成本高于收益的现象。故面对更严厉的环境政策，污染密集型企业可能更愿意减少技术创新投入，以此支付短期内增加的环境相关税费，保持企业经济效益稳定。预计污染强度与环境政策交互项的系数 β_1、χ_1 为负。

$H_{3\text{-}7}$：当环境政策变得严厉时，不动性较弱的企业会选择搬迁到环境政策相对宽松的地区而不是加大创新投入力度。

我们认为，环境政策对技术创新的影响受创新成本和企业搬迁成本的影响。当创新成本低于搬迁成本时，企业会选择加大投入力度；当搬迁成本低于创新成本时，企业会选择搬迁到环境政策相对宽松的地区。预计污染强度与环境政策交互项的系数 β_2、χ_2 为正，即不动性弱的企业倾向通过搬迁来规避严厉的环境政策。

3. 数据来源

按照《国民经济行业分类》（GB/T 4754—2017），本节的工业行业为采矿业，制造业，电力、燃气及水的生产供应业三大类下的 40 个行业。其中，R&D 支出、工业产值数据来源于各省（自治区、直辖市）历年的《中国统计年鉴》

《经济统计年鉴》《科技统计年鉴》，固定资产和总资产数据来源于历年的《中国统计年鉴》，污染强度数据来源于历年的《中国环境统计年鉴》。受限于环境研发数据的可得性，研究样本设定为北京、山西等15个省（自治区、直辖市），样本期为2011~2016年。

虽然环境政策是多层面的，但考虑到环境政策主要给企业的污染物排放带来成本压力，本节以环境治理投资占工业总产值的比重作为环境政策强度的测度指标。环境治理投资主要针对污染物减排，不仅反映了环境政策相关的投入，还体现了政府监测和执行的力度。故环境政策强度由式（3-9）定义：

$$zq = (tz / gc) \times 100 \tag{3-9}$$

其中，zq表示环境政策强度；tz表示环境治理投资；gc表示工业产值。

环境污染治理投资总额来自历年的《中国环境统计年鉴》。由式（3-9）得出的样本省（自治区、直辖市）的环境政策强度如表3-5所示，2011~2016年，我国样本地区之间的环境政策严格程度存在明显差异。新疆、山西、北京、河北和辽宁的环境政策严格程度较高，江苏、云南、重庆、湖南和河南的环境政策相对宽松。

表3-5　环境政策强度

地区	均值	标准差	最小值	最大值
新疆	3.26	0.76	2.01	4.24
山西	2.16	0.14	2.02	2.30
北京	2.10	0.58	1.31	2.93
河北	1.79	0.41	1.33	2.54
辽宁	1.54	0.66	0.95	2.75
黑龙江	1.44	0.46	1.04	2.08
广西	1.44	0.10	1.28	1.55
山东	1.37	0.17	1.10	1.55
山西	1.37	0.14	1.23	1.61
天津	1.33	0.34	0.76	1.77
江苏	1.32	0.11	1.17	1.49
云南	1.30	0.22	1.03	1.68
重庆	1.27	0.28	0.88	1.64
湖南	1.02	0.43	0.65	1.86
河南	0.82	0.02	0.80	0.84

我国样本地区的40个工业行业的污染物排放强度与企业不动性的相关系数如表3-6所示，污染物排放强度与企业不动性的相关系数不显著。这表明，污染强

度和企业不动性是具有独立方向的行业特征,可有效体现我国工业行业特征的差异性。

表3-6 行业特征相关系数矩阵

变量	SO$_2$	NO$_x$	PM	total	im
SO$_2$	1.000***				
NO$_x$	0.951 5***	1.000***			
PM	0.932 7***	0.884 4***	1.000***		
total	0.363 4***	0.340 3***	0.511 4***	1.000***	
im	0.095 7	0.100 5	0.102	0.133 4	1.000***

***代表参数在 1%水平下显著

3.2.4 实证分析结果

1. 环境政策与研发支出的相关分析

通过相关分析可以初步判断环境政策强度与行业技术创新之间是否存在关联。包括 40 个行业的工业三大类别的环境政策强度与研发支出的相关系数。如表 3-7 所示,采矿业,制造业,电力、燃气及水的生产供应业的环境政策强度与 R&D 支出之间的相关关系均不显著。正是环境政策与研发支出的不相关提示我们,需要从行业视角来解释环境政策对技术创新的影响。

表3-7 环境政策与研发支出的相关系数

统计量	采矿业	制造业	电力、燃气及水的生产供应业	总体
相关系数	−0.043 1	−0.103 0	−0.087 3	−0.095 4

2. 以 R&D 支出为因变量的结果分析

地区、时间和行业的截面差异性可能导致最小二乘估计出现较大误差,为保证参数估计的有效性,我们在模型(3-1)中加入地区、时间和行业的虚拟变量。模型(3-1)的参数估计结果如表 3-8 所示,其中第 2 列为没有包括行业特征的估计结果,用作基线比较。五个回归模型的 F 检验的 P 值均小于 5%,模型通过检验。

表3-8 模型(3-1)的参数估计结果

统计量	参照	SO$_2$	NO$_x$	PM	total
lniv	0.027 0 (0.900 0)	−0.034 7 (−1.010 7)	−0.036 4 (−1.057 5)	−0.037 0 (−1.074 5)	0.038 029 (1.231 0)
SO$_2$×st		−0.030 1* (−1.71)			

续表

统计量	参照	SO$_2$	NO$_x$	PM	total
NO$_x$×st			-0.027 1* (-1.779 6)		
PM×st				-0.027 7* (-1.646 8)	
total×st					-0.117 6*** (-2.577 8)
im×st		0.454 8* (1.935 4)	-0.811 1 (-0.944 5)	0.258 2 (1.160 0)	0.447 4* (1.737 8)
st	0.149 2 (1.477 8)	0.003 9 (0.107 4)	0.000 2 (0.010 0)	-0.801 4 (-0.937 8)	-1.68* (-1.682 1)
C	9.276 7*** (25.341 2)	9.425 9*** (24.353 5)	9.489 5*** (24.578 7)	9.554 4*** (24.710 1)	8.885 7*** (22.883 6)
时间截距	是	是	是	是	是
地区截距	是	是	是	是	是
行业截距	是	是	是	是	是
调整 R^2	0.672 7	0.667 5	0.662 6	0.662 5	0.676 7
F	61.06	52.57	52.39	52.37	54.79
P	0.000 0	0.000 0	0.000 0	0.000 0	0.000 0

***、*分别代表参数在 1%、10%水平下显著

注：括号内数字为 t 统计量

如表 3-8 所示，行业总产值对 R&D 支出的影响不显著，即不能通过产值因素考虑环境政策对技术创新的影响。环境政策强度的系数也不显著，即环境政策强度对技术创新的影响不明显，因此，从行业特征角度分析环境政策对技术创新的影响是有必要的。

在按四种不同排放定义的污染强度的回归模型中，污染强度与环境政策交互项的系数符号和显著性类似且均为负。这表明，对于污染程度大的工业行业来说，严厉的环境政策抑制了它们对技术创新的投入。这是因为污染密集型行业的技术创新难度高，对应的创新成本高，表现出高成本、低收益的特征，故该类行业更愿意支付严厉环境政策所增加的税费，而不是进行技术创新。这意味着，我国环境政策不完全适应污染密集型行业，环境政策提高了碳排放相关的税费，但对技术创新的激励性不足。污染密集型行业的技术创新积极性较低。

企业不动性与环境政策交互项所对应的系数在由二氧化硫和总工业废气定义的污染强度的模型中为正且显著。二氧化硫和总工业废气为工业生产的主要排放物。这意味着，在严厉的环境政策下，不动性强的企业投入的创新资金多。对于不动性来说，企业搬迁到政策严格程度较低地区的搬迁成本和技术创新成本是两个最重要的因素。不动性较强的企业，搬迁成本高于减排研发支出，故会选择进

行技术创新投入，这对环境治理有利。不动性较弱的企业可能选择通过搬迁来避开当地严厉的环境政策。我国地区之间的环境政策强度存在差异，而不少企业的搬迁难度又较低，导致生产灵活的行业通过搬迁代替技术创新，这显然不利于我国整体的污染治理工作。以上分析表明，面对严厉的环境政策，不同特征的行业，技术创新积极性不同，行业差异导致了环境政策对技术创新的影响不同。可以说，污染强度和不动性较好地解释了环境政策对技术创新的影响。

3. 以 R&D 投入强度为因变量的结果分析

以 R&D 投入强度为因变量的模型（3-2）的参数估计结果如表 3-9 所示，其中无交互项为不包括行业特征的模型估计结果，用作基线比较。各模型的 F 检验的 P 值均小于 5%，模型拟合效果较好。

表3-9　模型（3-2）参数估计结果

统计量	无交互项	有交互项
Ziv	−0.038 88* （−1.813 6）	−0.039 0* （−1.811 2）
Zpi×st		−0.155 3* （−1.664 7）
Zim×st		0.116 5* （1.545 6）
Zst	−0.070 8** （−2.177 8）	−0.065 4* （−1.927 8）
C	0.528 6*** （3.314 9）	0.534 151*** （3.332 2）
时间截距	是	是
地区截距	是	是
行业截距	是	是
调整 R^2	0.236 7	0.237 1
F	10.78	10.40
P	0.000 0	0.000 0

***、**、*分别代表参数在 1%、5%、10% 水平下显著

注：Z 开头的数据为标准化数据；括号内数字为 t 统计量

如表 3-9 所示，无论有交互项还是无交互项，行业总产值对 R&D 投入强度的影响均为负且显著，即产值较高行业的技术创新投入不一定高。环境政策强度对 R&D 投入强度的影响为负且显著，污染强度与环境政策交互项的系数为负且显著。污染强度大的行业，创新成本高，在面临严厉的环境政策时，会减少技术创新投入，清洁型行业则投入较多。不动性与环境政策交互项的系数与模型（3-1）相似，均为正。也就是说，在严厉的环境政策下，由于搬迁成本高于创新成本，不动性强的企业会选择投入技术创新而不是搬迁；而对于不动性弱的企业，搬迁成

本低，则会选择到环境强度宽松的地区生产。尽管选用了不同的因变量，但我们得到了与模型（3-1）类似的结论。

4. 稳健性分析

环境政策可能在实施一年或两年后才产生效果，这种滞后效应可能对本节的结论造成影响。为体现环境政策的时效性，我们将环境政策强度的 1 阶和 2 阶滞后项代入模型（3-1）中的环境政策强度重新进行参数估计。若估计结果随之改变，则说明模型（3-1）的稳健性差。

由 1 阶和 2 阶滞后的环境强度代替后的参数估计结果如表 3-10 所示，所有模型的 F 检验的 P 值均小于 5%，模型通过检验。对比可见，参数估计结果与模型（3-1）类似，说明模型（3-1）的稳健性良好。其中污染强度与环境政策交互项的系数为负且显著，企业不动性与环境政策交互项的系数为正且显著。这说明，面对严厉的环境政策，污染密集型企业会减少技术创新投入，不动性较弱的企业会选择搬迁来代替技术创新投入；不动性较强或清洁型企业，严厉的环境政策会鼓励其技术创新投入。

表3-10　稳健性检验结果

统计量	滞后 1 阶	滞后 2 阶
lniv	0.052 4 （1.452 3）	0.105 1** （2.441 7）
pi×st-1	−0.069 9* （−1.718 7）	
im×st-1	0.092 3* （1.838 8）	
pi×st-2		−0.100 6* （−1.682 3）
im×st-2		0.181 9 （2.053）
st-1	0.344 6 （0.471 2）	
st-2		−0.710 3 （−0.522 1）
C	9.342 8*** （15.602 2）	8.160 9*** （15.206 6）
时间截距	是	是
地区截距	是	是
行业截距	是	是
调整 R^2	0.688 6	0.687 4
F	41.56	34.46
P	0.000 0	0.000 0

***、**、*分别代表参数在 1%、5%、10%水平下显著

注：括号内数字为 t 统计量

3.2.5　结论与政策启示

本节基于2011~2016年15个省（自治区、直辖市）的40个工业行业的数据，在考虑污染强度和企业不动性两个行业特征的基础上，实证研究了环境政策对企业技术创新的影响。

研究表明，环境政策强度对技术创新的影响会受到企业污染强度和企业不动性的影响。污染强度与环境政策交互项对技术创新的影响为负，即随着环境政策强度加大，污染密集型企业会减少技术创新投入，清洁型企业会增加创新投入。企业不动性与环境政策交互项对技术创新的影响为正，这意味着，面对严厉的环境政策，不动性强的企业会加大技术创新投入力度，不动性弱的企业则可能选择搬迁。

制定环境政策的目的是降低污染排放，但对于环境污染强度较高、不动性较弱的行业，严厉的环境政策对其技术创新有抑制作用，这与环境政策的设定目的相违，为此，政府需关注行业特征的异质性，充分发挥环境政策手段和工具的灵活性。

第一，对于污染强度较低的企业和不动性较强的企业，环境政策强度对技术创新促进作用显著，应当稳步增加环境政策强度，强化环保部门的执法能力，通过环境政策约束力促进企业技术创新，以技术改进抵消严厉的环境政策给企业带来的不利影响。但环境政策强度提升需适度稳定，不能无限提高，以防过度的提高抑制企业技术创新积极性。

第二，针对污染密集型企业，应在加强管制的同时，为其提供技术创新补贴支持。污染密集型企业的技术创新难度大，投入相对较高，为增强污染密集型企业的技术创新倾向，政府应加大技术创新财政补贴力度，促进其使用技术创新手段来降低生产成本和污染排放。

第三，针对不动性较弱的企业，需限制其搬迁的灵活性，提出适当的企业搬迁政策，增加搬迁成本，使企业搬迁到其他地区的难度增加；同时适当降低相关税费，激发其创新热情。在针对性地提出保护政策后，应稳步加强环境政策监管水平，促进企业技术创新水平稳步提升。

第四，应当兼顾激励性的措施。我国环境政策效果不佳的原因在于对企业技术创新的激励不足，推行清洁生产更多体现了政府的期望，并没有传递到企业，成为其发展的目标，需要认识到严厉的环境政策不能自动改善技术创新，要想实现传统的生产模式转向清洁型生产模式，关键在于要建立完善的、可以调动企业技术创新积极性的激励机制。激励性的环境政策应当从提高和增加资本投入等方面提高企业技术创新的积极性，使其克服向能源节约型、环境友好型发展模式转变的各种约束。

综上所述，从行业特征差异性的角度解释环境政策对技术创新的影响，可以清晰得到影响环境政策强度与 R&D 投入强度关系的因素，这将有助于政府制定相对有效的环境政策，诱导各行业技术创新，节约生产资源并降低污染物排放，促使企业形成能源节约型、环境友好型发展模式，这对于社会发展有着重要的意义。

3.3　外部性影响机制及区域成本转移

3.3.1　引言

自改革开放以来，在经济高速发展的同时，我国环境污染不断加剧，生态恶化积重难返，粗放经济发展模式持续引发出高污染、高能耗问题。形成污染的原因是多种多样的，但强烈的外部性是不可忽视的重要原因。与此相对应，探究环境污染外部性的影响机制，进而实现外部性内部化就成为政府和学术界关注的热点问题。

首先，关于外部性的影响机制，早在 20 世纪 60 年代，科斯就从外部侵害入手，发现一定经济主体行为可造成外部损害。故探究中国三部门经济体中政府、企业和居民行为对外部性的联动作用十分必要，它有助于实施有效监管、控制污染排放。其次，外部性与地区差异联系紧密，主要表现为地理、资源、经济等对外部性的自发性影响。而且，从区域角度看，资源禀赋、产业转移和商品贸易可能导致外部成本在地区之间转移。此外，当一个经济体在行动时没有付出行动的全部代价或没有享受行动的全部收益，我们就认为其存在外部性，即区域外部成本转移是一个区域承担了另一个区域的污染代价，是实际污染成本与公平污染成本之差。那么，中国区域产业转移过程是否伴随外部成本转移？外部成本转移程度如何？上述问题的答案对于探索我国环境污染的外部性机制及促进外部性内部化的政策路径实施来说，有重要的理论意义和现实价值。

然而，现有文献极少涉及国内的外部成本转移问题。已有研究大多只考虑单个经济主体行为对环境外部性的影响，缺乏三部门经济体对外部性影响的系统性测度。因此，我们以此为切入点，从整体上探讨环境外部性对社会福利的影响，明确环境外部性在社会和私人之间的转移机制；建立三部门环境外部性响应模型，研究行为主体和地区因素的环境外部性作用机理，为约束经济主体行为、制定合理的环保政策提供决策依据；构建外部成本转移指标，分析区域成本转嫁和福利得失，提出成本转出地区须缴纳一定地方税，成本转入地区给予其相应补偿，即"污染者付费"原则的一些设想。

关于环境外部性，现有文献多从两方面入手：一是经济主体行为对环境外部性的影响；二是环境外部成本转移问题。

关于经济主体行为对环境外部性的影响。有关政府行为方面的研究主要集中在财政分权和环境管制对环境的影响方面。Holmstrom 和 Milgrom（1991）认为，以 GDP 为中心导致部分地方政府只关注经济发展，忽视了环保等其他社会职能。类似地，黄慧婷（2012）从理论上分析了分权激励下的地方政府行为对环境污染的影响。其研究认为，财政分权和以 GDP 为中心的政绩考核，使地方政府片面追求经济增长而忽略了环境治理。Fredriksson 和 Millimet（2002）研究发现，财政分权政策下，当其他地区加强环境管制时，该地区节能减排能力就得到了一定提高。另外，企业行为主要体现在对宏观政策的响应和自身素质上。Altman（2001）提出，政府加强环境管制有利于激发企业创新热情，减少企业内部的 X 无效率（X 效率是从成本角度衡量生产效率的指标）。唐国平等（2013）认为，环保行为与宏观政策紧密相关，企业环保投入受政府环境管制强度的影响。Winner 等（2011）提出三种假说解释环境管制对企业投资决策的影响，即污染避难所假说、要素禀赋假说与波特假说。秦虹和夏光（1989）认为，中国企业素质差异大，按照预定目标制定的污染控制政策往往在实践中无法获得预期效果，故必须对企业行为进行研究，剖析企业环境污染行为的经济机制。

关于环境外部成本转移问题。Rauscher（2005）提出，低成本的环境标准构成了生态倾销。Muradian 和 Martinez-Alier（2001）的"环境成本转移说"认为，自由贸易使发达国家从发展中国家获得更多环境密集型产品，而将污染成本留在发展中国家，从而发生环境成本转移。Porter（1999）研究表明，竞争使环境标准低且制度不健全的国家陷入"专业化陷阱"，但对环境标准高的国家影响不大。国内文献多从贸易角度出发，分析进出口造成的环境成本转移。曲如晓（2002）运用局部均衡分析法分析了不同市场结构下环境外部性对国际贸易福利的影响，研究了环境成本内部化后对国际贸易福利的影响。彭海珍和任荣明（2004）分析了国际贸易中隐含的"环境成本转移"和"专业化陷阱"问题，提出西部大开发过程中应注意的问题。吴蕾和吴国蔚（2007）通过计算中国进出口贸易的环境成本，分析了贸易对环境的影响。其结果显示，环境密集型产品出口加重了中国环境污染。徐慧（2010）运用 IO 法分析，证实了贸易往来中隐含着环境成本在国际的转移。

回顾已有文献，我们发现，关于环境外部性的研究存在两方面的不足。首先，在各部门经济主体行为研究中，多数文献只考虑单一主体，未系统测度各经济体行为对外部性的影响。其次，多数研究以国际贸易为背景，测算国家之间的环境成本转移，很少实际测度国内环境成本转移程度。这些都提示我们，应以中国国内外部性转移为切入点，充分考虑三部门经济中行为主体对环境外部性的影响。

3.3.2　理论基础与模型设定

外部性是某一经济主体未征得其他经济主体同意，所采取的行动或决策对他人或社会福利产生的非市场化影响，是单方的非交易形式。从受影响者来看，无论是正外部性还是负外部性都是对方强加的，所受影响反映在市场运行机制之外。外部性使市场经济体制无法通过自发调节达到资源有效配置，未达到帕累托最优，为此，需通过制度安排使社会收益或成本转为私人收益或成本，通过强制手段实现经济体之间的货币转让。

1. 环境外部性的行为主体影响

三部门经济中，探究经济主体的行为对环境外部性的作用机制有利于抑制环境负外部性，实现政府、企业和居民之间的合理责任划分和利益分配，确保经济主体在享受经济增长的同时承担相应的环保责任。

政府对环境起着举足轻重的影响。目前，关于政府行为的外部性影响争议集中在财政分权和环境管制政策对环境质量的影响上。首先，财政分权是否导致地区环境质量下降及治理投入减少，即"竞争到底"效应。在财政分权制度下，地方政府可能为留住有发展前景的企业而降低环境标准，放松管制，虽然这在一定程度上拉动了地区经济增长，但也造成了社会污染治理成本的提高。其次，政府环境管制政策对企业竞争力存在双重作用。有学者认为，加强环境管制的同时显著增加了企业成本，损害了企业市场竞争力；相反也有学者认为，环境管制造成成本增加不一定对企业竞争力造成显著的不利影响，且环境管制可激励企业创新，抵消部分环境管制造成的成本增加。正是政府行为对外部性作用效果的不确定性，促使我们有必要探究政府行为对环境外部性的实际影响。

环境污染可看作企业的一种经济行为，它与企业其他经济行为的区别在于其不是企业主观动机的结果，而是其他行为的伴随结果。一方面，企业行为受宏观经济、制度制约。另一方面，资源有限、能源短缺是经济运行的常态，为降低成本或因能源短缺，企业常使用劣质能源替代优质能源，加重环境负担，引致负外部性。因此，企业能源效率是影响环境外部性的重要指标，要想控制污染，就必须通过宏观政策提高企业能源效率及技术水平。企业的环境污染行为还与经济发展及其运行机制有密切关系。

居民作为环境正外部性的直接受益人和负外部性的直接受害人，在享受环境污染带来经济增长的同时，健康状况也遭受损失。多数人认为，外部性由经济系统的生产引起，居民作为消费者承受更多的是损失。但生产是为满足社会消费需求，如果消费需求没有变，那么生产将保持不变，相应生产活动的污染排放也不会改变。从某种程度上讲，消费是造成生产活动污染排放的主因。居民消费引发环境外部性，故其应承担相应责任。有研究表明，人均 GDP 和环境污染之间存在倒"U"形关系。在经济发展初期，环境污染随人均 GDP 增长而增加；发展到一定阶段，环境污染随人均 GDP 增长而下降。环境的外部性与居民收入和消费息息相关，居民消费和收入差异促使我们研究居民行为对外部性的作用机制。政府、企业和居民行为对环境外部性的影响机制如图 3-2 所示，但各主体行为的影响效果尚不确定。

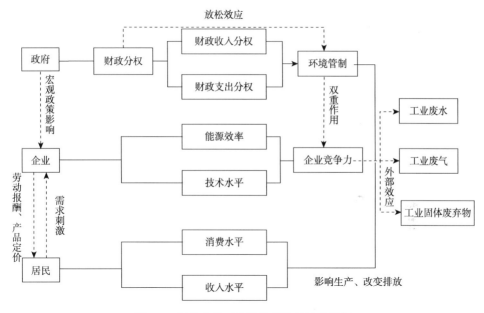

图 3-2 行为主体对环境外部性的影响机制

2. 地区差异影响及区域外部成本转移

区域经济发展的差异使得我国可能出现区域间的环境外部性转移。首先，发达和欠发达地区之间的交易可能导致"污染避难所"及"专业化陷阱"效应。例如，西部大开发可能让环境密集型产业向西移动，导致环境成本转移、环境红利分配不均。其次，我国仍是典型的二元经济结构，城乡差距仍对环境外部性产生重要影响。我们认为，城镇生产力水平较高，城镇居民理应获得更好福利，但城镇生产力发展带来的环境负外部性在一定程度上会扩散到农村，农村居民却没有得到相应补偿。所以，简单测算生产、生活直接产生的环境污染是不可行的，需要考虑地区因素的影响，即需要根据与地区经济发展水平相适应的"公平的污染程度"考虑地区之间是否发生环境外部性成本转移、造成环境福利分配不均，进而测算地区之间环境成本的转移比例。

3.3.3　基本模型

为分析各影响因素对环境的影响效应，Ehrlich等（1979）提出，以IPAT模型分析人口规模P、富裕程度A和技术水平T对环境压力I的影响。但IPAT模型假定人口、财富和技术对环境的弹性相同，以相同比例变动，与倒"U"形的库兹涅茨曲线假设相冲突；且IPAT模型形式简单，分析复杂环境问题的能力有待提高。因此，Dietz和Rosa（1997）将IPAT模型改进为可拓展的、随机性的STIRPAT模型：

$$I_i = aP_i^{\alpha_1} A_i^{\alpha_2} T_i^{\alpha_3} e^{\varepsilon_i}$$
$$\ln I_i = c + \alpha_1 \ln P_i + \alpha_2 \ln A_i + \alpha_3 \ln T_i + \varepsilon_i \qquad （3-10）$$

其中，环境效应分解为人口规模、富裕程度和技术水平的线性方程，反映各因素对环境的影响机制，$c = \ln\alpha$为常数项；α_1、α_2、α_3分别为P、A、T的系数，为各因素对环境的影响大小；ε_i为随机扰动。

基于STIRPAT模型，我们对经典EKC模型进行扩展，以研究经济主体行为对环境外部性的影响，并测算地区之间的环境外部性转移。

1. 行为主体影响模型

政府行为对环境外部性的影响。政府主要通过环境管制对环境外部性产生影响，为此需构造多指标合成环境管制综合指数测度地区环境管制强度，并将环境管制强度引入STIRPAT模型，得到政府行为的环境外部性模型：

$$\ln I_{i,t} = c + \alpha_1 \ln P_{i,t} + \alpha_2 \ln A_{i,t} + \alpha_3 \ln T_{i,t} + \beta_1 REG_{i,t} + \varepsilon_{i,t} \qquad （3-11）$$

其中，i和t分别代表地区与年份；$REG_{i,t}$为i地区第t年环境管制强度，$REG_{i,t}$是借鉴唐国平等（2013）的方法并做了相应调整而构建出来的，用以反映地区政府环境管制对环境外部性的影响。构建环境综合指数的指标体系和指标的计算公式，如表3-11所示。

表3-11　环境管制综合评价指标体系

主要内容	指标定义	计算公式
废水	工业废水排放达标率	工业废水排放达标量/工业废水排放总量×100%
废气	工业 SO_2 排放达标率	工业 SO_2 排放达标量/工业 SO_2 排放总量×100%

续表

主要内容	指标定义	计算公式
废气	工业烟尘排放达标率	工业烟尘排放达标量/工业烟尘排放总量×100%
	工业粉尘排放达标率	工业粉尘排放达标量/工业粉尘排放总量×100%
固体废弃物	工业固体废弃物综合利用率	工业固体废弃物综合利用量/工业固体废弃物产生量×100%

首先对各项污染达标率数据进行标准化处理:

$$R_{ij,t} = \frac{X_{ij,t} - \min X_j}{\max X_j - \min X_j}$$

其中,$X_{ij,t}$ 为 t 年 i 地区第 j 类污染物达标率的初始值,$R_{ij,t}$ 为去量纲的污染物达标率;$\min X_j$、$\max X_j$ 为全样本下第 j 类污染物达标率的最小值和最大值。

其次计算各污染物排放的调整系数:

$$C_{ij,t} = \frac{P_{i,t} / \sum P_{i,t}}{D_{ij,t} / \sum D_{ij,t}}$$

其中,$C_{ij,t}$ 为 t 年地区各污染物排放的调整系数;$P_{i,t} / \sum P_{i,t}$ 为 t 年 i 地区工业总产值占全国工业总产值的比重;$D_{ij,t} / \sum D_{ij,t}$ 为 t 年 i 地区第 j 类污染物排放量占全国同类污染物排放总量的比重。污染排放越少且产值越高,调整系数越大。

最后构建地区各项污染物排放的环境管制指数和总环境管制指数:

$$E_{ij,t} = R_{ij,t} \times C_{ij,t}$$
$$\mathrm{REG}_{i,t} = \sum_j E_{ij,t}$$

其中,$E_{ij,t}$ 为 t 年 i 地区对第 j 类污染物的管制指数,$E_{ij,t}$ 越大,该地区对第 j 类污染物的管制强度越大;$\mathrm{REG}_{i,t}$ 为 t 年 i 地区总体环境管制指数,即环境管制强度,$\mathrm{REG}_{i,t}$ 越大,该地区对环境管制强度越大。

企业行为对环境外部性的影响。企业行为对环境外部性的影响主要表现在能源效率对环境污染的影响。我们使用能源效率作为 STIRPAT 模型中的技术水平 T,该值用 GDP 与能源消费总量的比值表示。

居民行为对环境外部性的影响。住户部门主要通过收入、消费等造成生产、生活的污染排放。我们采用人均 GDP 衡量居民富裕程度,结合 EKC 理论,将人均 GDP 平方项加入 STIRPAT 模型,按 1990 年不变价格计算的消费占人均 GDP 的比例 C 衡量消费水平,得到:

$$\ln I_{i,t} = c + \alpha_1 \ln P_{i,t} + \alpha_2 \ln (\mathrm{GDP} / P)_{i,t} + \alpha_2' \ln^2 (\mathrm{GDP} / P)_{i,t}$$
$$+ \alpha_3 \ln T_{i,t} + \beta_1 \mathrm{REG}_{i,t} + \beta_2 C_{i,t} + \varepsilon_{i,t}$$

2. 区域差异影响模型

地区间发达程度及城镇化进程是影响环境外部性的重要因素。一定时期内地区总人口相对稳定，故城镇化进程中城市人口变动是环境外部性改变的重要原因。为此，我们采用城市人口占总人口的比例替代 STIRPAT 模型中人口规模 P，得到城镇化进程对环境外部性的影响面板数据模型：

$$\ln I_{i,t} = c + \alpha_1 \ln \mathrm{UR}_{i,t} + \alpha_2 \ln\left(\mathrm{GDP}/P\right)_{i,t} + \alpha_2' \ln^2\left(\mathrm{GDP}/P\right)_{i,t}$$
$$+ \alpha_3 \ln T_{i,t} + \beta_1 \mathrm{REG}_{i,t} + \beta_2 C_{i,t} + \varepsilon_{i,t}$$

其中，$\mathrm{UR}_{i,t}$ 为城市人口占总人口的比例，即人口因素；$\varepsilon_{i,t}$ 为随机扰动；常数项 c 可分解为各个体总体均值截距项 m、个体效应 μ_i 和时间效应 f_t，个体效应 μ_i 表示地区因地理、资源、经济等差异对外部性的自发性影响；时间效应 f_t 反映不同时期政策实施或制度改革等对个体的影响。将时间效应与个体效应引入模型中得

$$\ln I_{i,t} = m + \alpha_1 \ln \mathrm{UR}_{i,t} + \alpha_2 \ln\left(\mathrm{GDP}/P\right)_{i,t} + \alpha_2' \ln^2\left(\mathrm{GDP}/P\right)_{i,t}$$
$$+ \alpha_3 \ln T_{i,t} + \beta_1 \mathrm{REG}_{i,t} + \beta_2 C_{i,t} + \mu_i + f_t + \varepsilon_{i,t} \tag{3-12}$$

模型（3-12）不仅测度不同经济主体对环境外部性的影响，还包括地区因素的影响。

3. 环境响应和成本转移测度模型

多数情况下，环境成本与环境负外部性成正比，所以可根据模型（3-13）度量地区之间环境成本转移额度和比例，该模型称为环境响应方程或环境成本转移方程。地区之间环境成本转移的测度，由式（3-13）可得到 $\ln I_{i,t}$ 的拟合值 $\ln \hat{I}_{i,t}$：

$$\ln \hat{I}_{i,t} = \hat{m} + \hat{\alpha}_1 \ln \mathrm{UR}_{i,t} + \hat{\alpha}_2 \ln\left(\mathrm{GDP}/P\right)_{i,t} + \hat{\alpha}_2' \ln^2\left(\mathrm{GDP}/P\right)_{i,t}$$
$$+ \hat{\alpha}_3 \ln T_{i,t} + \hat{\beta}_1 \mathrm{REG}_{i,t} + \hat{\beta}_2 C_{i,t} + \hat{\mu}_i + \hat{f}_t \tag{3-13}$$

该值由各经济主体的影响及地区差异确定，代表与地区相适应的环境负外部性，也是与地区经济发展水平相适应的"公平的污染水平"。$\ln I_{i,t}$ 与 $\ln \hat{I}_{i,t}$ 存在三种情况：①$\ln I_{i,t} = \ln \hat{I}_{i,t}$，实际污染水平等于公平污染水平，该地区不存在环境成本转移，环境外部性完全内部化；②$\ln I_{i,t} > \ln \hat{I}_{i,t}$，实际污染水平高于公平污染水平，该地区承担更多环境成本，同时存在其他地区的环境成本转入；③$\ln I_{i,t} < \ln \hat{I}_{i,t}$，实际污染水平低于公平污染水平，该地区将环境成本转出，获得更多福利。

如果地区存在环境成本转出，说明该地区享受了其他地区的福利，同时将环境成本转移到了其他地区。反之则说明该地区承担了更多成本，而环境福利也由其他地区享用。在此情况下，成本转出地区应缴纳一定的地方税，成本转入地区

应获相应补偿，这就是外部性内部化。

为比较环境成本转移程度，我们计算环境成本转移的比例：

$$ep = \left(\sum_t I_{i,t} - \sum_t \hat{I}_{i,t} \right) / \sum_t I_{i,t}$$

该比例可比较地区环境成本转移，即环境外部性在地区之间分配不公平程度。ep = 0 时，地区处于公平状态；ep > 0 时，地区存在环境成本转入，承担了更多环境责任；ep < 0 时，地区存在环境成本转出，享受了更多福利。

3.3.4　样本与数据说明

我们根据地理特征、经济社会发展状况等将中国 31 个省（自治区、直辖市）（不包含港澳台）划为八大区域[①]，样本期为 1990~2012 年。由于部分居民生活污染排放统计数据不完整，如 1996~2000 年的全国生活废水、废气、生活固体废弃物数据缺失，且生活污染相对工业污染危害程度较小，故本节只采用工业污染数据。环境影响变量 I 为地区环境污染排放综合指数，数据来自《中国环境统计年鉴》。其中，污染物为工业废气、工业废水及固体废弃物。工业废气又细分为 SO_2、烟尘和粉尘。参照环境管制强度的构建方法，我们将各污染物排放量经标准化、加权调整后得到环境污染排放综合指标，即环境影响变量 I。城镇人口占总人口比例数据来自《中国人口和就业统计年鉴》、《中国城市统计年鉴》及全国人口普查数据。人均 GDP 来自《中国统计年鉴》。能源效率 T 以 GDP 与能源消费总量的比值表示，数据来自《中国统计年鉴》及《中国能源年鉴》。消费水平 C 来自《中国统计年鉴》。环境管制强度来自《中国环境统计年鉴》和《中国工业经济统计年鉴》。为保证数据可比性，GDP、消费水平、工业产值数据均以 1990 年为基期进行平减。

3.3.5　环境外部性影响机制及区域成本转移的实证研究

1. 模型设定的相关检验

建模前，我们需要进行面板平稳性检验，检验结果显示，各变量均是一阶单整变量，且变量之间存在协整关系，故可以对环境外部响应模型（3-12）进行拟

[①] 东北地区：辽宁、吉林、黑龙江；北部沿海：北京、天津、河北、山东；东部沿海：上海、江苏、浙江；南部沿海：福建、广东、海南；黄河中游：陕西、山西、河南、内蒙古；长江中游：湖北、湖南、江西、安徽；西南地区：云南、贵州、四川、重庆、广西；大西北地区：甘肃、青海、宁夏、西藏、新疆。

合。图 3-3 反映了时间效应的估计结果。如图 3-3 所示，在样本期内，时间效应呈持续下降趋势且下降趋势越来越明显。这表明，技术和制度变迁对减排作用日益增强。从图 3-3 还可看出，1990~2012 年的时间效应出现结构突变，即样本区间可分为 1990~1997 年、1998~2004 年和 2005~2012 年三个区间。

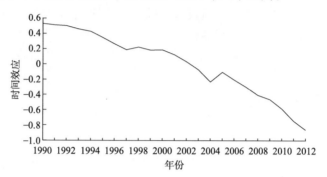

图 3-3　环境响应模型的时间效应

表 3-12 的邹至庄结构断点检验结果也佐证了样本分期的判断。

表3-12　邹至庄结构断点检验

统计量	时间效应 ft（1997 年）		时间效应 ft（2004 年）	
	统计值	P 值	统计值	P 值
F 统计量	6.276	0.008**	16.499	0.000**
似然比	11.665	0.003**	23.155	0.000**
Wald 统计量	12.552	0.002**	32.998	0.000**

**表示参数在 5%水平下显著

2. 基于行为主体影响的外部性分析

1990~2012 年，政府、企业和居民行为对环境外部性影响的全样本拟合结果如表 3-13 所示。

表3-13　政府、企业和居民行为对环境外部性影响的全样本拟合结果

统计量	系数	标准误差	T 统计量	P 值
ln UR	0.488 6	0.178 6	2.735 5	0.006**
$\ln(\text{GDP}/P)$	−0.859 6	0.410 0	−2.096 5	0.036**
$\ln^2(\text{GDP}/P)$	0.091 4	0.019 6	4.655 6	0.000**
ln T	−0.657 2	0.102 2	−6.428 6	0.000**

续表

统计量	系数	标准误差	T 统计量	P 值
REG	−0.005 5	0.000 2	−20.357 9	0.000*
C	−0.159 7	0.503 8	−0.316 9	0.751
判定系数 R^2	0.936			0.000**
F 统计量	158.51			0.000**

**、*分别表示参数在 5%、10%水平下显著

时间效应作用下，各经济主体行为对环境外部性影响的分期拟合结果如表3-14所示。

表3-14　各经济主体行为对环境外部性影响的分期拟合结果

统计量	1990~1997 年		1998~2004 年		2005~2012 年	
	系数	P 值	系数	P 值	系数	P 值
ln UR	0.313 3	0.373	1.106 2	0.000**	1.265 1	0.000**
$\ln(\text{GDP}/P)$	−1.109 9	0.018**	−4.909 3	0.004**	0.704 7	0.027**
$\ln^2(\text{GDP}/P)$	0.033 4	0.100*	0.296 8	0.001**	0.006 0	0.016**
$\ln T$	−0.093 0	0.305	−0.488 8	0.009**	−0.417 7	0.316
REG	−0.011 0	0.000**	−0.008 6	0.000**	−0.008 7	0.000**
C	−0.436 3	0.256	−0.557 5	0.507	2.804 0	0.005**
F 统计量	473.895	0.000**	135.187	0.000**	343.524	0.000**
R^2	0.991		0.967		0.986	

**、*分别表示参数在 5%、10%水平下显著

如表 3-13 和表 3-14 所示，政府行为对环境外部性的影响主要通过政府环境管制来实现。1990~2012 年，$\ln I$ 与 REG 存在显著负相关。这说明，长期以来的政府环境管制对环境外部性有明显的抑制作用，且在各阶段，政府环境管制对减少污染排放起到了明显促进作用。所以，从长期动态角度看，加强政府环境管制是十分必要的。

企业行为主要通过提高能源使用效率实现对环境外部性的影响。$\ln I$ 与 $\ln T$ 存在显著负相关，企业能源效率对节能减排发挥了重要作用。1990~1997 年，我国企业能源效率每提高 1%，环境负外部性减少 0.093 0%。近年来，企业能源效率每提高 1%，环境负外部性减少 0.417 7%。

居民行为通过收入分配、消费等行为来实现对环境外部性的影响。一方面，消费水平 C 的系数多数不显著，仅 2005~2012 年的系数显著为正。这说明，在中国，生产影响污染排放仍是第一位，消费引导生产只是趋势，只有在近年才表现出消费需求加剧生产污染排放的状态。另一方面，现有研究大多支持环境污染存

在环境库兹涅茨倒"U"形曲线，只要中国人均 GDP 持续增长，环境质量最终就会得到改善。但我们基于更大范围的区域样本和更新数据所得结论不那么乐观。基于表 3-13 和表 3-14 的人均 GDP 二次项系数估计值，中国环境负外部性与人均 GDP 呈"U"形曲线，即随着经济增长，工业污染排放出现先下降后上升趋势。中国经济在现阶段尚未实现倒"U"形的 EKC 发展，随着经济进一步增长，其环境污染呈持续恶化趋势。我们必须认识到中国目前的环境形势，若各类污染物排放无法得到有效控制，倒"U"形的 EKC 则很难在未来 5~10 年内实现。

3. 基于区域差异影响的外部性分析

首先，城乡差异对环境外部性的影响如表 3-14 所示，ln UR 的系数多数显著为正。这说明城镇化导致更多环境污染，且城镇化进程对污染排放强化程度日益加剧。2005~2012 年，城镇化每提高 1%，环境负外部性增加 1.265 1%。城镇居民生产和消费需求日益增长，环境负外部性随之增长。

其次，地区个体效应表现为地区对外部性的自发性影响。个体效应为负，表明该地区的自发性污染低于全国平均水平；个体效应为正，表明该地区的自发性污染高于全国平均水平。利用环境响应模型拟合的 1990~2012 年的个体效应如表 3-15 所示。从长期看，自发性污染低于全国水平的有北京、天津、内蒙古、吉林、黑龙江、上海、海南、贵州、西藏、广东、甘肃、青海、宁夏和新疆。我们普遍认为，经济较发达地区如北京、天津、上海、广东自发性污染较低，地处工业欠发达地区如内蒙古、吉林、黑龙江、海南、西藏、甘肃、青海、宁夏、新疆自发性污染也低于全国平均水平。这说明，自发性污染在不同发展阶段具有不同的水平，会经历一个先上升后下降过程。在经济发展初期，地区的自发性污染较少，而后随经济增长而增加，最终只有制度不断完善，经济发展到一定程度时，才能相应减少。

表3-15   环境响应模型的个体效应

地区	个体效应	地区	个体效应	地区	个体效应	地区	个体效应
北京	−1.408 17	上海	−0.911 95	湖北	1.072 31	云南	0.332 35
天津	−2.033 80	江苏	1.528 28	湖南	1.682 83	西藏	−1.768 48
河北	0.708 03	浙江	1.111 03	广东	−0.790 71	陕西	0.021 24
山西	0.497 69	安徽	1.071 93	广西	2.157 68	甘肃	−0.376 64
内蒙古	−1.307 81	福建	0.843 53	海南	−1.535 01	青海	−2.516 19
辽宁	0.161 60	江西	0.963 53	重庆	0.806 67	宁夏	−1.512 24
吉林	−0.570 16	山东	0.606 51	四川	1.489 86	新疆	−1.684 46
黑龙江	−0.355 67	河南	1.257 93	贵州	−0.355 85		

4. 区域成本转移程度分析

分时期区域负外部性转移比例如表 3-16 所示。正数表示环境成本转入，负数表示环境成本转出。

表3-16　各地区环境成本转移比例

区域	1990~1997 年	1998~2004 年	2005~2012 年	1990~2012 年	1990 年	2012 年
东北地区	0.183 69	0.027 79	−0.185 92	0.053 39	0.295 89	0.040 98
北部沿海	−0.271 07	0.110 24	0.138 68	0.027 28	−0.309 56	0.277 18
东部沿海	0.195 26	0.112 01	−0.124 79	0.047 83	0.280 75	−0.205 64
南部沿海	−0.174 33	−0.044 98	0.088 90	0.125 62	0.066 37	0.169 94
黄河中游	−0.188 69	0.111 75	0.120 21	0.025 60	−0.210 17	0.221 81
长江中游	0.233 72	0.018 08	−0.250 45	0.050 09	0.262 04	−0.204 42
西南地区	−0.034 97	0.154 34	0.205 60	0.126 74	0.044 00	−0.317 91
大西北地区	−0.114 41	0.025 57	0.276 03	0.158 83	−0.216 99	0.2591 18

长期以来，区域环境成本转移及区域协调可持续发展问题备受学术界关注。那么，中国在区域产业转移过程中，与公平的环境外部性水平相比，实际承受的环境成本是否与该地区所获得的福利相匹配呢？

从横向看，1990~1997 年，按环境成本转入比例从大到小排序，各地区依次是长江中游、东部沿海、东北地区，主要是当时重工业发达地区；按环境成本转出比例从大到小排序，各地区依次是北部沿海、黄河中游、南部沿海、大西北地区、西南地区。1998~2004 年，按环境成本转入比例从大到小排序，各地区依次是西南地区、东部沿海、黄河中游、北部沿海、东北地区、大西北地区、长江中游；环境成本转出地区仅南部沿海。2005~2012 年，按环境成本转入比例从大到小排列，各地区依次是大西北地区、西南地区、北部沿海、黄河中游、南部沿海；按环境成本转出比例从大到小排列，各地区是长江中游、东北地区、东部沿海。从格局变动来看，有两点明显变化：一是东北地区由环境成本转入转变为环境成本转出，东北地区的重工业发展模式遭遇瓶颈；二是中国西部地区出现了环境成本转入，中国区域产业在转移过程中，将环境外部性从东部发达地区转移到西部欠发达地区。

从纵向看，各区域环境外部性转移比例变化较大的是东部沿海、北部沿海和大西北地区。结合 1990~2012 年的变化，北部沿海由原来的环境成本转出 30.96% 发展到环境成本转入 27.72%；东部沿海由原来环境成本转入 28.08% 发展到环境成本转出 20.56%；大西北地区由原来的环境成本转出 21.70% 发展到环境成本转入 25.91%。20 世纪 90 年代，北部沿海工业生产发达，生产成果多由该地区人民享用。与此同时，相比于公平的环境外部性水平，该地区获得了更多福利。而北部沿海受周边工业污染影响，环境污染转入比例大幅增加，承担了更多环境成本。东部沿海环境成本变化主要得益于产业结构调整，如高新技术产业、旅游业发展。大西北地区在 20 世纪 90 年代虽污染排放较少，但生产力有限，享受了来自其他地区的产能，所以存在环境成本转出。近年来，部分环境密集型产业转移到西部，导致大西北地区出现环境成本转入。

如表 3-16 所示，1990~2012 年，中国各区域环境成本转移比例均为正。从长期看，中国各区域均存在环境成本转入，这与中国是世界上最大的发展中国家的基本国情相适应，验证了"污染避难所"假说，即发达国家通过外商直接投资将污染密集型产业转移到发展中国家。总而言之，中国环境成本的分配格局已经发生巨大变化，环境污染进一步向西转移。

3.3.6　结论与建议

基于 STIRPAT 模型，我们构建了三部门的环境响应模型并利用该模型测度中国区域之间的环境成本转移比例，分析各区域福利得失情况。

在三部门经济体中，政府加强环境管制可有效抑制环境负外部性；企业行为对环境外部性影响最明显。近年来，企业能源效率每提高 1%，环境负外部性减少 0.417 7%；从长期看，居民消费行为不是造成工业污染排放的主要原因，生产仍是第一位的。现阶段，中国工业发展尚未实现倒"U"形 EKC 发展，随着经济进一步增长，环境污染呈持续恶化趋势。

地区差异影响结果显示，城乡差异对污染排放影响日益加深。现阶段，城镇化每提高 1%，环境负外部性增加 1.265 1%，比 20 世纪 90 年代增加约 0.95%；个体效应分析表明，在经济较发达地区和工业欠发达地区，自发性污染低于全国平均水平。这说明，自发性污染在不同发展阶段有不同水平，会经历一个先上升后下降过程。在经济发展初期，地区的自发性污染较少，之后随经济增长而增加，最终只有制度不断完善，经济发展到一定程度时，才能相应减少。

区域环境成本转移程度的横向分析表明，中国区域产业在转移过程中，已将环境负外部性从东部发达地区转移到西部欠发达地区。纵向分析表明，地区环境外部性转移比例变化较明显且变化趋势不尽相同，唯有产业结构调整才可能减少成本转嫁，降低福利损失；从长期看，1990~2012 年，各区域均存在环境成本转入，这与中国是世界上最大的发展中国家的基本国情相适应，验证了"污染避难所"假说。总而言之，中国环境成本的分配格局已经发生巨大变化，环境污染正进一步向西转移。

种种因素引起环境成本转移和环境福利分配不均，使社会资源配置呈帕累托低效。为此我们需做出以下几方面努力。

第一，明确各经济主体责任，维护各经济主体利益。

首先，明确中央和地方政府职责和权利，实现合理规范的管辖配合。中央政府应安排公平的财政分权政策，建立适应市场经济体制发展的财政扶持体系。中央政府应结合全国情况，设置合理的环境管制标准下限，参考各地区环境成本转移比例，制定相应的奖惩制度。地方政府应注重所在地区实际情况，加强环境管制，提高环境准入门槛，建立有效的环境使用机制，充分调动其他经济主体的环保积极性。其次，企业和社会公众都应把环境可持续发展放在重要位置。企业应积极构建绿色企业文化，实行绿色管理，追求可持续的生产方式，强调企业与环境、社会相互促进、和谐发展的理念。同时居民应从切身利益出发，增强环保观念，追求文明消费，自觉遵守公民环保行为规范。

第二，从地区实际出发，有针对性地制定经济发展战略。

中国是世界最大的发展中国家，人口众多，经济格局不合理、地区发展不平衡的问题仍然突出。首先，对重工业发达地区加强环境管制，同时加快产业结构的调整。其次，对自然条件恶劣地区，注重其环境与工业发展的关系，避免以牺牲环境为代价换取经济发展。政府应对中西部较贫困地区实施专项财政转移支付，缓解贫困地区经济发展和环境治理的双重压力。最后，政府应在全国范围内建立合理的环境有偿使用机制，采用税收和补贴方式，避免环境负外部性在全国范围内进一步扩散。

第三，制定公平合理分税制，实现外部性内部化。

分税制是指国家全部税种在中央和地方政府之间进行划分，借以确定中央财政和地方财政的收入。但分税制并没有考虑环境成本转移问题，所以建议在地方政府财政收入分成中加入环境成本转移比例作为权重，使环境成本转入地区得到补偿，有助于体现税收分配的公平性。实现外部性内部化的关键在于建立完善的资源产权体系、实现功能分区、发展绿色金融、加快环境税收和排污权制度改革、实行生态补偿等。所以要想建立和谐社会，就需要树立科学的发展观，重视社会公平。

第4章　人口因素与碳排放

4.1　人口年龄结构对碳排放的影响研究

4.1.1　引言

　　碳排放作为表征环境质量的重要指标，与一个国家或地区的经济发展、技术水平和人口等有着紧密的联系。当前，中国正处于工业化与城市化的快速发展阶段，经济的中高速增长及较大的人口基数使得能源消费总量持续增加。2013年，中国共消费了37.5亿吨标准煤的一次能源，超过了世界能源消耗总量的1/5。能源消耗大，再加上能源利用技术和使用效率低，使得中国碳排放量居高不下。《BP世界能源统计年鉴2014》显示，2013年，全球人类活动的碳排放达360亿吨，其中中国排放量最大，接近世界碳排放总量的1/3。2013年，世界人均碳排放超过5吨，而中国人均碳排放量为7.2吨，首次超过欧盟国家。就中国而言，随着社会经济发展水平的提升和能源消费的增加，碳排放持续增加所造成的空气质量变差已对居民健康构成严重威胁。近年来，许多城市出现的严重雾霾天气就是最直接的证据。

　　在当前气候变暖的大背景下，节能减排、减缓碳排放的增加已成为中国政府和学者关注的重要问题。碳排放的驱动因素很多，有经济水平、产业结构、能源消耗量、技术水平、人口总量及人口结构等，其中任一因素对碳排放的影响都不容忽视。近年来，发达国家居民生活消费方面的直接和间接能源消耗已经超过产业部门，成为碳排放的主要增长点。由此，监测和分析人口等人文因素对碳排放的影响已成为重要的研究课题。从人口的角度看，长期以来，关于人口对碳排放影响的研究侧重于对人口总量的考察，忽略了人口转变过程中的年龄结构变化、消费模式、家庭结构及人口城市化等重要的人口结构因素。人口年龄结构通常是指一定时点、一定地区各年龄组人口在全体人口中的比重，又称为人口年龄构成。联合国人口基金会在《2009 年世界人口状况报告》中指出，温室气体的排放与人口增长速度、家庭户规模、年龄构成、城乡人口比例、人口性别、地理分布及人均收入等因素存在内在的联系，可以对气候变化产生长远的影响。

需要注意的是，关于人口年龄结构转变对碳排放影响作用方面的研究最为缺少，已有研究也多是关注人口老龄化进程加快对碳排放的影响。当前，在我国社会转型的大背景下，人口处于快速转变时期，人口年龄结构应该用来分析未来碳排放轨迹。不充分考虑人口因素，特别是人口年龄结构对碳排放的影响，是有很大缺陷的。因为不同年龄人群有不同的消费水平和经济活动，所产生的能源消耗不同。而且，从人口年龄结构视角探讨碳排放，还有利于准确把握碳排放压力下的人文因素，有利于为政府在城市和区域规划方面提供重要的决策参考。

4.1.2　文献回顾

近年来，国内外关于人口年龄结构对碳排放影响的研究主要集中在以下三个方面。

人口年龄结构对碳排放的影响是否显著。对于该问题，主流的结论是肯定的，但由于研究角度和领域不同，研究结论也不尽相同。Dietz 和 Rosa（1994）认为，高比例的劳动年龄人口将消耗更多的能源和资源，进而产生更多的碳排放。Cutler 等（1990）基于生命周期角度，研究了少儿抚养系数和生产率的关系。他们认为，低少儿抚养系数意味着较高储蓄率，使更多的资本投向了技术研发，推动了全要素生产率的提高，由此对碳排放产生了影响。Menz 和 Kühling（2011）利用25个OECD（Organization for Economic Cooperation and Development，经济合作与发展组织）国家 1970~2000 年的平衡面板数据对人口年龄结构与碳排放的关系进行了分析。该研究分析表明，年轻人和老年人比重的提高增加了二氧化碳的排放。有学者将人口年龄划分为 20~34 岁、35~49 岁、50~64 岁和 65~79 岁共四个年龄段，基于 STIRPAT 模型研究了人口、财富和技术对环境的影响。该研究显示，人口年龄结构对环境的影响显著。从住宅能源消费和电力消费的角度看，35~49 岁年龄组有减少碳排放的作用；65~79 岁年龄组有增加碳排放的作用。Menz 和 Welsch（2012）利用 1960~2005 年欧盟 26 个国家的数据进行的研究表明，随着老年人口和1960 年后出生的人口份额的增高，碳排放在不断增加。他们认为，应将人口年龄结构引入碳排放影响因素的研究中。

国内学者蒋耒文（2010）认为，几乎所有的研究都仅将人口总量纳入碳排放模型中，这是不科学的。他认为，人口对碳排放影响研究应重视人口结构因素的作用。宋杰鲲（2010）认为，15~64 岁人口比重越大，社会对能源和资源消费的越多，对碳排放影响越大。尹向飞（2011）基于 1985~2007 年湖南省的社会经济数据，利用 STIRPAT 模型的实证研究表明，在不同阶段，人口数量、城市化水平和老龄化程度对碳排放的影响是有差别的，老龄化是碳排放增加的主要驱动因素。李楠等（2011）实证研究了 1995~2007 年我国碳排放与人口年龄结构的关系。该研究发现，人口老龄化导致我国碳排放减少。王芳和周兴（2012）认为，随着老龄化程度加深，碳排放的人口数量弹性系数呈"U"形曲线。马晓钰等（2013）使用静态与动态模型分析了我国地区碳排放与年龄结构和人口规模等的关系。该研究结果显示，较大的家庭规模对碳排放有抑制作用，人口总量和年龄结构促进了碳排放的增加。

人口年龄结构对碳排放的作用机制研究。Cutler 和 Katz（1992）认为，人口老龄化引起总储蓄率下降，造成人均资本和消费增高，使其转化为更多的碳排放。Dalton 等（2008）在能源和经济增长模型中加入了人口年龄结构，根据户主年龄划分家庭年龄组，建立了人口、环境、技术多代模型。该研究显示，美国消费者年龄组的代际差异导致了能源消费需求的增加。从长期看，老龄化对碳排放产生抑制效果。在该领域，国内学者的研究较少，关于人口年龄结构的碳排放影响渠道的研究更少。刘雯（2009）认为，造成湖南省消费率过低的一个原因是人口年龄结构。她按儿童、老年和总抚养系数将人口年龄结构做了划分。该研究发现，年龄结构的消费效应是有差别的，其中儿童和总抚养系数消费效应为正，老年抚养系数相反。彭希哲和朱勤（2010）运用 STIRPAT 模型，研究了人口总量、年龄结构和技术水平对碳排放的影响。他们认为，人口年龄结构对碳排放的影响超过了人口总量。

家庭户规模对碳排放的影响也引起了研究者的关注。一般而言，人口年龄结构对碳排放的影响主要体现在两方面：一方面，不同年龄组的人群有不同的生活水平，他们的经济活动和产生的能源消耗不同。另一方面，家庭户主年龄和家庭规模有关，年轻或退休年龄的家庭规模较小，而较小家庭规模的人均能源消费量相对较高。Dalton 等（2007）将家庭户规模作为人口结构变量引入人口-环境-经济多代模型，研究其对碳排放的影响。Jiang 等（2008）认为，家庭是能源生产与消费的主要单位，故在人口对碳排放影响研究中，引入家庭户变量比人口总量更有解释力。家庭户规模带来家庭户总量变化，从而对碳排放产生影响。陈佳瑛等（2009）研究发现，家庭户规模对碳排放有显著影响。王钦池（2011）利用人口驱动碳排放的非线性模型，对美国和中国等62个国家进行了实证分析。该研究认为，碳排放与家庭户规模变量的弹性系数呈"U"形曲线。

以上文献回顾显示，目前为止，国内外文献中将人口年龄结构作为温室气体排放驱动因素的研究很少，已有研究也只是将人口年龄做了粗略的划分。例如，有的将年龄结构划分为少年组、中年组和老年组三个阶段；有的用少儿抚养系数和老年抚养系数表示人口年龄结构。这样的简单划分只能大致了解人口年龄结构对碳排放的作用。年龄划分的跨度过大，必然会模糊年龄段内人群的生产和消费差异，导致无法具体区分不同年龄人群对碳排放的影响。也就是说，只有将人口年龄结构进一步细化，才能详细研究各年龄段人口对碳排放的影响，但目前这方面的研究还较为欠缺。

为此，我们细化了人口年龄结构，将人口年龄划分为 0~14 岁、15~29 岁、30~44 岁、45~59 岁、60 岁及以上共五个组别，利用各年龄人群占人口总量的比重研究人口年龄结构对碳排放的影响，以达到更好地解释人口年龄结构对我国碳排放影响机制的目的。同时，本节全面地利用了 1990 年以来全国人口普查数据和五年一次的 1%人口抽样数据，并拓展了碳排放影响因素模型，这些都使得本节的研究结论更具可靠性。

4.1.3　研究方法与数据

1. 模型设定与变量选择

我们采用环境压力等式 IPAT 的随机形式 STIRPAT 模型进行碳排放的影响因子分析，其形式为

$$I = P \times A \times T \tag{4-1}$$

其中，I 为环境压力，包括资源和能源消耗等，通常用碳排放量表示；P 为人口规模；A 为富裕程度；T 为技术效率，通常用单位 GDP 的碳排放量表示。

模型（4-1）建立了人文因素与环境压力之间的恒等关系。该模型具有应用简单的优点，同时也有明显的缺陷。在该模型中，各影响因素的波动只能同比例地传递给环境压力，即影响因素每变化 1%，那么环境压力也必须变化 1%。该模型也无法考察社会、制度等因素对碳排放的影响，与现实情况不相符。

为了弥补上述缺陷，本节基于 IPAT 形式的环境影响随机模型，提出了随机形式的 STIRPAT 模型：

$$I = aP^b A^c T^d e \tag{4-2}$$

其中，a、b、c、d 为参数；e 为误差项。

模型（4-2）描述的是人文因素与环境压力之间的非线性关系。对 STIRPAT 模型两边做对数变换，就得到其线性形式：

$$\ln I = \ln a + b \ln P + c \ln A + d \ln T + \ln e \tag{4-3}$$

其中，各影响因子对环境影响的弹性计算更为简单，故在实践中得到了广泛的应用。回归系数 b、c、d 为因变量与自变量之间的弹性系数，即在其他自变量不变的情况下，自变量变化 1%所引起的因变量变化的百分比。

为了考虑人口年龄结构对碳排放的影响，本节对 STIRPAT 模型做了扩展，引

入了人口结构变量，扩展后的 STIRPAT 模型为

$$\ln I = \ln a + b_s \ln P_s + b_t \ln P_t + c \ln A + d \ln T + \ln e \qquad (4\text{-}4)$$

其中，P_s 为人口规模；P_t 为人口结构。模型（4-4）中，影响碳排放的人口规模与结构特性均得到了反映。进一步，本节将人口结构变量扩展为人口年龄结构和人口城市化率，得到

$$\ln I = \ln a + b_s \ln P_s + b_{t1} \ln P_{t1} + b_{t2} \ln P_{t2} + c \ln A + d \ln T + \ln e \qquad (4\text{-}5)$$

其中，P_{t1} 为人口年龄结构；P_{t2} 为人口城市化率。模型（4-5）中，因变量为各省（自治区、直辖市）的碳排放量，用 CO_2 表示。自变量为人口年龄结构，本节将人口年龄结构划分为五组，分别为各省（自治区、直辖市）的 0~14 岁、15~29 岁、30~44 岁、45~59 岁、60 岁及以上的人口占各省（自治区、直辖市）总人口的百分比，分别用 pag_1、pag_2、pag_3、pag_4 和 pag_5 表示。

　　除了人口年龄结构外，还有其他变量共同影响碳排放，我们将它们设定为模型的控制变量。相关研究表明，人口规模扩大将导致社会生产和消费的能源总量增大，进而促使碳排放增加。其中，人口规模记作 P。碳排放强度是碳排放增加的又一重要因素，碳排放强度可以定义为"单位 GDP 的碳排放"，即万元地区生产总值所排放的二氧化碳。碳排放强度记作 GDPC。城市化进程对碳排放的影响方向具有不确定性。一方面，城市化促进了城市住宅、交通等基础设施建设，增加了对水泥、钢材等的需求，导致了碳排放的增加。另一方面，城市化带来了居民生活习惯的变化，如集中供暖、供热及垃圾集中处理等，减少了碳排放。在这两方面的共同作用下，城市化对碳排放的影响方向在不同社会发展阶段中可能有所不同。城市化用人口城市化率表示，记为 UC。大量研究数据显示，不同收入水平下的人群，对环境与物质消费的要求不同，故碳排放与一个国家或地区的人均收入水平存在紧密关系。人均收入水平记作 RGDP。

　　2. 数据来源与描述

　　分析样本期为 1900 年、1995 年、2000 年、2005 年和 2010 年，分别对应于第四次、第五次和第六次全国人口普查及每五年一次的全国 1%人口抽样调查年份。

　　从碳排放的监测看，化石燃料燃烧所产生的碳排放最主要、最具代表性，是目前世界公认的温室气体评估的主要对象。根据 IPCC（2006 年）和国家发展和改革委员会能源研究所（2007 年）的测算方法，本节选取煤炭、汽油、焦炭、原油、燃料油等 8 种能源消费核算我国各省（自治区、直辖市）的碳排放量。

$$CO_2 = \sum_{i=1}^{8} E_i \times P \times A_i \qquad (4\text{-}6)$$

其中，CO_2 为碳排放量；E_i 为第 i 种能源消费量，单位为万吨标准煤；P 为标准

煤热值；A_i 为第 i 种能源的碳排放系数，i 为能源种类，$i=1,2,\cdots,8$。能源实物量折算系数采用《中国能源统计年鉴》中的"各种能源折标准煤参考系数"。碳排放系数利用国家发展和改革委员会能源研究所（2006 年）提出的不同能源碳排放的计算系数。人口总量、人口年龄结构及人口城市化率由历年《中国人口统计年鉴》、第四次、第五次、第六次全国人口普查及五年一次的 1%人口抽查数据计算获得。人均 GDP 来自历年的《中国统计年鉴》，并根据 2000 年的不变价格做了调整。

碳排放计算的相关数据来自历年《中国能源统计年鉴》及《新中国六十年统计资料汇编》。根据 IPCC 指导目录计算的 1990 年、1995 年、2000 年、2005 年和 2010 年我国 30 个省（自治区、直辖市）（除西藏、香港、澳门、台湾外）碳排放的面板数据如图 4-1 所示。

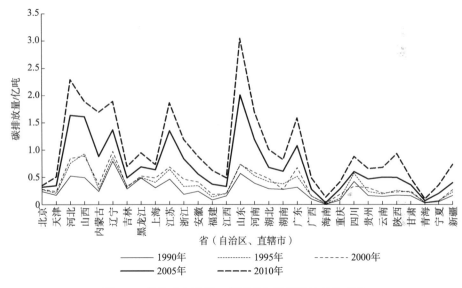

图 4-1　各省（自治区、直辖市）的碳排放量的变动

如图 4-1 所示，1990~2010 年的每五年一个周期里，大部分省（自治区、直辖市）的碳排放量呈逐年增长趋势。其中，山东省增长幅度最大。北京、青海和海南的增长趋势不明显，碳排放总量比较稳定，是全国增长幅度最小的三个省（直辖市）。

4.1.4　人口年龄结构对碳排放影响的实证分析

1. 人口年龄结构与碳排放的相关分析

通过人口年龄结构与碳排放的相关分析可以初步判断两者是否存在关联。由样本数据得到人口年龄结构与碳排放的相关系数，如表4-1所示，人口年龄结构与碳排放存在明显的相关关系。其中0~14岁、45~59岁和60岁及以上人口比重与碳排放之间的相关系数高，说明这三个年龄段人口比重与碳排放的关联性强。15~29岁、30~44岁人口比重与碳排放表现为中度相关，说明这两个年龄段人口比重对碳排放有一定的影响。但相关系数只能定性说明人口年龄结构与碳排放存在相关关系，其具体关系还需要用模型（4-3）和模型（4-5）做进一步的实证分析。

表4-1　相关系数矩阵

变量	pag_1	pag_2	pag_3	pag_4	pag_5
CO_2	−0.98	−0.73	0.76	0.96	0.97

2. 模型拟合结果及分析

本节的实证分析分为两部分：一是只考察人口城市化率、人口总量、收入水平及碳排放强度对碳排放的影响；二是除了上述变量外，还引入人口年龄结构，考察其对碳排放的影响。在建模中，样本为五年一周期的普查和抽查年份，时间维度比地区维度小，因此，时序的稳定性问题不是很重要，但可能存在的变量之间时序相关会对参数估计精度影响很大。故本节在模型中引入了解释变量的滞后期。由于时间维度较小，参数估计使用面板校正标准误（panel corrected standard error，PCSE）方法。由Beck和Katz（1995）提出的PCSE估计可有效处理复杂面板数据的误差结构，如序列相关问题，在样本量不够大时尤为有用。

1）不包含人口年龄结构的模型估计结果

在面板数据分析中，面板数据模型通常包括混合效应、固定效应及随机效应模型三种。本节使用的是面板数据，故首先做固定效应或随机效应模型的H检验。原假设为随机效应模型。检验结果如表4-2所示。P值小于5%，故选择固定效应模型。

表4-2　随机效应模型的H检验

检验	统计量	P值
卡方统计量	12.604 5	0.013 4

其次做固定效应模型或混合模型的F检验，原假设为混合效应模型，F检验结果如表4-3所示。原假设被拒绝，故不包含人口年龄结构的碳排放有个体时点固定效应和时点固定效应两个候选模型。

表4-3　F检验结果

效应检验	统计量	自由度	P值
截距F	0.927 9	（29，112）	0.576 5

续表

效应检验	统计量	自由度	P 值
截距 χ^2	32.299 1	29	0.306 9
时期 F	6.180 5	（4，112）	0.000 2
时期 χ^2	29.918 0	4	0.000 0
截距/时期 F	1.729 5	（33，112）	0.018 3
截距/时期 χ^2	61.776 7	33	0.001 7

模型（4-3）的固定效应模型估计结果如表 4-4 所示，时点固定效应模型和个体时点固定效应模型的估计结果分别在 A 列和 B 列。其中，A_1 和 B_1 为所有变量均纳入模型的估计结果。A_1 和 B_1 中有部分变量不显著。其中，城市化率在 A_1 和 B_1 中均不显著。碳排放滞后在 A_1 中显著，在 B_1 中不显著。故需要继续对两个模型做逐步回归。剔除不显著变量后，得到了模型 A_2 和 B_2。

表4-4 不包含人口年龄结构的模型估计结果

统计量	A_1	A_2	B_1	B_2
C	−8.977 3*** （3.659 7）	−9.114 3*** （4.621 5）	−8.605 4*** （3.214 6）	−8.531 9*** （3.621 9）
$\ln CO_2(-1)$	0.006 9 （0.005 4）	—	0.033 9* （0.092 6）	—
$\ln RJGDP$	0.971 7*** （1.326 4）	0.986 7*** （1.329 7）	0.925 1*** （1.654 1）	0.948 4*** （1.596 1）
$\ln GDPC$	0.996 5*** （1.694 1）	1.000 6*** （1.498 5）	0.962 0*** （1.784 6）	0.990 7*** （1.951 4）
$\ln P$	0.995 1*** （1.968 7）	1.001 5*** （2.314 7）	0.973 3*** （2.010 3）	0.967 6*** （2.006）
$\ln UC$	−0.005 4 （0.014 2）	−0.011 1*** （0.909 6）	−0.035 7 （0.001 1）	−0.045 6*** （0.031 0）
时间截距	否	否	否	否
地区截距	是	是	是	是
调整 R^2	0.935	0.954	0.932	0.969
D.W.	2.432 2	2.020 3	3.650 6	3.267 2
F 统计量	961.14	7 841.01	390.27	595.76
P 值	0.000 0	0.000 0	0.000 0	0.000 0

***、*分别表示参数在 1%、10%水平下显著
注：括号内数字为 t 统计量

由表 4-4 中的估计结果 A_2 和 B_2 可知，通过逐步回归，两个模型均剔除了碳排放滞后变量，这说明，在周期为 5 年的时序数据中，碳排放滞后对因变量没有显著影响。此外，个体时点固定效应模型的 D.W.值为 3.267 2，说明该模型有自相关性。时点固定效应模型 A_2 的 D.W.值为 2.020 3，表明该模型不存在自相关性，且拟合优度大，接近于 1，说明 A_2 拟合得更好。因此，不包含人口年龄结构的模型

应选择时点固定效应模型 A_2。

　　由表 4-4 中的估计结果 A_2 可知，人均 GDP、碳排放强度、人口规模和城市化率均影响碳排放，它们对碳排放的影响均为正向。其中，人口规模的影响系数最大，影响最为显著。在其他变量不变的情况下，人口规模每增加 1 个单位，碳排放将增加 1.001 5 个单位。人均 GDP 和碳排放强度每增加 1 个单位，碳排放将分别增加 0.986 7 个单位和 1.000 6 个单位。城市化率有减少碳排放的作用，在其他变量保持不变的情况下，城市化率每增加 1 个单位，碳排放将减少 0.011 1 个单位。

　　2）引入人口年龄结构的模型估计结果

　　我们首先做固定效应或随机效应模型的 H 检验，H 检验结果如表 4-5 所示，P 值小于 5%，故拒绝原假设，选择固定效应模型。

表4-5　随机效应模型的 H 检验

检验	统计量	P 值
卡方统计量	11.621 0	0.048 3

　　其次做固定效应模型或混合模型的 F 检验，F 检验结果如表 4-6 所示，P 值小于 5%混合模型的原假设被拒绝。这样，包含人口年龄结构的碳排放有个体时点固定效应和时点固定效应两个候选模型。

表4-6　F 检验结果

效应检验	统计量	自由度	P 值
截距 F	0.802 9	（29，110）	0.747 5
截距 χ^2	28.802 7	29	0.475 4
时期 F	8.023 8	（4，110）	0.000 0
时期 χ^2	38.402 5	4	0.000 0
截距/时期 F	1.838 5	（33，110）	0.010 1
截距/时期 χ^2	65.890 4	33	0.000 6

　　模型（4-5）的固定效应模型估计结果如表 4-7 所示。其中，C 为时点固定效应模型的估计结果，D 为个体时点固定效应模型的估计结果。由表 4-7 可知，在 C_1 和 D_1 中，都有 t 检验不显著的人口年龄结构变量。进一步做逐步回归，就得到了 C_2 和 D_2。C_2 和 D_2 中，均剔除了不显著变量 ln pag$_1$ 和 ln pag$_5$。但时点固定效应模型 C_2 的拟合优度大于个体时点固定效应模型 D_2，且接近于1，这说明，该模型拟合效果更好。其 D.W.值为 2.002 5，不存在序列自相关性。而个体时点固定效应模型 D_2 中存在一定的自相关性，因此，选择时点固定效应模型 C_2 更佳。

表4-7 包含人口年龄结构的模型估计结果

统计量	C_1	C_2	D_1	D_2
C	-8.7898^{***} (3.1631)	-8.8453^{***} (6.3278)	-7.9353^{***} (3.2156)	-7.9594^{***} (4.2157)
$\ln \text{RJGDP}$	0.9868^{***} (2.3694)	0.9862^{***} (1.3257)	0.9440^{***} (1.3254)	0.9439^{***} (1.2784)
$\ln \text{GDPC}$	0.9960^{***} (2.4761)	0.9959^{**} (1.9487)	0.9676^{***} (1.3257)	0.9678^{***} (1.5417)
$\ln P$	1.0011^{***} (2.9684)	1.0012^{***} (1.6984)	1.0038^{***} (3.6358)	1.0039^{***} (1.7415)
$\ln \text{UC}$	-0.0085^{***} (1.6254)	-0.0085^{***} (2.3249)	-0.0378^{***} (1.9247)	-0.0377^{***} (1.8547)
$\ln \text{pag}_1$	0.0652^{***} (1.0001)	0.0565^{***} (2.1352)	0.1481^{***} (1.9654)	0.1459^{***} (1.2315)
$\ln \text{pag}_2$	0.0114 (0.0049)	—	0.0775 (0.0097)	0.0730^{*} (1.6625)
$\ln \text{pag}_3$	0.0778^{***} (2.1654)	0.0728^{***} (2.2657)	0.1279^{***} (2.2369)	0.1270^{***} (2.2577)
$\ln \text{pag}_4$	0.0734^{***} (1.5632)	0.0660^{***} (2.2547)	0.1669^{***} (1.9141)	0.1652^{***} (2.1033)
$\ln \text{pag}_5$	-0.0161^{*} (2.6904)	-0.0204^{***} (1.7017)	0.0045 (0.0046)	—
时间截距	否	否	是	是
地区截距	是	是	是	是
调整 R^2	0.965	0.984	0.951	0.962
D.W.	1.9880	2.0025	3.3078	3.3101
F 统计量	0.0000	0.0000	0.0000	0.0000

***、**、*分别表示参数在 1%、5%、10%水平下显著

注：括号内数字为 t 统计量

与没有引入人口年龄结构变量的拟合模型相比，引进人口年龄结构变量后，模型的拟合优度更高、拟合效果更好，且原变量对碳排放的影响方向没有发生变化。这说明，人口年龄结构因素对碳排放有着不可忽视的影响，在碳排放分析中，考虑人口年龄结构变量是有必要的，也是有效的。

从表 4-7 中的估计结果 C_2 可知，人均 GDP、碳排放强度和人口规模依然驱动碳排放增加，城市化率促使碳排放减少。在人口年龄结构变量中，变量 $\ln \text{pag}_2$ 没有通过显著性检验，说明 15~29 岁人群所占比重对碳排放的影响不显著。变量 $\ln \text{pag}_1$、$\ln \text{pag}_3$、$\ln \text{pag}_4$ 和 $\ln \text{pag}_5$ 均通过了 t 检验，说明它们对碳排放的作用明显。其中前三个变量对碳排放的影响系数为正，它们导致碳排放增加。变量 $\ln \text{pag}_5$ 的影响系数为负，表明老龄化程度的加重将有助于降低碳排放。

3）人口年龄结构对碳排放影响的结果分析

由包含人口年龄结构的碳排放模型拟合结果可知，变量 $\ln \text{pag}_1$ 的回归系数最小，说明 0~14 岁人口数量所占比重对碳排放的影响作用最小。0~14 岁人群的比

重每增加 1 个单位，碳排放将增加 0.056 5 个单位。变量 $\ln pag_3$ 的碳排放弹性系数最大，说明 30~44 岁人口数量所占比重对碳排放影响作用最大。30~44 岁人口数量所占比重每增加 1 个单位，将增加 0.072 8 个单位的碳排放。变量 $\ln pag_5$ 的碳排放弹性系数为−0.020 4，说明老龄人口的增加有减少碳排放的作用，60 岁及以上人群比重每增加 1 个单位，碳排放将减少 0.020 4 个单位。我国已经进入老龄化社会，这对于降低碳排放来说是有利的。

总体来说，0~14 岁人口的比重对于碳排放的影响作用最小，30~44 岁人口比重对碳排放的影响最大，明显高于 0~14 岁人口和 60 岁及以上人口，15~29 岁人群所占比重对碳排放影响不显著。15~29 岁人口的比重对碳排放的影响不显著，这与我国人口受教育年限的提高有关。在我国，15~29 岁正是求学或刚进入工作年龄，这一人群消费能力较低，故对碳排放影响不显著也就可以解释了。

4）控制变量对碳排放的影响

在估计结果 C_2 中，人均 GDP 的影响系数为 0.986 2，说明人均 GDP 的增加将带动碳排放增加。首先，人均 GDP 提高，说明人们生活水平在提升，对高耗能和高碳排放产品的使用数量显著增加。其次，人均 GDP 反映了一个国家或地区的经济发展水平，经济发展水平高，整个国民经济产业发展所支撑的生产和消费需求就高，生产和消费需求带动了碳排放的增加。

人口总量对碳排放的影响系数为 1.001 2，人口规模扩大引起碳排放增加。人口规模的扩大增加了人们各种活动对能源消耗的需求，进而给碳排放带来显著影响。碳排放强度作为技术因素，与碳排放变化几乎同步，弹性系数接近于 1。技术进步和能源使用效率的提高可以促使我国经济发展模式由高能耗、高碳排放向低碳经济、循环经济模式转变，从而达到抑制碳排放的效果。由此可见，技术水平的不断进步有利于减少碳排放，这是降低碳排放的有效途径。城市化率的碳排放弹性系数为−0.008 5，影响系数最小且为负。在当前阶段，我国城市化率的提高有利于减少碳排放。

从全国范围看，1990~2010 年，碳排放的影响依旧以人口总量和人均 GDP 为主。其中，对碳排放增加贡献最大的为人均 GDP，贡献率为 46.8%，其次为人口总量，贡献率为 44.5%，人口年龄结构的贡献率 18.4%，人口城市化的贡献为−3.2%，碳排放强度的贡献率为−6.5%。人口年龄结构对碳排放的贡献为正，促进碳排放增加。但可预见，随着我国老龄化的深入，这一状况可能会发生改变。

5）人口年龄结构影响碳排放的机制分析

碳排放的最终来源可以归结为生产和消费行为，而人口年龄结构转变则可一定程度地引起社会生产、消费等行为改变。因此，从人口年龄结构转变来看，其对碳排放的影响是一种间接作用，主要以生产和消费模式为载体而体现。理论上，这一点可以通过消费者生命周期理论及消费-储蓄率的角度进行解释。例如，Hock 和 Weil（2006）从微观和宏观层面探讨了人口年龄结构对居民消费率的影响。Modigliani 和 Brumberg（1954）指出，在一个适龄劳动人口比重较大的经济社会，较多的社会储蓄人口会带来较高资本积累，进而对经济增长产生正向效应。

（1）生产角度的影响机制。从生产角度看，人口年龄结构变化对碳排放产生影响的主要渠道是为生产提供劳动力供应。其影响途径有三：一是 0~14 岁人口。在未来一定时期内，0~14 岁将逐渐转化为年轻劳动力，故 0~14 岁人口比重的变动将影响未来劳动力供给，进而对经济发展、能源消费及碳排放产生间接影响。二是 30~44 岁人口。在生产领域，劳动适龄人口比重的增加直接给经济发展带来丰富劳动力，促进经济增长，对碳排放的影响较大。三是 60 岁及以上人口。随着老龄化加剧，劳动人口减少，会抑制经济发展，降低碳排放。

多年来，我国一直都实行积极的就业政策，劳动力参与率和就业率均保持较高水平。劳动年龄人口及其所占人口比重的持续增长为我国经济增长提供了丰富的劳动力资源，而且在为经济增长提供源泉的同时，也增加了碳排放，这使得我国人口年龄结构与碳排放存在明确的关联性。可以说，从人口年龄结构变化角度来看，我国人口年龄结构对生产渠道的影响是主要的。

（2）消费角度的影响机制。从消费角度看，人口年龄结构对碳排放的影响机理较为复杂。从短期看，少儿人口抚养比的提升会增加教育及生活消费，提高社会整体消费水平，促进碳排放增加。从长期看，0~14 岁人口增加会加重社会经济负担，抑制经济增长，从而间接降低碳排放。目前，我国 0~14 岁人口对碳排放的作用主要表现在短期效应上，即提升碳排放水平。30~44 岁人口比重的增加将促进汽车、住房等消费，进而对碳排放产生影响。60 岁及以上人口对物质消费欲望较低，故人口老龄化的进程加快，会削弱整体消费需求，导致碳排放减少。

在过去的几十年里，我国人口年龄结构在不断发生变化，总体表现为劳动适龄人口比重增加、0~14 岁人口比重下降及 60 岁及以上人口比重上升。这些变化对消费需求乃至碳排放的总体影响是比较复杂的，但从各年龄结构对碳排放的影响系数看，只有 60 岁及以上人口比重的影响系数为负，但我国老龄化加快的时间还不长，因此，当前人口年龄结构变化通过消费渠道，即老龄化降低碳排放的效果有限，现有文献也证实了这一点。

（3）未来趋势。我国的老龄化进程正在加快，人口老龄化将成为我国人口结构变动的最主要特征，"人口红利"正逐渐减少并最终消失。因此，无论是生产渠道还是消费渠道，未来我国人口年龄结构变化都有降低或减缓碳排放加速的可能，这都在一定程度上为未来我国降低碳排放预留了想象空间。

4.1.5 结论与展望

1. 结论与建议

在 STIRPAT 模型的基础上，我们通过引入人口年龄结构对模型做了扩展。在此基础上，将人口年龄结构做了细致的划分，并用近三次全国人口普查和两次 1% 人口抽样数据实证研究了人口年龄结构对碳排放的影响。

分析表明，人口年龄结构对碳排放影响显著。不同年龄人口所占比重不同，对碳排放影响不同。这可以从消费的角度加以解释。例如，30~44 岁人口所占比重对碳排放影响最大，高于 29 岁以下人口和 60 岁及以上人口。这是因为这一人群正处在事业上升期，其社会经济活动正在增加，他们的消费及意愿随着收入水平增加而提高，从而对碳排放产生明显影响。其次是 45~60 岁人群。只有 60 岁及以上人口的碳排放弹性系数为负。也就是说，随着老年人社会经济活动的减少，他们的消费能力及意愿下降，个人碳排放下降。人口年龄结构对碳排放影响的另一途径是生产。劳动适龄人口比重的增加直接给经济发展带来了丰富的劳动力供给，成为促进经济增长的重要原因之一，进而对碳排放产生较大影响，老年人口数量的增加通过减少劳动力供给来降低碳排放。因此，在经济增长依旧是主题的今天，从消费领域降低我国碳排放显然更切合实际。

第一，合理引导中年人群的消费行为。人口年龄结构可以通过消费水平的变化对碳排放产生影响。这在一定程度上说明，居民消费水平与消费模式的变化可以成为降低碳排放的有效途径。在当前经济形势下，我们没有理由也不能期望通过降低居民消费水平达到降低碳排放的目的。故应着眼于适度消费、绿色消费，引导居民的消费模式向可持续消费方向发展，特别应加大对中年人群的宣传力度，鼓励他们采取低碳消费模式，如尽量绿色出行，多坐公交车，少开私家车，少穿毛皮衣服，尽量采用无纸化办公等。

第二，政府在应对节能减排中要重视人口因素的作用。人口老龄化将成为我国未来人口结构变化的最主要特征。本节分析表明，人口老龄化有利于降低碳排放，这无疑为降低碳排放预留了想象空间。例如，相关研究表明，家庭人口规模越大，越有利于降低碳排放。相应地，对于政府来说，可以通过加大财政税收等支持力度，扩大社会养老规模，达到既减轻社会养老负担，又降低碳排放的双赢结果。

2. 研究展望

本节的部分研究结论与国内已有文献存在共性，尤其在老龄化对碳排放影响方面。不少文献给出了老龄化进程的加快对长期碳排放有抑制作用的结论，这与我们的结论是一致的。但两者也存在一定的差异。例如，有的文献得出 15~64 岁人口比重越大，社会对能源和资源消费的越多，对碳排放影响越大的结论。而本节的结论显示，15~29 岁年龄人口对碳排放的影响不显著。两者的差异可能来自本节的人口年龄分类更细致，这也体现出我们的研究特色和创新所在。

展望未来，我们认为，如果能够更进一步细化人口年龄分类，把 15 岁以上人口按每五年或十年进行分类，得到的结论可能更具体，信息更充分。这在充分利用调查数据及大数据的情况下，也是完全可以实现的。此外，在国外文献中，有的研究不但细化了年龄结构，而且进一步细化了碳排放的种类，考察年龄结构对来自不同途径的，如电力、交通运输等行业碳排放的影响，这对有针对性地实现碳减排更有实践意义。有的研究，在考察年龄结构的基础上，还探讨不同年代人口，如"80后""90后"人群的比重对碳排放的影响，这也值得我们借鉴和学习。

4.2　人口年龄结构及出生人口群体的碳排放效应研究

4.2.1　问题的提出

随着世界各国经济快速发展，能源消耗不断增多，温室气体排放量不断增多，全球变暖已是不争的事实。全球变暖对人类生存、经济、社会和环境的可持续发展构成了严重的威胁。2014 年 11 月，IPCC 发布报告称，如果全球变暖的趋势持续，2100 年，地表温度将比工业化前升高 4℃，将造成庞大冰原融化、海平面上升、沿海地区被淹等难以挽回的后果。全球变暖最主要的原因是碳排放不断增加。2014 年 9 月，世界气象组织发布的《温室气体公报》指出，由于大气层中温室气体的增长，地球的温室效应提升了 34%。该报告同时指出，2013 年大气中主要温室气体二氧化碳的浓度为 396 百万分比浓度，二氧化碳浓度增加的速度比以往要快，创下了 1983 年以来的纪录。

当前，我国作为世界第二大经济体、全球最大出口贸易国，人口众多，能源消耗量不断增加，碳排放量也不可避免地逐年增加。2013 年，全球碳排放量再创历史新高，达到 361 亿吨。其中，我国排放二氧化碳 100 亿吨，超过了美国和欧盟碳排放的总和，占世界总碳排放量的近 1/3，且中国人均碳排放量首次超过欧盟人均排放量。与此同时，中国极端气候事件不断发生，北方水资源短缺和南方季节性干旱加剧，洪涝灾害频发，雾霾天气在多地大规模爆发等，这些对我国经济社会发展和人民生活都产生了不利影响。为应对全球气候变暖，2014 年，中国出台的《国家应对气候变化规划（2014—2020）》提出，到2020年，应对气候变化的主要工作目标市、单位国内生产总值二氧化碳排放比2005年下降40%~45%。考虑到当前的经济增速、能源消耗结构和人口基数等刚性因素，中国面临着巨大的碳减排压力。影响碳排放的因素有很多，包括技术水平、能源结构、经济水平、工业结构、人口及对外贸易等。近年来，发达国家的实践表明，居民生活消费方面的直接和间接能源消耗已经超过产业部门，成为碳排放的基本增长点。与此相对应，监测和分析人口等人文因素对碳排放的影响已成为世界范围内的重要研究课题。

一般来说，促进碳减排的途径有两个，一个是生产途径，另一个是消费途径。在当前的经济形势下，鼓励增加低碳产品的消费、鼓励节约、提高居民的绿色和环保意识也许对于碳减排来说更为有效。但人口碳排放效应的相关研究多侧重于人口规模，忽略了人口年龄结构因素和出生人口群体。因此，从理论角度探讨人口年龄结构及出生年代是否影响碳减排，是否应该将两者纳入碳排放方程就至关重要了。自改革开放特别是1982年将计划生育作为国策以来，我国人口结构已发生重大变化，生活消费习惯与以往相比也大为不同。不同年龄及不同出生时代的人群，对物质消费需求、消费观念和收入水平不同，从而对能源的消耗也不同，直接导致不同人群对碳排放的影响不同。在这里，出生人口群体是指在一个地区的某个时段出生的人口比重，出生年代不同的人群，对环境的态度和生活方式的选择通常也不同。可以说，从人口年龄结构和出生人口群体方面分析人口因素对碳排放的影响，既有利于把握碳排放压力下的人文因素，又有助于提高碳减排政策决策的针对性和可操作性。

4.2.2   文献评述

目前，国内外学者对人口因素的碳排放效应研究主要集中在人口规模、居民消费和人口年龄结构等方面。

关于人口规模对碳排放影响的研究。Birdsall（1992）认为，随着人口增加，其对能源消费也在增大，加之对森林的破坏等，引起温室气体排放量的增加。Shi（2003）使用1975~1996年全球93个国家的相关数据研究了人口对碳排放的影响，得出了发展中国家人口变化对碳排放的影响比发达国家明显的结论。刘玉萍等（2012）利用1995~2009年省级面板数据研究了人口因素对碳排放的影响。该研究显示，人口数量变化对经济发达省（自治区、直辖市）碳排放的影响大于经济欠发达省（自治区、直辖市）。段海燕等（2012）运用STIRPAT模型研究了1960~2007年日本工业化进程中人口因素对碳排放的影响。该研究表明，在日本快速工业化阶段，人口的持续增加对碳排放影响较大；在后工业化阶段，日本人口增长缓慢，碳排放量增加较少，人口规模变化与碳排放量呈较强的正相关关系。

关于居民消费对碳排放影响的研究。彭希哲和朱勤（2010）运用 STIRPAT 模型考察了 1980~2010 年来我国人口规模、居民消费及技术进步因素对碳排放的影响。该研究发现，居民消费水平的提高与碳排放增长高度相关，居民消费模式变化成为我国碳排放新的增长因素。段海燕等（2012）运用 STIRPAT 模型研究了日本工业化进程中人口因素对碳排放的影响。该研究表明，居民消费水平在快速工业化阶段、产业结构升级阶段和经济萧条阶段对碳排放影响最大。李国志和周明（2012）利用变参数模型，研究了 1978~2009 年人口数量和居民消费对我国碳排放的动态影响。该研究显示，从总体上看，人口对碳排放的影响弹性高于消费的碳排放弹性，消费对碳排放的影响力越来越大。

关于人口年龄结构对碳排放影响的研究。Dalton 等（2008）用能源-经济增长模型研究了美国人口年龄结构对碳排放的影响。结果表明，在人口压力不大的情况下，人口老龄化对长期碳排放有抑制作用，其作用甚至大于技术进步的作用。有学者运用 STIRPAT 模型，研究了发达国家三个环境影响因素，尤其是人口年龄结构。他们将人口年龄结构分为 20~34 岁、35~49 岁、50~64 岁和 65~79 岁四个年龄段。该研究表明，35~49 岁年龄组的人群往往有较大的家庭，属于减少能源密集型，对能源消费及碳排放量有抑制作用；65~79 岁年龄组人群，在家里时间长，增加了住宅能源消费和电力消费，引起碳排放增加。Dalton 等（2008）以家庭层面的数据为基础，利用人口-环境-技术（people-environment-technology，PET）模型研究了 2000~2010 年美国人口老龄化对其碳排放的影响。结果表明，人口老龄化显著降低美国的碳排放水平。李楠等（2011）利用中国 1995~2007 年数据对碳排放与人口结构的关系进行了研究。该研究发现，人口老龄化对碳排放量有负影响。从长期看，人口老龄化水平迅速提升减少了碳排放。刘辉煌和李子豪（2012）采用 LMDI 因素分解法和动态面板 GMM 估计研究了中国人口老龄化与碳排放的关系。该研究发现，老龄化是中国近年来人均碳排放增加的重要原因，老龄化与碳排放存在显著的倒"U"形关系。曲如晓和江铨（2012）运用中国 1997~2009 年 30 个省（自治区、直辖市）的面板数据研究了人口规模、结构对区域碳排放的影响。该研究表明，劳动人口比重越大，碳排放越多，故劳动年龄人口对碳排放有显著正向影响。

文献梳理发现，国内外关于碳排放的人口年龄结构效应的研究较少，已有研究也多探讨单一年龄段对碳排放的影响。例如，用劳动年龄人口或老龄化人口代表人口年龄结构来研究人口年龄结构的碳排放效应。由于他们定义的年龄结构跨度大，故我们只能大致了解某一年龄段人口对碳排放的影响。而细分年龄段可以帮助我们更好了解年龄结构对碳排放的影响，但我国这方面的研究很少。为此，本节将年龄结构细化分为 0~14 岁、15~29 岁、30~44 岁、45~59 岁、60~74 岁和 75 岁及以上六个组别，来研究人口年龄结构对碳排放的影响。此外，关于出生人口群体对碳排放影响的研究更少，出生人口群体反映了不同的出生人群对环境的态度和生活习惯的差异，从而影响碳排放。我们将出生人口群体分为 1970 年及其以前、1971~1980 年、1981~1990 年、1990 年以后四个群体考虑出生人口群体结构对碳排放的影响。还有，随着人们生活水平的提高，高耗能产品增多，对电力的消耗越来越多，现阶段我国的电力主要是通过燃烧大量煤炭产生的，从而增加了碳排放量，而现有文献对电力中的煤炭强度对碳排放的影响研究不够。故本节研究中还引入了电力中的煤炭强度，以保证实证分析结果的可靠性，上述安排也体现了本节研究所做出的创新性努力。

4.2.3　研究方法与数据

1. 理论模型

碳排放量可以分解为

$$C = \frac{C}{\text{GDP}} \times \frac{\text{GDP}}{\text{POP}} \times \text{POP}$$

其中，C 为碳排放量；POP 为人口规模；$\dfrac{C}{\text{GDP}}$ 为单位 GDP 所排放的二氧化碳，即碳排放强度；$\dfrac{\text{GDP}}{\text{POP}}$ 为人均 GDP。

令 $a = \dfrac{C}{\text{GDP}}$，$y = \dfrac{\text{GDP}}{\text{POP}}$，则上式可以表达为

$$C = a \times y \times \text{POP} \tag{4-7}$$

在式（4-7）的两边做对数变换，得

$$\ln C = \ln a + \ln y + \ln \text{POP} \tag{4-8}$$

其中，碳排放为碳排放强度、人均 GDP 和人口规模的乘积。当碳排放强度保持不变，人均 GDP 和人口总量发生变化时，碳排放也随之按相同比例发生变化。然而，碳排放强度并不是一个常数，其变化取决于多个因素。例如，EKC 就把人均 GDP 作为碳排放的主要驱动因素。除此之外，它还取决于人口规模、年龄组成、城市化率，以及能源结构如电力中煤炭发电比例等。此外，如前文讨论，出生人口群体也可能影响碳排放强度。综上所述，碳排放强度可表示为

$$a = f(y, \text{POP}, \text{AC}, \text{CC}, \text{UR}, \text{COAL}) \tag{4-9}$$

对式（4-9）两边取对数并引入人均 GDP 对数的平方项，就得到：

$$\ln a = (\beta_1 - 1)\ln y + \beta_2 (\ln y)^2 + (\beta_3 - 1)\ln \text{POP} + \beta_4 \text{AC} + \beta_5 \text{CC} + \beta_6 \ln \text{UR} + \beta_7 \text{COAL}$$
$$(4\text{-}10)$$

把式（4-10）代入式（4-8），得到碳排放的理论模型如下：

$$\ln C = \beta_1 \ln y + \beta_2 (\ln y)^2 + \beta_3 \ln \text{POP} + \beta_4 \text{AC} + \beta_5 \text{CC} + \beta_6 \ln \text{UR} + \beta_7 \text{COAL} \quad (4\text{-}11)$$

在式（4-11）的基础上，我们构造碳排放的面板数据模型如下：

$$\ln C_{it} = f\left(y_{it}, \text{POP}_{it}, \text{AC}_{it}, \text{CC}_{it}, \text{UR}_{it}, \text{COAL}_{it}\right) + \varepsilon_{it} \quad (4\text{-}12)$$

其中，i 代表省（自治区、直辖市）；j 代表年份；ε 为误差项。

2. *数据来源与描述*

我们将人口年龄结构划分为六组，用各省（自治区、直辖市）0~14 岁、15~29 岁、30~44 岁、45~59 岁、60~74 岁和 75 岁及以上的人口占该省（自治区、直辖市）总人口的百分比表示，分别记作 AGE_1、AGE_2、AGE_3、AGE_4、AGE_5 和 AGE_6；将出生人口群体划分为四组，用各省（自治区、直辖市）1970 年及其以前、1971~1980 年、1981~1990 年和 1990 年以后出生的人口占各省（自治区、直辖市）总人口的百分比表示，分别记作 A_1、A_2、A_3 和 A_4。样本数据为 1990 年、1995 年、2000 年、2005 年和 2010 年除西藏、香港、澳门、台湾外的 30 个省（自治区、直辖市）的面板数据。其中，人口年龄结构、出生人口群体根据第四次、第五次，第六次全国人口普查及每五年一次的全国 1%人口抽样调查资料得到。城市化率用各省（自治区、直辖市）城镇人口占总人口的百分比表示，记作 UR。人均 GDP 来自历年《中国统计年鉴》，并根据 2000 年的不变价格调整得到。电力中的煤炭强度根据《中国能源统计年鉴》中的火力发电在电力发电中的比例得到，用 COAL 表示。人均收入用 A 表示，单位为万元。人口总量用 POP 表示，单位为万人。

我国没有官方公布的碳排放量数据，故需对 30 个省（自治区、直辖市）的碳排放量进行估算，碳排放量用 C 表示。本节的碳排放总量根据历年《中国能源统计年鉴》《新中国六十年统计资料汇编》，以及 IPCC 制定的指导目录和方法计算而得。

《2006 年 IPCC 国家温室气体清单指南》将能源消费量分为 8 类，但这些能源指标是实物量，需用每一种能源消费量与碳排放系数相乘折算：

$$C = \sum_{i=1}^{8} E_i \times A_i \quad (4\text{-}13)$$

其中，i 代表能源种类（$i = 1, 2, \cdots, 8$）；C 为能源消费总的碳排放量；E_i 为第 i 种能源的消耗量，单位是万吨标准煤；A_i 为第 i 种能源消费量的碳排放系数。能源实物量的折算系数采用《中国能源统计年鉴》中的"各种能源折标准煤参考系数"。碳排放系数利用国家发展和改革委员会能源研究所（2006 年）对不同能源碳排放的碳排放量采用的不同计算系数。

据 IPCC（2006 年）和国家发展和改革委员会能源研究所（2007 年）的方法，使用我国 30 个省（自治区、直辖市）人口普查年份及每五年一次的人口抽查年份的数据，选取煤炭、汽油、焦炭、原油、燃料油消费量等 8 种能源消费量核算的 30 个省（自治区、直辖市）1990~2010 年每五年一周期的人均碳排放，如图 4-2 所示。

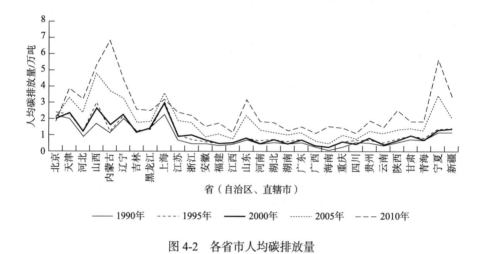

图 4-2　各省市人均碳排放量

如图 4-2 所示，大部分省（自治区、直辖市）的人均碳排放量均逐年增加。其中，内蒙古在 2010 年的人均碳排放量最大，增长幅度也最大；其次是宁夏。北京、江西、四川的人均碳排放相对较稳定。

表 4-8 给出了 1990 年和 2010 年各相关变量的统计量。如表 4-8 所示，各省（自治区、直辖市）之间的碳排放量有较大差异。1990 年，碳排放量最小的只有59.22 万吨（海南），最多的为 7 979.85 万吨（辽宁），两者相差 133.7 倍。2010年，碳排放量最小的为 1 039.32 万吨（青海），最多的为 30 476.52 万吨（山东），两者相差近 30 倍。30 个省（自治区、直辖市）的 2010 年碳排放量是 1990年的 4 倍。各省（自治区、直辖市）人均收入也存在较大差异，收入最高的为6.188 1 万元（上海），最低的为 0.878 9 万元（贵州），且 2010 年是 1990 年的 6倍。2010 年和 1990 年发电中用煤炭发电所占比例基本一致。与 1990 年相比，2010 年的 14 岁及以下人口比重下降了 40%，60 岁及以上人口比重增加了 57%，老龄化现象明显加剧。

表4-8 相关变量的统计特征

变量	年份	均值	中位数	标准差	最小值	最大值
碳排放量/万吨	1990	2 678.78	2 400.995	1 829.441 3	59.22	7 979.85
	2010	10 036.64	7 805.16	6 941.650 3	1 039.32	30 476.52
人均收入/万元	1990	0.326 5	0.244 9	0.229 0	0.138 0	1.119 3
	2010	2.442 5	1.883 4	1.307 7	0.878 9	6.188 1
城市化率	1990	0.282 1	0.217 8	0.163 3	0.122 6	0.734 8
	2010	0.518 9	0.488 7	0.139 8	0.338 1	0.893
人口/万人	1990	3 764.01	3 404.86	2 359.22	445.695	8 550.95
	2010	4 436.12	3 784.32	2 708.88	563.00	10 441.0
电力的煤炭强度	1990	0.738 8	0.855 6	0.273 3	0.228 5	0.998 9
	2010	0.775 7	0.857 9	0.224 0	0.207 58	0.987 2
14 岁及以下人口比重	1990	0.277 9	0.284 2	0.041 8	0.182 3	0.337 4
	2010	0.164 6	0.169 2	0.042 5	0.086	0.252 6
60 岁及以上人口比重	1990	0.082 1	0.082 6	0.018 2	0.051 4	0.141 7
	2010	0.129 3	0.129 3	0.020 5	0.094 5	0.174 2

4.2.4 人口年龄结构及出生人口群体的碳排放效应的实证研究

我们以面板数据模型（4-12）研究人口年龄结构和出生人口群体的碳排放效应。人口数据是每五年统计一次，面板数据时间序列维度小于横截数据维度。故时间序列的非平稳性问题可认为不是主要的。另外，为解决序列相关问题，我们引入滞后因变量，其体现了碳排放对因变量变化的后期反应。考虑到数据具有相对较小的时间维度的特点，本节使用 PCSE 处理变量的同期相关性和异方差性。Beck 和 Katz（1995）提出的 PCSE 估计可有效处理复杂面板数据的误差结构如序列相关问题，在样本量不大时尤为有用。

1. 不包括人口年龄结构和出生人口群体效应的模型估计

首先进行模型选择，我们对随机效应模型进行的 H 检验，结果如表 4-9 所示，随机效应模型的 H 检验不显著，故选择固定效应模型。

表4-9 随机效应模型的 H 检验

检验方法	统计量	显著性水平
卡方检验	50.591 5	0.000 0

然后进行混合效应模型与固定效应模型的选择，F 检验结果如表 4-10 所示，时点固定效应模型的 F 检验显著，故选择时点固定效应模型。

表4-10　**F检验结果**

检验方法	统计量	自由度	显著性水平
皮瑞德 F	25.449 3	（3，108）	0.000 0
皮瑞德卡方	63.093 8	3	0.000 0

　　对人口规模、人均收入、城市化率、电力中煤炭强度进行时间固定效应模型估计，得到表 4-11 中的估计结果 A。其中，COAL 为电力中煤炭强度；AGE_1 为 15 岁以下人口比重；AGE_2 为 15~29 岁人口比重；AGE_3 为 30~44 岁人口比重；AGE_4 为 45~59 岁人口比重；AGE_5 为 60~74 岁人口比重；AGE_6 为 75 岁及以上人口比重。该模型的拟合优度为 0.967 8，各变量的系数显著，说明模型拟合效果好。

表4-11　**未考虑出生人口群体效应的模型估计结果**

统计量	A	B	C
C	0.617 4*** （3.177 9）	−437.738 5* （261.89）	1.560 8*** （3.437 8）
$lnCO_2$（−1）	0.820 9*** （3.036 1）	0.809 9*** （1.644 2）	0.802 1*** （2.036 4）
lnPOP	0.096 5** （3.041 9）	0.125 4** （1.553 4）	0.124 9*** （1.942 8）
lnA	0.124 8** （2.055 0）	0.187 4** （2.078 6）	0.168 7*** （3.060 8）
（lnA）^{2}	−0.065 6** （2.025 1）	−0.043 9 （0.037 1）	—
lnUR	−0.203 2** （2.090 2）	−0.162 9 （0.100 5）	−0.180 3** （1.787 6）
COAL	0.298 5*** （1788 5）	0.312 7*** （1.492 1）	0.288 2*** （2.089 3）
AGE_1	—	0.270 2 （0.989 0）	—
AGE_2	—	0.285 3 （1.737 7）	−2.319 0** （1.979 1）
AGE_3	—	0.871 0 （1.941 3）	—
AGE_4	—	0.086 6 （1.795 8）	—
AGE_5	—	0.133 9 （0.781 0）	−5.179 3** （2.199 8）
AGE_6	—	0.067 6 （0.801 8）	—
时间效应	是	是	是
地区效应	否	否	否
调整 R^2	0.967 8	0.969 6	0.967 8
F统计量	361.230 4	217.176 9	322.516 5
显著性水平	0.000 0	0.000 0	0.000 0

***、**、*分别表示参数在 1%、5%、10%水平下显著

注：括号内数字为 t 统计量

在模型 A 中，滞后因变量的系数为 0.820 9 且显著，说明在周期为 5 年的时间序列中，碳排放量的滞后对当期碳排放量有显著影响，并且是正向影响。根据表 4-11 的结果，滞后因变量的系数在 0.80 左右，即上一期的碳排放量每增加 1%，当期的碳排放量就会增加约为 0.80%，这说明碳排放是一个连续积累的动态过程。人口规模的系数为 0.096 5 且显著，表明人口规模对碳排放有正向影响。在短期，人口规模每增加 1 个百分点，碳排放将增加 0.096 5 个百分点，当人口规模长期持续增长，碳排放将增加 0.484 7 个百分点。人均 GDP 的系数为正，人均 GDP 平方的系数为负，这两个参数均显著，这表明，碳排放最初随人均 GDP 的增加而上升，然后随人均 GDP 的增加而下降，人均 GDP 对碳排放影响呈倒 "U" 形曲线。城市化率的系数为 −0.203 2 且显著，在其他变量保持不变时，城市化率每提高 1 个百分点，碳排放将减少 0.203 2 个百分点，这对我国减少碳排放是有利的。电力中的煤炭强度的系数显著为正，故其对碳排放有促进作用。

2. 考虑人口年龄结构但不考虑出生人口群体效应的模型估计

随机效应模型的 H 检验结果如表 4-12 所示。由于随机效应模型的 H 检验不显著，故选择固定效应模型。

表4-12　随机效应模型的H检验

检验方法	统计量	显著性水平
卡方检验	44.998 3	0.000 0

混合效应模型与固定效应模型选择的 F 检验结果如表 4-13 所示。从 F 检验可知，时点固定效应模型的 F 检验显著，故选择时点固定效应模型。

表4-13　F检验结果

检验方法	统计量	自由度	显著性水平
皮瑞德 F	17.419 6	（3, 108）	0.000 0
皮瑞德卡方	48.423 1	3	0.000 0

引入人口年龄结构变量后的时点固定效应模型估计结果为表 4-11 的模型 B。模型 B 的判定系数到达了 96%，故模型显著，但各年龄结构变量、人均 GDP 的平方项和城市化的系数不显著，说明模型中存在多重共线性。

为了解决多重共线性的问题，我们采用逐步回归方法，在模型 B 中去掉不显著的变量，重新进行估计，得到模型 C。模型 C 中，F 检验的 P 值小于 0.05，模型显著，且各变量的系数显著，说明该模型不存在多重共线性。与不包括年龄结构变量的模型相比，引进人口年龄结构后，模型 C 的拟合优度接近 1，模型拟合效果更好，且人口规模、人均 GDP、城市化率、电力中的煤炭强度的系数均显著，它们对碳排放的影响方向没有发生变化。相对而言，人口规模和人均GDP的系数变大，城镇化率和电力中的煤炭强度的系数变小。这说明，人口年龄结构因素对碳排放有着不可忽视的影响，在碳排放分析中，考虑人口年龄结构是必要的，也是有效的。

在模型 C 中，年龄组 15~29 岁和 60~74 岁变量的系数显著。15~29 岁组变量系数显著为负，可能与我国的人口受教育年限有关。15~29 岁人群，正在学校读书或踏入社会工作不久，虽然消费需求比较大，但相对于 30~59 岁年龄段来说，收入有限，故其消费能力受到限制，同时，出行更多采用公共交通工具，对能源消耗相对较低。对碳排放而言，60~74 岁人群比 15~29 岁人群变量系数更显著且为负。这说明了年轻人和老年人比中间年龄段人群产生的碳排放少，且老年人减少的最多，老年人消费需求小，对能源消耗就少，碳排放也相应减少。

3. 考虑出生人口群体效应但不考虑人口年龄结构的模型估计

随机效应模型的 H 检验结果如表4-14所示。由于随机效应模型的 H 检验不显著，故选择固定效应模型。

表4-14　随机效应模型的 H 检验

检验方法	统计量	显著性水平
卡方统计量	54.665 5	0.000 0

混合效应模型与固定效应模型选择的 F 检验结果如表 4-15 所示。由 F 检验可见，时点固定效应模型的 F 检验显著，故选择时点固定效应模型。

表4-15　F 检验结果

检验方法	统计量	自由度	显著性水平
皮瑞德 F	19.433 9	(3, 105)	0.000 0
皮瑞德卡方	52.113 5	3	0.000 0

引入出生人口群体变量的时点固定效应模型估计结果如表 4-16 的 A 和 B 所示。

表4-16　考虑出生人口群体效应的模型估计结果

统计量	A	B
C	0.163 0 （0.572 8）	0.781 2*** （2.118 3）
$lnCO_2$（-1）	0.826 8*** （2.037 5）	0.830 1*** （2.030 7）
lnPOP	0.109 3*** （2.043 4）	0.094 9*** （1.633 2）
lnA	0.178 6*** （3.064 8）	0.135 8*** （1.848 8）
（lnA）^{2}	-0.043 9 （0.034 7）	-0.068 0** （1.528 9）
lnUR	-0.188 2** （2.092 0）	-0.192 2** （2.081 8）
COAL	0.309 6*** （1.990 6）	0.299 7*** （2.073 4）
AGE_1	—	—
AGE_2	—	—
AGE_3	—	—
AGE_4	—	—
AGE_5	—	—
AGE_6	—	—
A_1	-0.010 1 （0.456 2）	-0.424 7** （1.497 3）
A_2	0.962 0 （0.207 5）	—
A_3	-0.302 7 （0.759 5）	—
A_4	1.271 7 （0.964 2）	—
时间效应	是	是
地区效应	否	否
调整 R^2	0.968 5	0.968 2
F 统计量	249.761 1	326.605 6
显著性水平	0.000 0	0.000 0

***、**分别表示参数在 1%、5%水平下显著

注：括号内数字为 t 统计量

　　在模型 A 中，出生人口群体变量均不显著，而人口规模、人均 GDP、城市化率、电力中的煤炭强度的系数依然显著，对碳排放影响方向也没有变化。

　　对出生人口群体变量采取逐步回归得到模型 B。模型 B 中，1970 年及其以前出生人口群体的系数为负，说明相对于 1990 年以后的出生人口群体，该人群的碳排放相对较少。一个可能解释是，这一年龄段的人，出生于我国经济起步阶段，当时生活物资短缺，由此养成了他们的节俭生活习惯，塑造了节约型的能源使用

的态度和行为；而1990年以后出生的人群，生长于我国经济快速发展时期，生活物资相对丰富，这一人群更倾向能源密集型生活方式，导致碳排放增多。与没有引入出生人口群体变量相比，引进出生人口群体变量后，模型的拟合优度差不多，不存在自相关性，原变量对碳排放的影响显著，对碳排放的影响方向也没有发生变化。只是相对而言，人口规模、人均 GDP 和电力中的煤炭强度的系数变大，城市化率的系数变小。这说明，出生人口群体因素对碳排放有着不可忽视的影响，在碳排放分析中，考虑人口群体变量是必要的，也是有效的。

4. 同时考虑出生人口群体和人口年龄结构效应的模型估计

随机效应模型 H 检验结果如表 4-17 所示。由于随机效应模型的 H 检验不显著，故选择固定效应模型。

表4-17　随机效应模型的H检验

检验方法	统计量	显著性水平
卡方统计量	50.729 8	0.000 0

混合效应模型与固定效应模型选择的 F 检验结果如表 4-18 所示。从 F 检验结果可知，时点固定效应模型的 F 检验显著，故选择时点固定效应模型。

表4-18　F检验结果

检验方法	统计量	自由度	显著性水平
皮瑞德 F	15.007 6	（3，100）	0.000 0
皮瑞德卡方	43.863 2	3	0.000 0

我们引入出生人口群体变量和人口年龄结构变量进行时点固定效应模型估计，得到表 4-19 中的模型 C、D。模型 C 的拟合优度大，但各年龄结构变量、出生人口变量、人均 GDP 的平方项和城市化的系数不显著，说明模型中存在多重共线性。

表4-19　考虑出生人口群体效应和人口年龄结构的模型估计结果

统计量	C	D
C	−387.794 8 （62.909）	1.687 0[***] （2.378 9）
$\ln CO_2(-1)$	0.783 2[***] （3.046 6）	0.809 4[***] （2.038 4）
$\ln POP$	0.160 7[***] （3.057 2）	0.111 4[***] （2.037 9）

续表

统计量	C	D
lnA	0.237 1*** (1.092 6)	0.149 2*** (1.046 0)
(lnA)²	−0.005 (0.045 1)	—
lnUR	−0.172 4 (0.109 0)	−0.164 7** (2.068 6)
COAL	0.341 5*** (3.095 2)	0.277 2*** (2.077 0)
AGE_1	387.212 3 (62.244)	—
AGE_2	385.912 4 (61.988)	−2.345 1** (5.866 3)
AGE_3	388.382 0 (62.164)	—
AGE_4	389.855 2 (61.979)	—
AGE_5	385.726 3 (26.128)	−3.262 9* (1.866 2)
AGE_6	383.838 9 (26.296)	—
A_1	−0.197 6 (0.590 4)	−0.479 8* (1.306 0)
A_2	1.875 0 (0.558 8)	
A_3	0.206 7 (0.029 8)	
A_4	3.034 9 (0.519 8)	
时间效应	是	是
地区效应	否	否
调整 R^2	0.971 4	0.974 6
F 统计量	175.677 1	370.816 0
显著性水平	0.000 0	0.0000

***、**、*分别表示参数在 1%、5%、10%水平下显著

注：括号内数字为 t 统计量

为了消除多重共线性，我们采用逐步回归估计去掉不显著变量，最终得到模型 D。在模型 D 中，关于年龄组对碳排放的影响结果和表 4-16 中的回归 B 结果一样，15~29 岁年龄组和 60~74 岁年龄组的碳排放相对其他年龄段的人的碳排放更少；出生群体对碳排放的影响结果与表 4-16 中的回归 B 结果相同，1970 年及其以前出生的人相对其他出生群体碳排放量较少。与前面没有引入人口结构变量和人

口群体变量的模型相比，引入人口结构变量和人口群体变量后的模型的拟合优度
更大，模型拟合效果更好，人口规模、人均 GDP、电力中的煤炭强度、城市化对
碳排放显著，对碳排放的影响方向没有发生变化，人口规模变量和人均 GDP 变量
的系数变大，电力中的煤炭强度和城市化率的系数变小了。

最终的估计结果表明，人口年龄结构对碳排放有显著影响。60~74 岁年龄段
和 15~29 岁年龄段的碳排放相对较少，低于其他年龄段的碳排放，随着 60~74 岁
年龄段和 15~29 岁年龄段人口比例变大，可有效减少碳排放。60~74 岁年龄段变
量的系数比 15~29 岁年龄段的大，说明老年人的碳排放低于 15~29 岁年龄段人
群，老年人比 15~29 岁年龄段人群的碳排放减少效果更明显。15~29 岁年龄段人
群大多为学生或刚开始踏入社会工作的人，虽然消费需求大，但收入有限，消费
需求相对受到限制。中年人收入相对较多也稳定，且拥有私家车数量大，在消费
方面，他们有能力购买能源消耗多的产品，从而增加碳排放；60~74 岁年龄段
人群的碳排放量最少，说明老龄化对碳排放有抑制作用。老年人社会经济活动减
少，消费能力及其意愿随年龄增长而下降，他们的个人能源消耗和碳排放下降。

出生人口群体对碳排放有显著影响。1970 年及其以前出生的人群碳排放相对
较少，低于其他年份出生的人群。相对而言，1970 年及其以前出生的人对碳排放
有抑制作用，当他们的人口比例增大时，有利于减少碳排放。1970 年及其以前出
生的人，正好成长于我国经济社会生活物资匮乏时期，养成了节俭的生活习惯，
在以后生活中保持了这一习惯。1970 年以后出生的人，生活物资相对丰富，具有
能源密集生活方式的趋势，导致碳排放增加。

人口规模、人均 GDP、电力的煤炭强度对碳排放有显著正向影响。其中，电
力的煤炭强度对碳排放影响最大。当前，我国仍以火力发电为主，电力需求增
加，会增加煤炭燃烧发电，从而增加碳排放；人均 GDP 次之，人均 GDP 反映一
个国家人民平均财富，当人们收入提高时，人们生活水平就提高了，消费需求就
会增加，促使产品生产增加，碳排放也增加；人口规模扩大，扩大了社会活动
量，从而增加能源消耗，碳排放也随之增加，但人口规模对碳排放的影响最小。
城市化率对碳排放的弹性系数为负，即城市化率对碳排放呈负向作用，说明当经
济发展达到较高水平时，提高城市化水平有助于节能减排。城市化进程改变了人
们的观念，改变了人们的生活方式，使能源利用率得到提高，从而减少碳排放。
在当前中国城市化进程中，城市化率的提高有助于减少碳排放。

4.2.5 结论与建议

基于碳排放量分解公式，我们引入了人口年龄结构和人口出生群体变量，将

人口年龄结构分成 15 岁以下、15~29 岁、30~44 岁、45~59 岁、60~74 岁、75 岁及以上六组,出生人口群体分为 1970 年及其以前、1971~1980 年、1981~1990 年、1990 年以后出生四类,使用我国 1990 年、2000 年、2010 年全国人口普查数据和 1995 年、2005 年人口 1%抽查年份数据对人口年龄结构和出生人口群体的碳排放效应进行研究。本节的结论告诉我们以下几点。

第一,政府在应对节能减排中要重视人口因素的重要作用。人口老龄化将成为我国未来人口结构变化的最主要特征。人口老龄化有利于降低碳排放,这无疑为降低碳排放提供了想象空间。例如,相关研究表明,家庭人口规模越大,越有利于降低碳排放。相应地,对于政府来说,可以通过加大财政税收等支持力度,扩大社会养老规模,达到既减轻社会养老负担,又降低碳排放的双赢结果。同时,继续适当鼓励人们生育,通过提高出生率调整我国人口年龄结构,有利于减少碳排放。

第二,引导人们合理消费,改变生活方式。人口年龄结构和出生人口群体对碳排放的影响作用不同。人们通过物质消费影响碳排放。不同年龄结构和出生人口群体的收入、消费观念不同,消费水平不同,故其对碳排放影响不同。当前社会物质丰富,中年人收入稳定,对物质消费需求大,促进了产品生产,增加碳排放;80 后、90 后出生人群更愿意多采用能源密集的生活方式,对能源消耗较大,导致碳排放增加。因此,可以引导中年人健康消费、适当消费、低碳消费,如多乘公交车、尽量少开私家车,工作地点离家近的可以步行或骑自行车,改变他们的消费观念,从而改变其消费模式;对 80 后、90 后,需要引导他们采用健康、低碳的生活方式,如选用节能家电器,随手关掉电源等。

第三,推动科技发展,有效利用清洁能源。电力的煤炭强度对碳排放影响程度最大。电力的煤炭强度越高,说明技术水平越低。因此,只要提高技术水平,降低电力的煤炭强度,碳排放就会相应减少。我国目前发电仍然以火力发电为主,风力发电、水力发电、核电所占比例小。我国水域众多,故应该合理利用水力发电;同时,充分利用我国部分地区日照时间长的优势,采用太阳能发电,减少火力发电。政府应该引导居民合理用电、节约用电,减少电力的消耗,减少碳排放。

4.3 工作年龄人口影响了中国碳排放吗?

4.3.1 引言

伴随着经济总量的持续增长,能源消耗的不断增加,世界大气环境在持续恶化并且已经影响到人类的生存和社会福利。作为全球第一大碳排放国，中国政府和学术界都高度关注并竭力推动节能减排。

文献回顾显示，国内外关于碳排放驱动因素的相关文献较多，但很大程度上忽略了人文因素特别是人口因素的碳排放效应。作为世界人口第一大国，中国人口众多，人口因素对碳排放的影响不容忽视。近年来，国内外学者已将人口地理密度和规模等作为解释变量纳入碳排放预测模型，但对人口年龄结构的重视不够。人口年龄结构从生产和消费两个渠道共同影响碳排放。就生产渠道而言，生产随就业或劳动年龄人口增加而增长；从消费渠道来说，根据生命周期消费理论，人类消费随年龄的增加而增长，在主要工作年龄阶段，其消费达到顶峰，随后缓慢下降。为此，本节将注意力集中于特定人口——主要工作年龄人口结构上，这是因为该年龄人口是中国最主要的生产和消费群体，应该对碳排放有最为重要的影响。主要工作年龄指人口生产和消费都最为旺盛的阶段。根据人口学理论及中国实际，本节将人口主要工作年龄设定为30~49岁。

对人口年龄结构与碳排放效应的深入研究有助于揭示碳排放的内在机制及决定是否将人口年龄结构纳入未来碳排放预测。此外，在中国人口年龄结构正处于快速且剧烈转型的今天，人口年龄结构的变动还意味着不同地区在未来碳减排中应承担责任的差异，甚至有国外学者提出，在国际碳减排谈判如《京都议定书》中除了要明确考虑人口总量和GDP增长的预期外，还应将人口年龄因素的变动考虑在内，故从中国未来碳减排与责任的国际谈判角度来讲，对人口年龄结构与碳排放效应进行预研也是必要的。

4.3.2　文献综述

近年来，国外学者已明确地将人口年龄结构纳入碳排放研究中。例如，有学者将人口年龄划分为20~34岁、35~49岁、50~64岁、65~79岁四个年龄组，研究人口年龄分布对碳排放的影响。该研究表明，人口年龄结构对碳排放影响显著；他们从住宅能源消费和电力消费角度的分析显示，35~49岁人口具有减少碳排放的作用。Fan等（2006）研究了不同收入水平国家人口年龄结构与碳排放之间关系的差异。该研究表明，在高收入国家，工作年龄人口（15~64岁）占总人口的比重与碳排放量呈负相关关系，在低收入国家呈正相关关系。Shi（2003）在碳排放模型中加入了劳动年龄人口比重后的实证分析表明，劳动年龄人口比重与碳排放呈正相关关系。Dalton等（2007）对比分析了美国不同年龄组的家庭在碳排放方面的差异。分析显示，在未来人口压力较小的假设下，人口老龄化将对碳排放起抑制作用且抑制效果超过了技术进步。Tobias和Heinz（2012）对欧盟所做的实证分析显示，碳排放随老年人口的增加而增加。他们认为，研究碳排放驱动因素时，没有理由将年龄因素排除于结构模型之外。Cole 和 Neumayer（2004）利用静态面板数据分析了人口与碳排放的关系。分析表明，15~64 岁人口比重与碳排放存在正相关关系。Cutler 和 Katz（1992）认为，人口老龄化问题会引起总储蓄率下降、人均资本和消费增高，进而转化为更高碳排放。

国内学者近年来在人口年龄对碳排放的驱动作用方面也做了相应的研究，并取得了一定进展。马晓钰等（2013）认为，影响碳排放的最主要原因是人口规模，其次是城市化水平和人口年龄结构。其所说的人口年龄结构为 15~64 岁人口占总人口的比重。王星和刘高理（2014）在碳排放影响因素的研究中发现，劳动年龄人口对碳排放的驱动作用最显著，劳动年龄人口指的是 15~64 岁人口。王芳和周兴（2012）基于跨国面板数据的研究指出，人口年龄结构尤其是人口老龄化程度对碳排放的影响呈倒 "U" 形。付云鹏等（2015）认为，人口年龄结构（15~64 岁）对碳排放的影响为负效应且小于人口规模对碳排放的影响。宋杰鲲（2010）认为，人口年龄结构对碳排放有一定影响，15~64 岁人口占总人口比重越大，其消费的能源和资源越多，且人口年龄对碳排放的影响具有不确定性。尽管多数学者认为，人口老龄化有利于减少碳排放，但也有部分学者得出了相反结论。李楠等（2011）的研究表明，人口老龄化对碳排放有负影响。从长期看，老龄化速度加快没有对碳排放起到抑制作用。刘辉煌和李子豪（2012）认为，人口老龄化是近年来中国人均碳排放量增加的重要原因。

综上所述，国内外学者在碳排放的人口年龄结构效应方面的研究并不成熟。强调人口年龄结构的文献很少，研究也相对粗糙，多按 0~14 岁、15~64 岁、65 岁及以上的分类原则将人口划分为少年人口、中年人口和老年人口来研究不同年龄阶段的碳排放效应。这样做只能了解较大范围年龄段的人口年龄结构的碳排放效应，而对影响碳排放最为明显的主要工作年龄段的研究几乎没有。有的只是将工作年龄人口定义为 15~64 岁，这样定义的工作年龄人口范围大且不符合我国社会生产生活实际。同时，在研究技术方面，由共同影响因素所导致的自变量和因变量的自相关性使得最小二乘估计出现较大偏差问题在国内文献中没有考虑，这无疑影响了实证分析的有效性，为此，本节力图弥补上述不足。本节做了以下主要工作：将人口年龄限定为 30~49 岁，研究我国主要工作年龄人口结构对碳排放的影响，这在国内文献中几乎没有；考虑了人口年龄结构的内生性，引入出生率滞后项作为工具变量，采用两阶段最小二乘估计 30~49 岁年龄人口分布对碳排放的影响，从而在技术层面保证了分析结果的客观性。

4.3.3 理论框架、模型设定

1. 理论框架与模型设定

尽管本节的主要目的是研究人口年龄结构的碳排放效应，但若只对人口年龄结构和碳排放两者做简单回归会因异方差等出现参数估计的偏误，故需要建立多因素理论模型。在碳排放驱动因素研究中，应用最广泛的是 STIRPAT 模型：

$$I = \alpha P^{\beta} A^{\gamma} T^{\lambda} \mu \qquad (4\text{-}14)$$

其中，I 为环境所受的影响，通常用碳排放量表示；P 为人口规模；A 为经济发展水平；T 为技术水平；α、β、γ、λ 为未知参数；μ 为随机扰动。

对 STIRPAT 模型两边取对数，得

$$\ln I = \ln \alpha + \beta \ln P + \gamma \ln A + \lambda \ln T + \ln \mu \qquad (4\text{-}15)$$

由于式（4-15）忽略了人口年龄结构等对碳排放的影响，故我们继续对 STIRPAT 模型的对数做如下扩展：

$$\ln CO_{2i,t} = c + \gamma ws_{i,t} + \theta \ln tp_{i,t} + \beta \ln GDP_{i,t} + \chi P_{i,t} + \varepsilon_{i,t} \qquad (4\text{-}16)$$

其中，$\ln CO_{2i,t}$ 为 i 地区第 t 年碳排放量的对数值；$ws_{i,t}$ 为 i 地区第 t 年的 30~49 岁人口占该地区总人口的比重；$\ln tp_{i,t}$ 为 i 地区第 t 年人口规模的对数值；$\ln GDP_{i,t}$ 为 i 地区第 t 年人均 GDP 的对数值；$P_{i,t}$ 为 i 地区第 t 年的城市化率，$\varepsilon_{i,t}$ 为未考虑的随机因素对碳排放的影响。式（4-16）中，碳排放量和 30~49 岁人口占该地区总人口的比重分别为因变量和自变量，人口规模、人均 GDP 和城市化率为控制变量。

由于在实证分析中，我们使用的是面板数据，故在式（4-16）的基础上，分别设定固定时间效应、固定个体效应及固定时间个体效应模型：

$$\ln CO_{2i,t} = c + \rho_t + \gamma ws_{i,t} + \theta \ln tp_{i,t} + \beta \ln GDP_{i,t} + \chi P_{i,t} + \varepsilon_{i,t} \qquad (4\text{-}17)$$

$$\ln CO_{2i,t} = c + \alpha_i + \gamma ws_{i,t} + \theta \ln tp_{i,t} + \beta \ln GDP_{i,t} + \chi P_{i,t} + \varepsilon_{i,t} \qquad (4\text{-}18)$$

$$\ln CO_{2i,t} = c + \rho_t + \alpha_i + \gamma ws_{i,t} + \theta \ln tp_{i,t} + \beta \ln GDP_{i,t} + \chi P_{i,t} + \varepsilon_{i,t} \qquad (4\text{-}19)$$

考虑到可能存在时间等某些不包含在回归模型中的因素会同时影响碳排放和人口年龄结构。例如，较长期的经济繁荣可能导致包括交通或房地产消费等增加，进而导致碳排放增加；同时，经济繁荣会吸引更多年轻人迁移和流入，导致人口年龄结构的变化。这一排除在模型外的共同因素可能导致式（4-16）中因变量与自变量产生自相关，自相关会使最小二乘估计误差增大，参数估计有偏差且为非一致估计，这一问题足以导致模型的统计意义和经济意义受到质疑。

为解决上述可能潜在的问题，我们寻找人口年龄结构的工具变量。由于

30~49 岁人口比重取决于过去人口出生率，且碳排放不受过去人口出生率的影响。同时，理论模型中的控制变量与过去人口出生率的相关性也不强，故将过去人口出生率作为工具变量是合适的。为此，我们引入 10 年前、20 年前和 30 年前人口出生率为 30~49 岁人口比重的工具变量，得

$$
\begin{aligned}
\mathrm{ws}_{i,t} = {} & \alpha_0 + \alpha_i + \lambda_1 \mathrm{birth}10_{i,t} + \lambda_2 \mathrm{birth}20_{i,t} + \lambda_3 \mathrm{birth}30_{i,t} \\
& + \theta \ln \mathrm{tp}_{i,t} + \beta \ln \mathrm{GDP}_{i,t} + \chi P_{i,t} + \nu_{i,t}
\end{aligned}
\tag{4-20}
$$

其中，工具变量 birth10、birth20 和 birth30 分别为各地区 t 年的前 10 年、前 20 年和前 30 年的人口出生率，其余变量的定义与方程式（4-19）相同。

2. 变量说明和数据来源

基于数据可得性，样本数据为全国 30 个省（自治区、直辖市）（除西藏、香港、澳门、台湾外）的平衡面板数据，样本期为 1990 年、1995 年、2000 年、2005 年和 2010 年，分别对应第四次、第五次和第六次全国人口普查和每五年一次的 1% 人口抽样调查年份。

由于我国没有碳排放量的公开官方数据，故本节按照地区能源使用量推算。根据 IPCC 和国家发展和改革委员会能源研究所的规定，选取煤炭、焦炭、原油、汽油等碳排放较大的 8 种能源核算各省（自治区、直辖市）的碳排放量。能源消费量数据来自历年的《中国能源统计年鉴》，且统一折算成万吨标准煤。折算方法参考《中国能源统计年鉴》附表中"各种能源折算成标准煤的参考系数"。

$$
C = \sum_{i=1}^{8} E_i \times F_i
\tag{4-21}
$$

其中，E_i 为各能源使用量；F_i 为各能源的碳排放系数。

解释变量（WS）为 30~49 岁年龄人口比重，用各省（自治区、直辖市）30~49 岁人口占其总人口的比重表示。数据来自历年的《中国人口统计年鉴》，第四次、第五次和第六次全国人口普查，以及 1995 年和 2005 年的全国 1% 人口抽查数据。

为研究人口年龄结构变动对碳排放的影响，除了考虑 30~49 岁人口比重之外，我们还引入了其他可能影响碳排放的变量作为控制变量：①人口规模。人口规模可以从侧面反映一个地区的碳排放量。一般来说，人口规模越大，碳排放越多。人口规模为地区年末人口总量，数据来自历年《中国人口统计年鉴》；②经济发展水平。经济发展水平的代表指标为人均 GDP，人均 GDP 反映了一个地区的经济发展水平。一个地区的经济发展水平越高，对能源的需求和消费越多，碳排放量越高，数据来自历年《中国统计年鉴》；③城市化率（P）。城市

化率反映了一个地区的城市化水平，城市化水平的提高一般会导致能源消耗的增加。城市化率由非乡村人口占该地区总人口的比重表示，数据来自历年《中国人口统计年鉴》；④滞后出生率（birth10、birth20 和 birth30）。出生率指标为工具变量，分别用 10 年前、20 年前、30 年前的每 1 000 人中出生人口数表示，数据来自历年《中国人口统计年鉴》。

4.3.4　人口年龄结构的碳排放效应的实证分析

1. 人口年龄结构对碳排放影响的初步分析

我们利用 30~49 岁人口比重与碳排放的散点图初步判断两者是否存在关联。全国的碳排放量与 30~49 岁年龄人口平均比重关系如图 4-3 所示。这里的年龄人口平均比重为所有样本年份各省（自治区、直辖市）30~49 岁人口占其总人口比重的均值。如图 4-3 所示，我国碳排放量与 30~49 岁人口比重表现出同期增长的趋势。这初步表明，从总体上看，30~49 岁人口比重对碳排放有正向的影响作用。

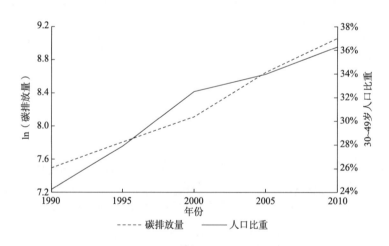

图 4-3　我国对数碳排放量的均值和 30~49 岁年龄人口平均比重
资料来源：《中国能源统计年鉴》《中国人口统计年鉴》

考虑到我国地区在人口年龄结构及碳排放上可能存在较大差异，故我们进一步从地区角度考察人口年龄结构变动与碳排放的关系。

我国部分地区碳排放和 30~49 岁年龄人口比重的关系如图 4-4 所示。在这里，之所以选择北京、河北、山西、广东、河南、贵州、新疆及海南为代表地区，是因为它们在全国地区中具有某种代表意义。例如，选取北京和河北是考虑到这两

个地区的雾霾较为严重；山西是我国主要煤炭产地；广东以轻工业和服务业发展
为主，经济发达，碳排放和人口年龄分布的关系可能比较特殊；河南为人口和农
业大省，是工业经济相对不发达的中部地区；贵州是经济欠发达的西部地区，新
疆和海南是碳排放相对较少的省（自治区），它们对西部地区和以旅游为支柱产
业的省（自治区、直辖市）来说可能有一定参考价值。

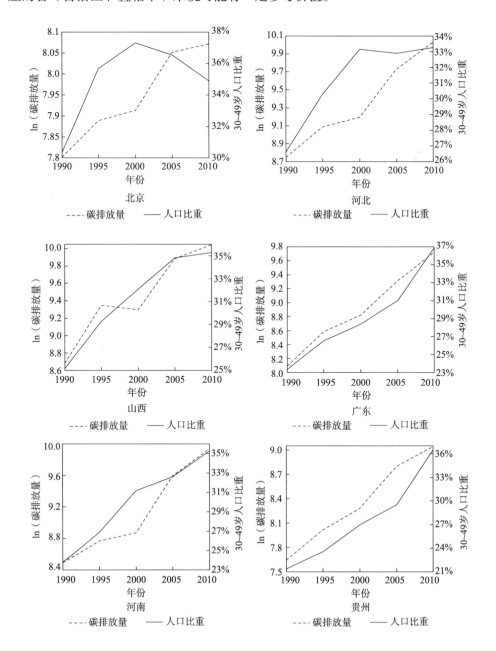

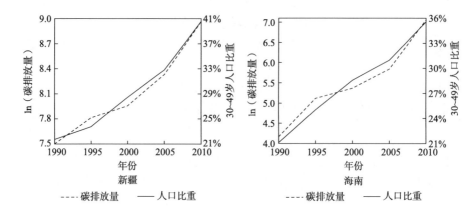

图 4-4　部分省（自治区、直辖市）对数碳排放量和 30~49 岁人口比重

资料来源：历年《中国能源统计年鉴》和《中国人口统计年鉴》

如图 4-4 所示，对于大部分省（自治区、直辖市）来说，无论是经济发达地区、农业相对发达地区、旅游产业发达地区还是经济欠发达地区，碳排放与 30~49 岁人口比重均呈同步增长趋势。当然，个别省（自治区、直辖市）的个别年份除外。例如，2010 年北京的 30~49 岁年龄人口比重减少，但碳排放增加。总的来说，碳排放与 30~49 岁人口比重为同向增加关系，这进一步表明了 30~49 岁人口比重对碳排放的正向影响。

通过全国及部分代表省（自治区、直辖市）碳排放和 30~49 岁人口比重关系的初步分析，我们得到了简单结论：碳排放和 30~49 岁人口比重同步增长，即碳排放随 30~49 岁人口比重的增加而增加，该人口年龄结构的变动是我国碳排放的重要驱动因素，是值得研究的碳排放驱动人文因素。但两者的具体关系尚需做具体的实证分析，这是因为如果不考虑人口规模、经济发展水平等控制因素的话，其结论则可能存在偏差。

2. 人口年龄结构的碳排放效应——直接分析

1）模型选择

由于本节的样本数据为面板数据，故首先通过豪斯曼检验进行模型的固定效应和随机效应选择。豪斯曼检验结果显示，固定效应模型较为合适。这样，人口年龄结构对碳排放影响有个体固定效应、时点固定效应和个体时点固定效应三个候选模型。时点固定效应模型（4）、个体固定效应模型（5）和个体时点固定效应模型（6）的拟合结果如表 4-20 所示。

表4-20 候选模型的拟合结果

统计量	模型（4）	模型（5）	模型（6）
C	−0.821 7* (−1.925 9)	1.845 7*** (5.556 0)	0.077 0 (0.356 5)
WS	0.109 7*** (5.257 8)	0.096 6*** (11.936 7)	0.038 5*** (4.188 0)
lntp	0.538 3*** (11.006 0)	0.065 0*** (4.590 5)	0.180 6*** (7.272 7)
lnGDP	−0.308 7** (−2.560 0)	0.094 0*** (4.551 6)	0.419 1*** (7.693 1)
P	0.000 9 (0.238 8)	0.054 3*** (11.936 7)	0.028 1*** (4.550 3)
R^2	0.819 7	0.932 7	0.985 1
D.W.	0.429 8	2.085 1	1.460 8
F 统计量	80.155 6	48.678 7	200.178 7

***、**、*分别表示参数在1%、5%、10%水平下显著

注：括号内数字为 t 统计量

资料来源：历年《中国统计年鉴》和《中国人口统计年鉴》

由表 4-20 可见，模型（4）中，城市化率对碳排放的影响不显著，人均 GDP 对碳排放的影响为负，与实际情况不符；D.W.值为 0.429 8，存在自相关问题。该模型估计效果不好，应剔除；模型（6）中，D.W.值为 1.460 8，存在自相关，模型估计效果不佳，剔除；模型（5）中，各变量对碳排放的影响显著且均为正，符合经济意义；不存在自相关和多重共线性等问题，故初步认为选择该模型较好。进一步地，F 检验结果也确认了模型（5）为最佳模型。综上，我们选择模型（5），即个体固定效应模型分析 30~49 岁人口比重对碳排放的影响。

2）结果分析

由表 4-20 可见，模型（5）的 R^2 为 0.932 7，模型拟合效果好。我们所关注的变量——30~49 岁人口比重及控制变量人口规模、人均 GDP 和城市化率都对碳排放有正影响作用且在 1%水平下显著，它们共同驱动了碳排放的增加。其中，30~49 岁人口比重每增加 1 个单位，碳排放增加 0.096 6 个单位；人口规模每增加 1 个单位，碳排放增加 0.065 0 个单位；人均 GDP 每增加 1 个单位，碳排放增加 0.094 0 个单位；城市化率每增加 1 个单位，碳排放增加 0.054 3 个单位。

这些变量对碳排放的正向影响作用可以想象，人口规模越大，能源使用量就越多，二氧化碳排放就越多；人均GDP增长意味着经济发展水平提高，经济发展离不开能源消耗，能源消耗越多，碳排放越多；城镇化水平提高意味着人民生活水平和消费增长，进而导致能源消耗和碳排放增加也是显然的；30~49 岁人口比重增加，即主要工作年龄人口比重增加，进而通过生产行为和消费行为两个渠道导致碳排放增加。值得注意的是，30~49 岁人口比重相较于人口规模、人均

GDP、城市化率，对碳排放的影响更明显。

3）人口年龄结构的碳排放效应——引入工具变量的分析

为消除潜在的参数估计偏差，在模型（4-16）的基础上，我们引入 10 年前、20 年前和 30 年前滞后出生率作为工具变量，采用两阶段最小二乘重新做参数估计。

（1）第一阶段的估计结果。方程（4-20）为两阶段最小二乘估计的第一阶段，模型中因变量为 30~49 岁人口比重；工具变量包括 10 年前、20 年前和 30 年前出生率；控制变量包括人均 GDP、人口规模和城市化率。第一阶段的拟合结果如表 4-21 所示。

表4-21　第一阶段的估计结果

出生率	30~49 岁人口比重	碳排放量
10 年前	0.298 2[***] （3.432 1）	0.032 0[**] （2.095 6）
20 年前	−0.422 0[***] （−10.277 5）	−0.028 2[***] （−3.903 3）
30 年前	−0.075 2[**] （−2.269 0）	−0.006 5 （−1.108 5）
R^2	0.798 6	0.876 1

***、**分别表示参数在 1%、5%水平下显著

注：括号内数字为 t 统计量

资料来源：历年《中国统计年鉴》和《中国人口统计年鉴》

由表 4-21 可见，模型的拟合优度为 0.798 6，拟合效果较好，三个工具变量对 30~49 岁人口比重都在 5%水平下显著。滞后出生率对 30~49 岁人口比重有显著影响。其中，10 年前出生率对 30~49 岁人口比重有正向影响，影响系数为 0.298 2，即 10 年前出生率每增加 1 个单位，30~49 岁人口比重增加 0.298 2 个单位；20 年前、30 年前出生率对 30~49 岁人口比重的影响为负，影响系数分别为−0.422 0 和 −0.075 2。作为工具变量的滞后出生率需要具有外生性，应不受模型中控制变量的影响，尤其是人均 GDP。如果过去人均 GDP 水平影响了过去的出生率和现在的碳排放，出生率就不具有外生性。在这种情况下，出生率的回归系数应有相同符号，但如表 4-21 所示的 20 年前、30 年前出生率的系数为负，10 年前出生率为正，因此，人均 GDP 指标并不会影响出生率的外生性。出生率指标为外生的，表明工具变量的选择是科学的。

从表 4-21 还可以看出，滞后出生率对碳排放的影响与第一阶段滞后出生率对 30~49 岁人口比重的影响形式相同，都是 10 年前出生率为正影响，20 年前、30 年前出生率为负影响。这表明，滞后出生率通过对 30~49 岁人口比重的影响间接对碳排放产生影响。所以，在考虑人口年龄结构对碳排放的影响时，应将出生率

考虑进来。

（2）第二阶段的估计结果。在加入滞后出生率作为工具变量后，重新拟合模型（4-20）的估计结果，如表 4-22 所示，模型的判决系数为 0.927 6，拟合效果较好。30~49 岁人口比重、人口规模、人均 GDP 和城市化率对碳排放的影响均在 1% 水平下显著。30~49 岁人口比重对碳排放的影响系数为 0.072 7，即 30~49 岁人口比重每增加 1 个单位，碳排放增加 0.072 7 个单位，由于 30~49 岁是我国人口的主要工作年龄段，该年龄段人口消费能力较强，对碳排放影响最为显著；人口规模对碳排放的影响系数为 0.071 7，即人口规模每增加 1 个单位，碳排放增加 0.071 7 个单位，碳排放随着人口规模的增加而增加；人均 GDP 对碳排放的影响系数为 0.120 4，人均 GDP 每增加 1 个单位，碳排放增加 0.120 4 个单位，人均 GDP 反映了人们生活水平和经济发展水平，当人均 GDP 增加时，生产和消费的增加促使碳排放增加；城市化率对碳排放的影响系数为 0.065 4，即城市化率每增加 1 个单位，碳排放增加 0.065 4 个单位。现阶段，我国城市化水平的提高促使碳排放增加。

表4-22　第二阶段的估计结果

统计量	2SLS
C	1.933 6*** （5.594 6）
WS	0.072 7*** （6.411 6）
Lntp	0.071 7*** （4.835 1）
lnGDP	0.120 4*** （5.232 9）
P	0.065 4*** （5.935 5）
R^2	0.927 6

***表示参数在 1%水平下显著

注：括号内数字为 t 统计量；2SLS：两阶段最小二乘（two stage least square）

资料来源：历年《中国统计年鉴》和《中国人口统计年鉴》

3. 与未引入出生率的估计结果的区别

在引入滞后出生率的第二阶段估计结果中，30~49 岁人口比重对碳排放的影响系数为 0.072 7，t 统计量为 6.411 6，在 1%水平下显著。与一般最小二乘估计相比，30~49 岁人口比重的碳排放效应估计值减少了 0.023 9，虽然从数值上看差异很小，但对碳排放的影响是明显的。30~49 岁人口比重每增加 1%，两者对碳排放影响的差距为 2.39%。这说明，工具变量通过影响 30~49 岁人口比重进而影响碳排放。引入出生率滞后项后，30~49 岁人口比重对碳排放的影响机理更加精确。首先，模型可能存在遗漏变量等问题，在引入工具变量后得到了很好解决；其次，尽管滞后出生率对碳排放没有起到直接作用，但从第一阶段的估计结果可以看出，滞后出生率对人口年龄结构的影响是显著的，所以过去出生率通过影响30~49 岁人口比重间接影响碳排放。同时，随着我国生育政策的变化，出生率会更加明显地影响人口结构，进而推动碳排放水平改变。因此，加入出生率的两阶段最小二乘估计结果更具说服力，这也为我们通过出生率预测碳排放变化提供了一定的理论支持。

4. 稳健性检验

若模型的估计结果随参数设定变化而变化，则表明该模型不稳健，其分析结果可能存在偏差。为验证本节实证分析的有效性，我们通过改变年龄和样本容量来验证模型的稳健性，模型的稳健性检验结果如表 4-23 所示。

表4-23　模型的稳健性检验

统计量	碳排放量					
	基线 （1）	包括 25~29 岁（2）	包括 30~54 岁（3）	更多 年龄组合（4）	更少 省（自治区、直辖市）（5）	35 年前 出生率（6）
30~49 岁	0.072 7*** （6.411 6）	0.096 0*** （11.568 1）	0.104 4*** （12.583 5）	—	0.071 6*** （11.058 7）	0.073 1*** （11.430 6）
20~30 岁	—	—	—	-0.107 3*** （-4.741 8）	—	—
50~64 岁	—	—	—	0.127 7*** （5.006 3）	—	—
65 岁及以上	—	—	—	0.225 8*** （6.59 51）	—	—
F 统计量	24.740 1	45.054 6	57.711 4	—	42.010 7	45.529 9
省市个数	30	30	30	30	27	27
观测值个数	150	150	150	150	135	135

***表示参数在 1%水平下显著
注：括号内数字为 t 统计量
资料来源：历年《中国统计年鉴》和《中国人口统计年鉴》

不同年龄的人口生产、消费所产生的碳排放可能不同，故我们将自变量30~49 岁人口比重做年龄划分上的扩展与改变，但仍采用两阶段最小二乘估计考察人口年龄结构对碳排放的影响。我们先在原年龄段上进行扩展，将模型（4-20）中的年龄段由 30~49 岁扩展到 25~49 岁。两阶段最小二乘回归系数由0.072 7 变为 0.096 0；将年龄段扩展到 30~54 岁，两阶段最小二乘估计的估计值为0.104 4。然后将其他年龄段，如 20~30 岁、50~64 岁、65 岁及以上组合作为解释变量进行回归。但为避免共线性的影响，更小的年龄段 0~19 岁不作考虑。如表 4-23 所示，与本节研究的年龄段相近的 25~49 岁、30~54 岁的估计系数虽然发生了一定程度的改变,但变化范围不大,符号也没有发生改变,且均在 1%水平下显著。而将自变量变为与25~49岁相差范围偏大的年龄段,如20~30岁、50~64岁、65岁及以上时,人口比重对碳排放的影响系数的估计值则会发生较大变化,20~30岁人口比重的估计系数符号甚至发生了改变。上述检验结果表明,30~49岁人口比重对碳排放的影响模型稳健性良好。

我们再将35年前出生率作为新的工具变量加入原工具变量进行两阶段最小二乘,得出人口年龄结构的碳排放影响系数估计值为 0.073 1,估计结果变化不大。该结果为剔除了部分省(自治区、直辖市)后的估计结果,因为海南、重庆、天津成立时间较晚,所以若在工具变量 10 年前、20 年前、30 年前出生率的基础上,再将35年前出生率加为工具变量,会导致部分出生率数据缺失,因此需在原30 个省(自治区、直辖市)中将这三个省(直辖市)剔除,省(自治区、直辖市)缩减为27个,其他变量的定义及数据来源不变。此外,我们对不加入新的工具变量,只剔除海南、重庆和天津的原工具变量做两阶段最小二乘估计,此时影响系数为 0.071 6,估计结果依旧具有稳健性。可以说,无论剔除部分数据还是加入新的工具变量,影响系数的估计值均显著,且符号和参数大小也没有发生明显变化。

以上多角度的检验表明,30~49岁人口比重对碳排放的影响通过了稳健性检验。虽然在将某些变量及数据进行改变时,其影响系数的估计值发生了变化,但均显著且统计意义明显,故我们有理由利用本节模型做 30~49 岁人口比重对碳排放影响的实证研究。

4.3.5 结论与政策启示

基于1990年、1995年、2000年、2005年和2010年我国30个省(自治区、直辖市)的面板数据,我们利用 STIRPAT 模型实证分析了人口年龄结构对我国碳排放的影响,得到了以下结论。

(1)30~49 岁人口比重的碳排放效应显著且为正。30~49 岁人口为我国主要工作人口,此年龄段人口拥有高生产、高消费的特征,对于碳排放增加有重要影响。随着人们收入水平的提高,30~49 岁人口作为主要工作人口,消费能力最强,是社会消费的主力军,其消费增长直接或间接地促进了碳排放增加。稳健性检验显示,加入 25~29 岁年龄段之后,人口年龄结构对碳排放影响变大;加入50~54 岁年龄段后,人口年龄结构对碳排放影响变小,但对碳排放的正向影响没有变。这验证了主要工作年龄人口对碳排放的重要影响,即该年龄段人口的比重越高,碳排放越高。

（2）出生率滞后项通过影响30~49岁人口比重间接影响碳排放。引入出生率滞后项后，30~49岁人口比重的碳排放效应系数改变，且10年前出生率为正效应，20年前和30年前出生率为负效应。这表明，生育政策的调整对于未来碳排放有显著影响。

（3）30~49岁人口比重对碳排放的影响超过了人口规模和城市化率，成为影响碳排放的主要因素。在经济发展初期及高速发展时期，人口规模等因素对碳排放推动作用明显，随着经济发展趋于平稳，人口规模等因素的影响相对减弱，人口年龄结构的影响趋于增强，特别是主要工作年龄人口。

上述结论提示我们，在经济发展导致碳排放持续增加的今天，国家在控制大气污染、制定碳减排的相关政策时，不能忽视人口年龄结构的影响，应重点关注30~49岁人群。

第一，转变消费模式，减少消费带来的碳排放。30~49岁人口是我国高消费群体，对碳排放影响显著，但依靠减少消费来缓解碳排放增加不仅违背消费者意愿，而且从促进经济增长转型的角度来说是不可取的，而转变和调整消费模式极为关键。

对于政府来说，应加大鼓励消费者使用低碳产品的力度，对使用环保型产品的人群给予税收优惠或财政补贴。瑞典自2007年开始就对环保型汽车消费者给予每辆约10 000元的补贴。政府加大公共财政投入力度，尽力扩大公共交通的规模和便捷性也十分关键，这是降低碳排放的有效途径。一直以来，日本都大力倡导节能交通体系的建设，如今约有27%的交通为轨道运输，最大限度地减少了碳排放。此外，政府应加大低碳消费方式的宣传力度，倡导居民特别是30~49岁人群树立低碳消费理念，提高环保意识。

对于企业来说，应加强社会服务意识和市场意识，勇于承担建立低碳社会的责任。针对30~49岁人群高收入、高消费的特点，尤其要多生产针对该类人群的节能绿色产品。瑞典的许多企业就将环境因素考虑进其产品研发中，并建立了循环经济体系，大力生产低碳产品，为降低瑞典的碳排放做出了贡献。

第二，合理规划大中城市的人口密度，建立城市圈，引导产业人口流动。随着我国城市化进程的加快，部分大中城市人口总量，特别是产业人口数量急剧增加，大量的产业人口尤其是主要工作年龄人口集中于城市中心，交通、居住等消费必然导致能源消耗和碳排放增加，这对城市环境特别是大气环境极其不利。

针对这些问题，我们应借鉴国外成功经验，在城市发展和规划中，密切关注城市人口规模特别是主要工作人口规模，科学引导产业人口流动，减轻大中城市的人口、环境压力。日本在城市化过程中，采取了大力发展卫星城市，积极引导人口、产业疏散等措施，从而减轻了都市圈的环境压力。韩国先后四次编制国土综合规划和两次首都圈整备计划，制定实施都市计划和地方都市圈战略，积极引导人口、产业和机构扩散，从而缓解了首都圈人口的过度集聚。

将人口年龄结构因素纳入环境政策制定及碳排放预测中。政府应高度关注人口年龄结构变动对未来碳排放的影响，在能源、环境政策制定中将人口年龄结构因素考虑在内。此外，在未来碳排放的预测中，应将人口老龄化、主要工作年龄人口比重降低的人口转变趋势考虑在内。可以预计，随着老龄化速度的加快，主要工作年龄人口比重的明显降低会减少中国的碳排放，人口因素将降低中国在国际碳减排中的责任。这一点，在碳减排的国际谈判中应加以强调。

参 考 文 献

曹飞. 2017. 中国省域城镇化与用水结构的空间库兹涅茨曲线拟合与研判[J]. 干旱区资源与环境，31（3）：8-13.

曹淑艳，谢高地. 2010. 中国产业部门碳足迹流追踪分析[J]. 资源科学，32（11）：2046-2052.

陈佳瑛，彭希哲，朱勤. 2009. 家庭模式对碳排放影响的宏观实证分析[J]. 中国人口科学，29（5）：68-78.

程华，廖中举. 2010. 中国环境政策演变及其对企业环境创新绩效影响的实证研究[J]. 技术经济，29（11）：8-13.

崔秀梅，李心合，唐勇军. 2016. 社会压力、碳信息披露透明度与权益资本成本[J]. 当代财经，（11）：117-129.

戴育琴，欧阳小迅. 2006. "污染天堂假说"在中国的检验[J]. 企业技术开发，（12）：91-93.

窦睿音，刘学敏. 2016. 中国典型资源型地区能源消耗与经济增长动态关系研究[J]. 中国人口·资源与环境，26（12）：164-170.

杜江，刘渝. 2009. 中国农业增长与化学品投入的库兹涅茨假说及验证[J]. 世界经济文汇，（3）：96-108.

杜强，陈乔，杨锐. 2013. 基于 Logistic 模型的中国各省碳排放预测[J]. 长江流域资源与环境，（2）：143-151.

段海燕，刘红琴，王宪恩. 2012. 日本工业化进程中人口因素对碳排放影响研究[J]. 人口学刊，（5）：39-48.

范丹. 2013. 中国能源消费碳排放变化的驱动因素研究——基于 LMDI-PDA 分解法[J]. 中国环境科学，33（9）：1705-1713.

范群林，邵云飞，唐小我. 2013. 环境政策、技术进步、市场结构对环境技术创新影响的实证研究[J]. 科研管理，34（6）：68-76.

冯烽，叶阿忠. 2015. 回弹效应加剧了中国能源消耗总量的攀升吗?[J]. 数量经济技术经济研究，（8）：104-119.

冯相昭，蔡博峰. 2012. 中国道路交通系统的碳减排政策综述[J]. 中国人口·资源与环境，

22（8）：10-15.

付云鹏，马树才，宋琪. 2015. 人口规模、结构对环境的影响效应——基于中国省际面板数据的实证研究[J]. 生态经济，（3）：14-18.

关军. 2014. 建筑业环境影响测算与评价方法研究[D]. 清华大学博士学位论文.

何小钢，张耀辉. 2012. 中国工业碳排放影响因素与CKC重组效应——基于STIRPAT模型的分行业动态面板数据实证研究[J]. 中国工业经济，（1）：26-35.

贺建刚. 2011. 碳信息披露、透明度与管理绩效[J]. 财经论丛，159（4）：87-92.

胡宗义，刘亦文，唐李伟. 2013. 低碳经济背景下碳排放的库兹涅茨曲线研究[J]. 统计研究，（2）：73-79.

黄慧婷. 2012. 地方政府行为对环境污染的影响——基于空间计量分析[J]. 西安财经学院学报，25（4）：16-21.

蒋金荷. 2011. 中国碳排放量测算及影响因素分析[J]. 资源科学，（4）：597-604.

蒋耒文. 2010. 人口变动对气候变化的影响[J]. 人口研究，34（1）：59-69.

蒯鹏，束克东，成润禾. 2018. 我国工业部门环境污染排放变化的驱动因素——基于"十二五"工业排放数据的实证研究[J]. 中国环境科学，38（6）：2392-2400.

李国志，李宗植. 2010. 人口、经济和技术对二氧化碳排放的影响分析——基于动态面板模型[J]. 人口研究，（3）：32-39.

李国志，周明. 2012. 人口与消费对二氧化碳排放的动态影响——基于变参数模型的实证分析[J]. 人口研究，（1）：63-72.

李楠，邵凯，王前进. 2011. 中国人口结构对碳排放量影响研究[J]. 中国人口·资源与环境，21（6）：19-23.

李强，王洪川，胡鞍钢. 2013. 中国电力消费与经济增长——基于省际面板数据的因果分析[J]. 中国工业经济，30（9）：19-30.

李寿德，黄桐城. 2004. 环境政策对企业技术进步的影响[J]. 科学学与科学技术管理，（5）：68-72.

李小平，卢现祥. 2010. 国际贸易、污染产业转移和中国工业CO_2排放[J]. 经济研究，（1）：15-26.

李新运，吴学锰，马俏俏. 2014. 我国行业碳排放量测算及影响因素的结构分解分析[J]. 统计研究，31（1）：56-62.

廖中举，程华. 2014. 企业环境创新的影响因素及其绩效研究——基于环境政策和企业背景特征的视角[J]. 科学学研究，32（5）：716，792-800.

林伯强，蒋竺均. 2009. 中国二氧化碳的环境库兹涅茨曲线预测及影响因素分析[J]. 管理世界，（4）：27-36.

刘辉煌，李子豪. 2012. 中国人口老龄化与碳排放的关系——基于因素分解和动态面板的实证分析[J]. 山西财经大学学报，34（1）：1-8.

刘雯. 2009. 湖南人口年龄结构对居民消费率的影响——基于 1988~2007 年省内数据的实证研究[J].
　　　消费经济，25（3）：18-20，75.

刘心，杨晨. 2013. 辽宁省碳排放、能源消费与经济增长的实证研究[J]. 数学的实践与认识，
　　　43（6）：69-78.

刘扬，陈劭锋，张云芳. 2009. 中国农业 EKC 研究：以化肥为例[J]. 中国农学通报，25（16）：
　　　263-267.

刘渝，杜江，张俊飚. 2008. 中国农业用水与经济增长的 Kuznets 假说及验证[J]. 长江流域资源
　　　与环境，（4）：593-597.

刘玉萍，郭郡郡，刘成玉. 2012. 人口因素对 CO_2 排放的影响——基于面板分位数回归的实证研
　　　究[J]. 人口与经济，（3）：13-18.

马海良，张红艳，吴凤平. 2016. 基于情景分析法的中国碳排放分配预测研究[J]. 软科学，
　　　（10）：75-78.

马骏，翁清，袁军. 2015. 基于 VAR 模型的江苏省对外贸易、经济增长和碳排放的实证研究[J].
　　　价格月刊，（11）：81-85.

马晓钰，李强谊，郭莹莹. 2013. 我国人口因素对二氧化碳排放的影响——基于 STIRPAT 模型
　　　的分析[J]. 人口与经济，（1）：44-51.

马忠民，王雪娇. 2017. 碳限额与交易约束下企业可持续发展成本战略研究[J]. 价值工程，
　　　（35）：63-64.

牟敦果，林伯强. 2012. 中国经济增长、电力消费和煤炭价格相互影响的时变参数研究[J]. 金融
　　　研究，55（6）：42-53.

彭海珍，任荣明. 2004. 环境成本转移与西部可持续发展[J]. 财贸研究，（1）：19-23.

彭希哲，朱勤. 2010. 我国人口态势与消费模式对碳排放的影响分析[J]. 人口研究，34（1）：
　　　48-58.

乔榛. 2014. 低碳经济下的中国工业结构调整[M]. 北京：知识产权出版社.

秦昌才，刘树林. 2013. 基于投入产出分析的中国产业完全碳排放研究[J]. 统计与信息论坛，
　　　28（9）：32-38.

秦虹，夏光. 1989. 环境污染——企业行为及其经济机制[J]. 上海环境科学，8（5）：5-8.

曲如晓. 2002. 环境外部性与国际贸易福利效应[J]. 经贸理论，（1）：10-14.

曲如晓，江铨. 2012. 人口规模、结构对区域碳排放的影响研究——基于中国省级面板数据的经
　　　验分析[J]. 人口与经济，（2）：10-17.

沈能. 2012. 环境效率、行业异质性与最优规制强度——中国工业行业面板数据的非线性检验[J].
　　　中国工业经济，（3）：56-68.

沈永昌，余华银. 2015. 安徽省经济增长与碳排放的非线性关系——基于产业结构的门槛模型[J].
　　　沈阳大学学报（社会科学版），（5）：597-601.

施锦芳，吴学艳. 2017. 中日经济增长与碳排放关系比较——基于 EKC 曲线理论的实证分析[J].

现代日本经济，（1）：81-94.

宋德勇，卢忠宝. 2009. 中国碳排放影响因素分解及其周期性波动研究[J]. 中国人口·资源与环境，（3）：18-24.

宋杰鲲. 2010. 我国二氧化碳排放量的影响因素及减排对策分析[J]. 价格理论与实践，（1）：37-38.

苏萃芳，廖迎，李颖. 2011. 是什么导致了"污染天堂"：贸易还是 FDI？——来自中国省级面板数据的证据[J]. 经济评论，（3）：97-104.

孙玮. 2013. 企业财务绩效与碳信息披露关系研究[D]. 北京林业大学硕士学位论文.

谭德明，邹树梁. 2010. 碳信息披露国际发展现状及我国碳信息披露框架的构建[J]. 统计与决策，（11）：126-128.

唐国平，李龙会，吴德军. 2013. 环境管制、行业属性与企业环保投资[J]. 会计研究，（6）：83-89，96.

唐建荣，李烨啸. 2013. 基于 EIO-LCA 的隐性碳排放估算及地区差异化研究——江浙沪地区隐含碳排放构成与差异[J]. 工业技术经济，（4）：125-135.

田伟，谢丹. 2017. 中国农业环境库兹涅茨曲线的检验与分析——基于碳排放的视角[J]. 生态经济，33（2）：37-40.

万宇，李杨，侯晓梅. 2017. 基于 EIO-LCA 方法的 2007 年与 2012 年中国碳排放结构比较研究[J]. 生态经济，33（9）：21-25.

王芳，周兴. 2012. 人口结构、城镇化与碳排放——基于跨国面板数据的实证研究[J]. 中国人口科学，32（2）：47-56.

王建明. 2008. 环境信息披露、行业差异和外部制度压力相关性研究——来自我国沪市上市公司环境信息披露的经验证据[J]. 会计研究，26（6）：54-62.

王钦池. 2011. 基于非线性假设的人口和碳排放关系研究[J]. 人口研究，35（1）：3-13.

王群伟，周鹏，周德群. 2010. 我国二氧化碳排放绩效的动态变化、区域差异及影响因素[J]. 中国工业经济，（1）：45-54.

王星，刘高理. 2014. 甘肃省人口规模、结构对碳排放影响的实证分析——基于扩展的 STIRPAT 模[J]. 兰州大学学报（社会科学版），（1）：127-132.

王亚菲. 2011. 中国资源消耗与经济增长动态关系的检验与分析[J]. 资源科学，33（1）：25-30.

王艺明，胡久凯. 2016. 对中国碳排放环境库兹涅茨曲线的再检验[J]. 财政研究，（11）：51-64.

温素彬，黄浩岚. 2009. 利益相关者价值取向的企业绩效评价——绩效三棱镜的应用案例[J]. 会计研究，（4）：62-68，97.

吴常艳，黄贤金，揣小伟，等. 2015. 基于 EIO-LCA 的江苏省产业结构调整与碳减排潜力分析[J]. 中国人口·资源与环境，25（4）：43-51.

吴蕾，吴国蔚. 2007. 我国国际贸易中环境成本转移的实证分析[J]. 国际贸易问题，（2）：

72-77.

吴英姿，闻岳春. 2013. 绿色生产率及其对工业低碳发展的影响研究[J]. 管理科学，（1）：112-120.

肖周燕. 2012. 我国家庭动态变化对二氧化碳排放的影响分析[J]. 人口研究，36（1）：52-62.

徐慧. 2010. 中国进出口贸易的环境成本转移——基于投入产出模型的分析[J]. 世界经济研究，（1）：51-55.

许广月，宋德勇. 2010. 中国碳排放环境库兹涅茨曲线的实证研究——基于省域面板数据[J]. 中国工业经济，（5）：37-47.

许士春，何正霞，龙如银. 2012. 环境规制对企业绿色技术创新的影响[J]. 科研管理，33（6）：67-74.

杨海生，周永章，王夕子. 2008. 我国城市环境库兹涅茨曲线的空间计量检验[J]. 统计与决策，（10）：43-46.

杨顺顺. 2015. 中国工业部门碳排放转移评价及预测研究[J]. 中国工业经济，（6）：55-67.

杨旭，万鲁河，王继富，等. 2012. 基于 VECM 模型的经济增长与环境污染和能源消耗关系研究[J]. 地理与地理信息科学，28（5）：75-79.

杨子晖. 2010. "经济增长"与"二氧化碳排放"关系的非线性研究：基于发展中国家的非线性 Granger 因果检验[J]. 世界经济，69（10）：139-160.

杨子晖，田磊. 2017. "污染天堂"假说与影响因素的中国省际研究[J]. 世界经济，40（5）：148-172.

姚君. 2015. 我国能源消费、二氧化碳排放与经济增长关系研究[J]. 生态经济，31（5）：53-56.

尹向飞. 2011. 人口、消费、年龄结构与产业结构对湖南碳排放的影响及其演进分析——基于 STIRPAT 模型[J]. 西北人口，32（2）：65-69，82.

余伟，陈强，陈华. 2016. 不同环境政策工具对技术创新的影响分析——基于 2004-2011 年我国省级面板数据的实证研究[J]. 管理评论，28（1）：53-61.

虞义华，郑新业，张莉. 2011. 经济发展水平、产业结构与碳排放强度——中国省级面板数据分析[J]. 经济理论与经济管理，（3）：72-81.

臧传琴，吕杰. 2016. 环境库兹涅茨曲线的区域差异——基于 1995-2014 年中国 29 个省份的面板数据[J]. 宏观经济研究，（4）：62-69.

张同斌，李金凯，程立燕. 2016. 经济结构、增长方式与环境污染的内在关联研究——基于时变参数向量自回归模型的实证分析[J]. 中国环境科学，36（7）：2230-2240.

张彦博，潘培尧，鲁伟，等. 2015. 中国工业企业环境技术创新的政策效应[J]. 中国人口·资源与环境，25（9）：138-144.

张友国. 2010. 经济发展方式变化对中国碳排放强度的影响[J]. 经济研究，（4）：120-133.

赵爱文，李东. 2011. 中国碳排放与经济增长的协整与因果关系分析[J]. 长江流域资源与环境，20（11）：1297-1303.

赵超，郑君君，何鸿勇. 2015. 我国经济增长对环境污染影响的空间计量研究[J]. 统计与决策，
　　（23）：123-126.

赵巧芝，闫庆友. 2017. 基于投入产出的中国行业碳排放及减排效果模拟[J]. 自然资源学报，
　　32（9）：1528-1541.

赵息，齐建民，刘广为. 2013. 基于离散二阶差分算法的中国碳排放预测[J]. 干旱区资源与环
　　境，（1）：63-69.

周睿. 2015. 新兴市场国家环境库兹涅茨曲线的估计——基于参数与半参数方法的比较[J]. 国际
　　贸易问题，（3）：14-22.

周五七，聂鸣. 2012. 中国工业碳排放效率的区域差异研究——基于非参数前沿的实证分析[J].
　　数量经济技术经济研究，（9）：58-70.

朱平芳，徐伟民. 2003. 政府的科技激励政策对大中型工业企业 R&D 投入及其专利产出的影
　　响——上海市的实证研究[J]. 经济研究，（6）：45-53.

Ahmed K, Qazi A Q. 2014. Environmental Kuznets curve for CO$_2$ emission in Mongolia：an
　　empirical analysis[J]. Management of Environmental Quality：An International Journal, 25（4）：
　　505-516.

Ahmed K, Rehman M U, Ozturk I. 2017. What drives carbon dioxide emissions in the long-run?
　　Evidence from selected South Asian countries[J]. Renewable and Sustainable Energy Reviews,
　　70：1142-1153.

Akbostanci E, Tunc G I, Türüt-Asik S. 2011. CO$_2$ emissions of Turkish manufacturing industry：a
　　decomposion analysis[J]. Applied Energy, 88（6）：2273-2278.

Alam M M, Murad M W, Noman A H M, et al. 2016. Relationships among carbon emissions,
　　economic growth, energy consumption and population growth：testing environmental Kuznets
　　curve hypothesis for Brazil, China, India and Indonesia[J]. Ecological Indicators, 70：
　　466-479.

Ali Y. 2017. Carbon, water and land use accounting：consumption vs production perspectives[J].
　　Renewable and Sustainable Energy Reviews, 67：921-934.

Alkay E, Hewings G J D. 2012. The determinants of afflomeration? For the manufacturing sector in
　　the Istanbul metropolitan area[J]. The Annals of Regional Science, 48（1）：225-245.

Alshehry A S, Belloumi M. 2017. Study of the environmental Kuznets curve for transport carbon
　　dioxide emissions in Saudi Arabia[J]. Renewable and Sustainable Energy Reviews, 75：1339-1347.

Altman M. 2001. When green isn't mean：economic theory and the heuristics of the impact of
　　environmental regulations on competitiveness and opportunity cost[J]. Ecological Economics,
　　36（1）：31-44.

Apergis N, Ozturk I. 2015. Testing environmental Kuznets curve hypothesis in Asian countries[J].
　　Ecological Indicators, 52：16-22.

Apergis N, Payne J E. 2017. Per capita carbon dioxide emissions across U.S. states by sector and fossil fuel source: evidence from club convergence tests[J]. Energy Economics, 63: 365-372.

Arouri M E H, Jawadi F, Nguyen D K. 2012. Nonlinearities in carbon spot-futures price relationships during phase II of the EU ETS[J]. Economic Modeling, (3): 884-892.

Arouri M E H, Youssef A B, M'henni H, et al. 2012. Energy consumption, economic growth and CO_2 emissions in Middle East and North African countries[J]. Energy Policy, 45: 342-349.

Ascui F, Lovell H. 2011. As frames collide: making sense of carbon accounting[J]. Accounting, Auditing &Accountability Journal, 24 (8): 978-993.

Auci S, Becchetti L. 2006. The instability of the adjusted and unadjusted environmental Kuznets curves[J]. Ecological Economics, 60 (1): 282-298.

Auffhammer M, Carson R T. 2008. Forecasting the path of China's CO_2 emissions using province-level information[J]. Journal of Environmental Economics and Management, 55 (3): 229-247.

Azomahou T, Laisney F, van Nguyen P. 2006. Economic development and CO_2 emissions: a nonparametric panel approach[J]. Journal of Public Economics, 90 (6~7): 1347-1363.

Baayen H, Vasishth S, Kliegl R, et al. 2017. The cave of shadows: addressing the human factor with generalized additive mixed models[J]. Journal of Memory and Language, 94: 206-234.

Beck N, Katz J N. 1995. What to do (and not to do) with time series cross-section data[J]. The American Political Science Review, 89 (3): 634-647.

Behera S R, Dash D P. 2017. The effect of urbanization, energy consumption, and foreign direct investment on the carbon dioxide emission in the SSEA (South and Southeast Asian) region[J]. Renewable and Sustainable Energy Reviews, 70: 96-106.

Birdsall N. 1992. Another look at population and global warming: population, health and nutrition policy research[R]. Washington: World Bank WPS 1020.

Brink C, Vollebergh H R J, van der Werf E. 2016. Carbon pricing in the EU: evaluation of different EU ETS reform options[J]. Energy Policy, 97: 603-617.

Brunel C, Levinson A. 2013. Measuring environmental regulatory stringency[R]. Working Paper.

Chen G Q, Zhang B. 2010. Greenhouse gas emissions in China 2007: inventory and input output analysis[J]. Energy Policy, 38 (10): 6180-6193.

Cheng L, Yue W, Qiu G Y. 2013. Water and energy consumption by agriculture in the Minqin Oasis Region[J]. Journal of Integrative Agriculture, 12 (8): 1330-1340.

Chitnis M, Druckman A, Hunt L C, et al. 2012. Forecasting scenarios for UK household expenditure and associated GHG emissions: outlook to 2030[J]. Ecological Economics, 84: 129-141.

Clarkson M E. 1995. A stakeholder framework for analyzing and evaluating corporate social performance[J]. Academy of Management Review, 20（1）: 92-117.

Cole M A. 2003. Development, trade, and the environment: how robust is the environmental Kunzets cuvre?[J]. Environment and Development Economics, 8（4）: 557-580.

Cole M A, Elliott R J, Shimamoto K. 2005. Industrial characteristics, environmental regulations and air pollution: an analysis of the UK manufacturing sector[J]. Journal of Environmental Economics and Management, 50（1）: 121-143.

Cole M A, Neumayer E. 2004. Examining the impact of demographic factors on air pollution[J]. Population and Environment, 26（1）: 5-21.

Congregado E, Feria-Gallardo J, Golpe A A, et al. 2016. The environmental Kuznets curve and CO_2 emissions in the USA[J]. Environmental Science and Pollution Research, 23（18）: 3339-3343.

Coondoo D, Dinda S. 2002. Causality between income and emission: a country group-specific econometric analysis[J]. Ecological Economics, 40（3）: 351-367.

Criado C O, Valente S, Stengos T. 2011. Growth and pollution convergence: theory and evidence[J]. Journal of Environmental Economics and Management, 62（2）: 199-214.

Cutler D M, Katz L F. 1992. Rising inequality? Changes in the distribution of income and consumption in the 1980's[J]. American Economic Review, 19（2）: 546-551.

Cutler D M, Poterba J M, Sheiner L M, et al. 1990. An aging society: opportunity or challenge?[J]. Brookings Papers on Economic Activity, （1）: 1-73.

Dalton M, Jiang L W, Pachauri S, et al. 2007. Demographic change and future carbon emissions in China and India[C]. Population Association of America Annual Meeting, New York.

Dalton M, O'Neill B, Prskawetz A, et al. 2008. Population aging and future carbon emissions in the United States[J]. Energy Economics, 30（2）: 642-675.

Dhaliwal D S, Li O Z, Tsang A, et al. 2011. Voluntary nonfinancial disclosure and the cost of equity capital: the initiation of corporate social responsibility reporting[J]. The Accounting Review, 86（1）: 59-100.

Dietz T, Rosa E A. 1994. Rethinking the environmental impacts of population, affluence and technology[J]. Human Ecology Review, 1（2）: 277-300.

Dietz T, Rosa E A. 1997. Effects of population and affluence on CO_2 emissions[J]. Proceedings of the National Academy of Sciences of the USA, 94: 175-179.

Donfouet H P P, Jeanty W P, Malin E. 2013. A spatial dynamic panel analysis of the environmental Kuznets curve in European countries[R]. Working Paper.

Duan C C, Chen B, Feng K S, et al. 2018. Interregional carbon flows of China[J]. Applied Energy, 227: 342-352.

Duarte R, Pinilla V, Serrano A. 2013. Is there an environmental Kuznets curve for water use? A panel smooth transition regression approach[J]. Economic Modelling, 31 (96): 1-13.

Ederington J, Levinson A, Minier J. 2005. Footloose and pollution-free[J]. The Review of Economics and Statistics, 87 (1): 92-99.

Ehrlich P R, Ehrlich A H, Holdren J P. 1979. Ecoscience-population, Resources, Environment[M]. San Francisco: W. H. Freeman & Company.

Ehrlich P R, Holdren J P. 1971. Impact of population growth[J]. Science, 171 (3): 1212-1217.

Fan Y, Liu L C, Wu G, et al. 2006. Analyzing impact factors of CO_2 emissions using the STIRPAT model[J]. Environmental Impact Assessment Review, 26 (4): 377-395.

Fredriksson P G, Millimet D L. 2002. Strategic interaction and the determination of environmental policy across US states[J]. Journal of Urban Economics, 51 (1): 101-122.

Friedl B, Getzner M. 2003. Determinants of CO_2 emissions in a small open economy[J]. Ecological Economics, 45 (1): 133-148.

Gallego-Álvarez I, Prado-Lorenzo J M, Sánchcz I M. 2011. Corporate social responsibility and innovation: a resource based theory[J]. Management Decision, 49 (10): 1709 -1727.

Grossman G M, Krueger A B. 1995. Economic growth and the environment[J]. Quarterly Journal of Economics, (2): 353-377.

Guidry R P, Patten D M. 2010. Market reactions to the first-time issuance of corporate sustainability reports: evidence that quality matters[J]. Sustainability Accounting, Management and Policy Journal, (1): 33-50.

Hamamoto M. 2016. Environmental regulation and the productivity of Japanese manufacturing industries[J]. Resource and Energy Economics, 28 (4): 299-312.

Hao Y, Liu Y, Weng J H, et al. 2016. Does the environmental Kuznets curve for coal consumption in China exist? New evidence from spatial econometric analysis[J]. Energy, 114: 1214-1223.

Haq I U, Zhu S J, Shafiq M. 2016. Empirical investigation of environmental Kuznets curve for carbon emission in Morocco[J]. Ecological Indicators, 67: 491-496.

Henriette S, Haukvik G D. 2012. The effect of voluntary environmental disclosure on firm value: a study of Nordic listed firms[J]. European Journal of Obstetrics Gynecolgy & Reproductive Biology, (1): 3-8.

Henriques S T, Kander A. 2010. The modest environmental relief resulting from the transition to a service economy[J]. Ecological Economics, 70 (2): 271-282.

Hicks J R. 1932. Theory of Wages[M]. London: Macmillan.

Hock H, Weil D N. 2006. The dynamics of the age structure, dependency, and consumption[C]. NBER Working Papers National Bureau of Economic Research, No.12140.

Holdren J P, Ehrlich P R. 1974. Human population and the global environment[J]. American Scientist, 62 (3): 282-292.

Holmstrom B, Milgrom P. 1991. Multitask principal agent analyses: incentive contracts, asset ownership, and job design[J]. Journal of Law, Economics and Organization, 7: 24-52.

Hussain M, Javaid M I, Drake P R. 2012. An econometric study of carbon dioxide (CO_2) emissions, energy, consumption, and economic growth of Pakistan[J]. International Journal of Energy Sector Management, 6 (4): 518-533.

Isabel G-á, José-Manuel P L, Isabel M G S. 2011. Corporate social responsibility and innovation: a resource based theory[J]. Management Decision, 49 (10): 1709-1727.

Jaffe A B, Palmer K. 1997. Environmental regulation and innovation: a panel data study[J]. The Review of Economics and Statistics, 79 (4): 610-619.

Jalil A, Mahrnud S F. 2009. Environment Kuznets curve for CO_2 emissions: a cointegration analysis for China[J]. Energy Policy, 37: 5167-5172.

Jeong K, Kim S. 2013. LMDI decomposition analysis of greenhouse gas emissions in the Korean manufacturing sector[J]. Energy Policy, 62: 1245-1253.

Jiang L W, Malea H, Karen H. 2008. Population, urbanization and the environment[J]. World Watch, (21): 34-39.

Johnstone N, Haščič I, Poirier J, et al. 2012. Environmental policy stringency and technological innovation: evidence from survey data and patent counts[J]. Applied Economics, 44 (17): 2157-2170.

Katz D. 2015. Water use and economic growth: reconsidering the environmental Kuznets curve relationship[J]. Journal of Cleaner Production, 88 (1): 210-213.

Kellenberg D K. 2009. An empirical investigation of the pollution haven effect with strategic environment and trade policy[J]. Journal of International Economics, 78 (2): 242-255.

Kopidou D, Tsakanikas A, Diakoulaki D. 2016. Common trends and drivers of CO_2 emissions and employment: a decomposition analysis in the industrial sector of selected European Union countries[J]. Journal of Cleaner Production, 112: 4159-4172.

Kucukvar M, Egilmez G, Onat N C, et al. 2015. A global, scope based carbon footprint modeling for effective carbon reduction policies: lessons from the Turkish manufacturing[J]. Sustainable Production and Consumption, 1: 47-66.

Lanjouw J O, Mody A. 1996. Innovation and the international diffusion of environmentally responsive technology[J]. Research Policy, 25 (4): 549-571.

Lean H H, Smyth R. 2010. On the dynamics of aggregate output, electricity consumption and exports in Malaysia: evidence from multivariate Granger causality tests[J]. Applied Energy, 87 (6): 1963-1971.

Lee S Y, Park Y S, Klassen R D. 2015. Market responses to firms' voluntary climate change information disclosure and carbon communication[J]. Corporate Social Responsibility and

Environmental Management，22（1）：1-12.

Lenzen M. 1998. Primary energy and greenhouse gases embodied in Australian final consumption：an input output analysis[J]. Energy Policy，26（6）：495-506.

Lenzen M，Murray S A. 2001. A modified ecological footprint method and its application to Australia[J]. Ecological Economics，37（2）：229-255.

Leontief W. 1970. Environmental repercussions and the economic structure：an input output approach[J]. The Review of Economics and Statistics，52（3）：262-277.

Liddle B，Lung S. 2010. Age-structure，urbanization，and climate change in developed countries：revisiting STIRPAT for disaggregated population and consumption-related environmental impacts[J]. Population and Environment，31（5）：317-343.

Margolis J D，Walsh J P. 2001. People and Profits? The Search for a Link Between a Company's Social and Financial Performance[M]. Mahwah：Lawrence Erlbaum Associations.

Maskus K E，Neumann R，Seidel T. 2012. How national and international financial development affect industrial R&D[J]. European Economic Review，56（1）：72-83.

Matthews H S，Hendrickson C T，Weber C L. 2008. The importance of carbon footprint estimation boundaries[J]. Environmental Science & Technology，42（16）：5839-5842.

Mazur A，Phutkaradze Z，Phutkaradze J. 2015. Economic growth and environmental quality in the European Union countrie—is there evidence for the environmental Kuznets curve?[J]. International Journal of Management and Economics，45（1）：108-126.

Menz T，Kühling J. 2011. Population aging and environmental quality in OECD countries：evidence from sulfur dioxide emissions data[J]. Population & Environoment，33（1）：55-79.

Menz T，Welsch H. 2012. Population aging and carbon emissions in OECD countries：accounting for life-cycle and cohort effects[J]. Energy Economics，34（3）：842-849.

Mirza F M，Kanwal A. 2017. Energy consumption，carbon emissions and economic growth in Pakistan：dynamic causality analysis[J]. Renewable and Sustainable Energy Reviews，72：1233-1240.

Modigliani F，Brumberg R E. 1954. Utility analysis and the consumption function：an interpretation of cross section data[C]//Kurihara K K. Post Keynesian Economic. New Brunswick：Rutgers University Press：388-436.

Mousavi B，Lopez N S A，Biona J B M，et al. 2017. Driving forces of Iran's CO_2 emissions from energy consumption：an LMD idecomposition approach[J]. Applied Energy，206：804-814.

Muradian R，Martinez-Alier J. 2001. Trade and the environment：from a 'southern' perspective[J]. Ecological Economics，36（2）：281-297.

Musolesi A，Mazzanti M，Zoboli R. 2014. A panel data heterogeneous Bayesian estimation of environmental Kuznets curves for CO_2 emissions[J]. Applied Economics，42：2275-4487.

Mutascu M. 2016. A bootstrap panel Granger causality analysis of energy consumption and economic growth in the G7 countries[J]. Renewable and Sustainable Energy Reviews, 63: 166-171.

Naimzada A, Sodini M. 2010. Multiple attractors and nonlinear dynamics in an overlapping generations model with environment[J]. Discrete Dynamics in Nature and Society, (2): 1038-1045.

Nakajima J. 2011. Time-varying parameter VAR model with stochastic volatility: an overview of methodology and empirical applications[J]. Monetary and Economic Studies, 29 (11): 107-142.

Nishitani K, Kokubu K. 2012. Why does the reduction of greenhouse gas emissions enhance firm value?[J]. Business Strategy and the Environment, 21 (8): 517-529.

Onat N C, Kucukvar M, Tatari O. 2014. Integrating triple bottom line input-output analysis into life cycle sustainability assessment framework: the case for US buildings[J]. The International Journal of Life Cycle Assessment, 19: 1488-1505.

Pérez-Suárez R, López-Menéndez A J. 2015. Growing green? Forecasting CO_2 emissions with environmental Kuznets curves and logistic growth models[J]. Environmental Science & Policy, 54: 428-437.

Porter G. 1999. Trade competition and pollution standards: "race to the bottom" or "stuck at the bottom"?[J]. Journal of Environment and Development, 8 (2): 133-151.

Porter M E, van der Linde C. 1995. Toward a new conception of the environment competitiveness relationship[J]. Journal of Economic Perspectives, 9 (4): 97-118.

Rajan R G, Zingales L. 1998. Financial dependence and growth[J]. The American Economic Review, 88 (3): 559-586.

Rauscher M. 2005. Economic growth and tax competing leviathans[J]. International Tax and Public Finance, (4): 457-474.

Renukappa S, Akintoye A, Egbu C, et al. 2013. Carbon emission reduction strategies in the UK industrial sectors: an empirical study[J]. International Journal of Climate Change Strategies and Management, 5 (3): 304-323.

Robinson J C. 1995. The Impact of environmental and occupational health regulation on productivity growth in U.S. manufacturing[J]. Yale Journal on Regulation, 12 (2): 285-287.

Rupasingha A, Goetz S J. 2007. Social and political forces as determinants of poverty: a spatial analysis[J]. The Journal of Socioeconomics, 36 (4): 650-671.

Saka C, Oshika T. 2014. Disclosure effects, carbon emissions and corporate value[J]. Sustainability Accounting, Management and Policy, (6): 22-45.

Scheuer M W. 2009. Carbon emissions and company performance[D]. PhD. Dissertation of University Colorado College.

Schymura M, Verdolini E, de Cian E, et al. 2014. Energy intensity developments in 40 major economies: structural change or technology improvement? [J]. Energy Economics, 41: 47-62.

Seck G S, Guerassimoff G, Maïzi N. 2016. Analysis of the importance of structural change in non energy intensive industry for prospective modelling: the French case[J]. Energy Policy, 89: 114-124.

Selden T M, Song D. 1994. Environmental quality and development: is there a Kuznets curve for air pollution emissions?[J]. Journal of Environmental Economics and Management, 27（2）: 147-162.

Sen P, Roy M, Pal P. 2016. Application of ARIMA for forecasting energy consumption and GHG emission: a case study of an Indian pig iron manufacturing organization[J]. Energy, 116: 1031-1038.

Shi A. 2003. The impact of population pressure on global carbon dioxide emissions, 1975-1996: evidence from pooled cross country data[J]. Ecological Economics, 44（1）: 29-42.

Tobias S M, Heinz W. 2012. Population aging and carbon emissions in OECD countries: accounting for life-cycle and cohort effects[J]. Energy Economics, 34: 842-849.

Tsurumi T, Managi S. 2010. Decomposition of the environmental Kuznets curve: scale, technique, and composition effects[J]. Environmental Economics and Policy Studies, 11（1）: 19-36.

Tzeremes N G, Halkos G. 2011. Growth and environmental pollution: empirical evidence from China[J]. Journal of Chinese Economic and Foreign Trade Studies, 4（3）: 144-157.

Ulph D. 1997. Environmental policy and technological innovation[C]//Carraro C, Siniscalco D. New Directions in the Economic Theory of the Environment. Cambridge: Cambridge University Press: 115-127.

Varvarigos D, Gil-Moltó M J. 2014. Endogenous market structure, occupational choice, and growth cycles[J]. Macroeconomic Dynamics, 20（1）: 1-25.

Vidyarthi H. 2015. Energy consumption and growth in South Asia: evidence from a panel error correction model[J]. International Journal of Energy Sector Management, 9（3）: 295-310.

Wang C, Zhan J Y, Li Z H, et al. 2019. Structural decomposition analysis of carbon emissions from residential consumption in the Beijing Tianjin Hebei Region, China[J]. Journal of Cleaner Production, 208: 1357-1364.

Wang J M, Wang R G, Zhu Y C, et al. 2018. Life cycle assessment and environmental cost accounting of coal fired power generation in China[J]. Energy Policy, 115: 374-384.

Wang J X, Rothausen S G S A, Conway D, et al. 2012. China's water-energy nexus: greenhouse-gas emissions from groundwater use for agriculture[J]. Environmental Research Letters, 7: 268-272.

Winner H, Leiter A M, Parolini A. 2011. Environmental regulation and investment: evidence from European industry data[J]. Ecological Economics, 70（4）: 759-770.

York R, Rosa E A, Dietz T. 2003. STIRPAT, IPAT-and ImPACT: analytic tools for unpacking the driving forces of environmental impacts[J]. Ecological Economics, 46（3）: 351-365.

Zhang B, Qu X, Meng J, et al. 2017. Identifying primary energy requirements in structural path analysis: a case study of China 2012[J]. Applied Energy, 191: 425-435.